人生解答书

如何应对无常与变化

王龙◎编著

中国纺织出版社

内 容 提 要

任何一个二十几岁的年轻人，进入社会，都想一展身手，做出一番成绩，然而，社会复杂，竞争激烈，做人做事都不能太单纯，凡事留个心眼儿，才能把握好人生，处处游刃有余。

本书分为两个部分，一部分是告诫我们人心难测，我们要学会保护自己；另一部分是如何赢得他人支持和认同。本书能为“闯荡”社会的年轻人指点迷津，帮助我们尽量少走弯路，获得更多成功的机会。

图书在版编目（CIP）数据

人生解答书：如何应对无常与变化 / 王龙编著. —北京：中国纺织出版社，2018.9（2019.3重印）
ISBN 978-7-5180-5350-6

Ⅰ.①人… Ⅱ.①王… Ⅲ.①人生哲学—青年读物
Ⅳ.①B821-49

中国版本图书馆CIP数据核字（2018）第194474号

责任编辑：闫　星　　特约编辑：李　杨
责任校对：江思飞　　责任印制：储志伟

中国纺织出版社出版发行
地址：北京市朝阳区百子湾东里 A407 号楼　邮政编码：100124
销售电话：010 — 67004422　传真：010 — 87155801
http：//www.c-textilep.com
E-mail：faxing@c-textilep.com
中国纺织出版社天猫旗舰店
官方微博 http://weibo.com/2119887771
三河市宏盛印务有限公司印刷　各地新华书店经销
2018年9月第1版　2019年3月第2次印刷
开本：710 × 1000　1/16　印张：13
字数：183千字　定价：39.80元

前言

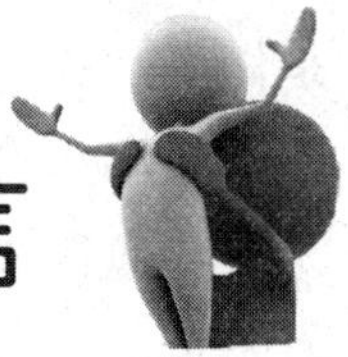

生活中，每一个二十几岁的年轻人，自打我们离开校园起，就来到社会，就成为了社会的一分子，就要离开父母、师长和学校、家庭的保护，就要接受社会的洗礼，接受成人间激烈的竞争。为什么有些人在这些竞争中被冲撞得头破血流？为什么有些人又能在这些竞争中游刃有余，在不显山露水中就能实现自己的梦想？很简单的四个字：人生经验！

现在，我们不妨回想一下，是否曾经因为一句无心的话而得罪了别人？是否曾把他人当知己却被出卖？你是否因会错了别人的意而做出了错误的举动？你是否……如果你曾有这些经历，那么，你就要从现在开始，不要做事、说话那么鲁莽，在做任何事、说任何话之前不妨先考虑一下后果。因为不会做事只会讨人嫌，只有懂得为人处世，在以后的人生道路上，才可以与人和谐相处，还可以互相帮助。

任何人可以拒绝任何事物，但不可能拒绝成长，长大是每个人必经的过程，因此，你再也不要用天真的心态和为人处世的方式来面对你周围的世界了！纷繁复杂的社会绝不是你幻想中的童话王国，你只有适应它，学会这些为人处世的规则，才能避免处处碰壁。

“世事洞明皆学问，人情练达即文章”，人际关系的重要性可能你还没感受到，但随着社会的打磨，你会逐渐明白这一道理。美国钢铁大王及成功学大师卡耐基的一句话耐人寻味：专业知识对一个人成功所起的作用只占15%，而其余的85％则取决于人际关系。一个人，无论你从事什么行业，只要你学会处理人际关系，掌握并拥有丰厚的人际资源，就意味着我们在成功路上已经走了85％的路程。由此可见，拥有并学会利用人际关系对我们个人事业的发展是何等重要。

在每个人的一生中，必须要学会的事不外乎两件：一件是做人，另一件是做事。我们除了要懂得怎样为人、积累人脉外，还要懂得怎样做事，凡事不要强出头，“枪打出头鸟”“出头的椽子易烂”，不要成为别人排挤的对象。要懂得收敛自己的个性。另外，你要记住：“害人之心不可有，防人之心不可无。”行走社会，还要防备一些潜在的危险，才能让自己少走弯路。

的确，我们生存的这个社会的任何活动都是有规则的，社会才是人生的大课堂，那些在学校课堂里学不到的东西，社会都会给你机会学习，但是，世事复杂，很多你不明白的问题，前辈们都已经为我们累积下了经验，如果学习这些经验，就能变不利为有利，轻松、快捷地打拼出属于你自己的成功！

总的来说，我们都不能盲目地在社会上摸爬滚打了，你要有意识地把自己修炼成一个够成熟、够明智的人，从而掌握好生存的法则，在成功的道路上健步如飞。

《人生解答书：如何应对无常与变化》就是针对一些年轻人的生存现状和容易犯的错误，以有趣的故事和生动的说理阐述我们应该掌握的人生道理和经验，内容涉及生活的各个方面，包括说话、做事的学问，包括为人处世等，这本书值得每个年轻人用心阅读，翻开本书，你会感到其好似一位前辈在那里口若悬河而又言之有物；书的章法严谨，逻辑顺畅，只要你认真阅读它，细心体会它，你就能学会一些最实用的人生经验，从而帮助你更易被人接纳、尊重，并获得帮助，让你在工作和生活中更顺心，最终实现自己的人生目标。

目录

目 录

第01章

褪去无知，二十几岁应该学会增添一些世态心

清点自己，看看你拥有什么

年轻人正经历着人生中最美好的时光，刚刚褪去青涩的外衣，对社会充满新鲜感，拥有旺盛的求知欲。可社会到底是什么样子？我们即将遇到怎样的机遇与挑战？同事和老板的心思我们又能读懂几分？遇到棘手的问题，我们怎样处理才能显得成熟老练？闯荡社会都需要哪些必备的能力？

其实对于年轻人来讲，闯荡社会并不是一件难事，但是在进入社会之前，我们必须对我们面前的社会有个大致的了解，才能在进入社会时具备一定的竞争实力。马上要步入社会的年轻人已经过了在学校里憧憬未来的年纪，我们应该对自己的未来有个现实的规划。这样，我们才能知道自己在哪些方面还有不足之处，我们要先让自己更加有实力，更加适应社会，才能在社会中收获属于我们的成功。

在社会中生存是对我们的智商、情商、德商、胆商、财商等多方面的考验。除了在学校学到的一些能力外，我们在社会实践中还需要拥有哪些能力呢？

第一，要有能从大局上进行规划的能力。上学期间，我们的所有课程都是老师给我们安排好的，我们只需要按点去上课即可。当年轻人进入社会

后，安排你的学习生活都是由自己全权负责，是想继续深造，还是想到社会中去摸爬滚打；是想在一个看不到成效的工作岗位上继续努力，还是想跳槽到一个适合自己的工作环境。这其中的利弊关系，前后顺序，都要由自己掌握，要学会从全局的角度规划自己的未来。

小王和小李是高中时代的好朋友，他们在同一年考取了同一所大学，但他们的命运却大相径庭。小王学的是物理机械专业，本科毕业以后，觉得工作不好找，于是决定考研，考上研究生以后，他并没有待在机械领域，反而去了一家公司担任管理工作。虽然他对业务很熟练，但因为他缺少管理经验，几年下来，他还是没有升职，薪水也仅仅维持在4000元左右。他谈女朋友要有一定的支出，在北京租一套房子也花费不少。一个月下来，基本上没有结余，到现在还没有办法买房结婚。三十多岁还在为基本的物质生活奔波，他觉得自己是一个典型的生活失败者，其实他最大的败笔，就是没有规划好自己的职业生涯。

而他的朋友小李，大学专科毕业以后，立刻找到一个职业规划师帮他规划自己的人生。他学的是酒店管理，酒店管理不需要很高的文凭，规划师建议他先找一家大酒店实习，一边实践自己学到的知识，一边攒一点钱，四年后到瑞士去学习酒店管理，学成后再利用自己学到的先进经验管理酒店。他听了规划师的话，到国外镀金回来，待遇的确不一样，国内的很多大酒店纷纷为他开出了优厚的待遇，他的日子过得轻松而闲适。

虽然他们都不能说有多大的成就，而且年轻的时候他们还站在同样的起点上，但在而立之年的时候，却是一个人还在为温饱操劳，一个人已经开始逐渐实现自己的理想了。这不能不说是一个巨大的差距。这个差距，恰恰是由于职业的规划所带来的。所以说，如果不能仔细地规划好我们的职业，那么，我们的人生就会出现偏差。

第二，要有会说话、会办事、会做人的能力。年轻人都知道在进入社会后，说话、办事、做人在一定程度上决定了你今后的发展。要想处理好各种人事关系，就要明白社会和校园、家庭是不一样的。在家庭中，父母通常以儿女为中心。而到了社会上，大家都会有各自的利益，难免有利益相斥的时候，遇到这样的事我们应该怎样处理呢？社会更注重和别人合作的能力，在校园我们通常各自完成作业，即使有合作，也是不涉及利益关系的。因此，友谊比较单纯。但走入社会，人们需要更广泛、更深入的合作，如果我们和别人的合作、竞争关系搞不好，为人处世失去了必要的分寸，把握不好相处的尺度，就极容易陷入人际纷扰。

俗话说："饭可以乱吃，话不能乱讲。"年轻人在说话之前要考虑到自己的立场、自己的地位、听话的人、说话的场合、说话的方式等一系列问题，然后才能开口说话。也就是要占到天时地利，人才能和。会办事的人懂得分清事情的轻重缓急，办事前掂量好自己的身份、立场；办事时把握好火候、尺度；同时，弄清楚并遵守一些办事过程中所涉及的规则。那么，我们办事的技巧就会日臻成熟。在步入社会后，年轻人还要能够坚守自己做人的原则，把自己修炼成一个能屈能伸、大智若愚、内方外圆的人。达到了这样一种境界，不但可以保护好自己，还能在复杂的社会环境中修身养性，成为一个受人尊敬的人。

闯荡社会，离不开说话、办事，社会总是垂青那些善于说话、巧于办事的人。巧说话，会办事，会做人，才能在社会上立足，甚至无往而不胜。

第三，要有能合理支配自己财务的能力。在学校除了学习财务专业的同学外，大部分年轻人没有接触过理财这一部分，更谈不上有理财的能力。但是在这个经济主宰一切的时代，只要掌握了理财的能力，就掌握了自己一半的命运。否则我们就会在社会越来越进步时，变得越来越贫穷。其实很多年轻人现在已经意识到理财的重要性，因为它是你保持正常人际交往的非常重要的一项保障，所以，如果你还认为单纯地靠知识就能实现自己的梦想的话，那么，希望你能从井底跳出来，看看这个时刻都在进步的社会。

想要在社会拥有一席之地的年轻人，除了从书本上学到的知识外，你还能看到、想到、接触到哪些你没有的能力，就要抓紧时间去学习。让自己的能力越来越强，你才能游刃有余地在社会中行走。年轻人，闯荡社会，你准备好了吗？

积极向上，青春就没有什么能阻挡的

年轻人在日常的生活中不难发现，当你心情好的时候，你就会有一个积极面对生活的心态，那么，你所感受到的环境都是美好的，你所做的每一件事情都感觉得心应手；当你心情不好的时候，你对什么事情都提不起精神，你周围的环境也因此变得灰暗，在做事情的时候也会觉得每件都不顺利。所以，我们会发现，保持积极的心态，才会让你的生活更加顺利。

罗曼·W·皮尔最早提出了“态度决定一切”的说法。在生活中也是如此，你的生活态度决定了你的生活质量。如果你总是以悲观、消极的态度对待你的工作，得过且过，你的工作就不能够做得出色、漂亮。同样，如果你在生活中消极敷衍，你也会感到生活很无聊。只要你认认真真地过好自己的每一天，你就能够感觉到充实的喜悦，能够感觉到重生的幸福。且不说结果如何，你每一天的生活都会变得充实而快乐，当然这种充实肯定会给你带来能力的提高，而更好的能力、更积极的态度，则是一个人迈向成功的第一步。

年轻人对待生活要有高的志向，高的要求。只有这样，你才会有向目标前进的积极心态，才会把你的人生带入一个新的高度。因此，我们要以更积极的态度对待你的生活和工作，以更大的热情和激情来面对生活，生活才能够如你所愿。

林嘉在几年前一直过着颓靡的生活。她一天的行程就是上午10点钟起床，然后匆匆忙忙地去公司工作6个小时，中间一顿饭都不吃。下午5点钟，开始吃这一天的第一顿饭，然后约不同的人出去娱乐，玩到凌晨再回家。她每天只吃一餐，上班的大多数时间都顶着两只熊猫眼，因为工作很普通也很简单，她甚至可以在工作中偷偷地睡上半个小时。

她最常说的一句话就是“人生苦短，及时行乐”。她最崇拜李白，像“酒仙”一样地生活着，直到她得了很严重的胃病。那场胃病最终也救活了她的人生。病好了以后，她像换了一个人似的，对生活变得非常积极。她每天清晨总是定时起床，定时进行体育锻炼。经过一段时间以后，潜藏在她体内的巨大能量复苏了。本来普通的工作，却因为她的用心和按部就班，慢慢地有了起色。原本以为没有多大发展前途的工作，却因为她的努力做得非常好，于是就被调到了新的部门，渐渐地升职。如今，她已经有了一个非常幸福的家庭。她总说是那场大病救了她，让她意识到“人生苦短，如果再以消极的态度对待，那就会变得更加短暂和没有价值”。

林嘉的状态相信在年轻人里是普遍存在的，大家都觉得自己还年轻，在年轻的时候就应该挥霍自己的时间和青春，让日子过得丰富多彩一点。青春的日子一晃而过，趁年轻多玩玩，多见识见识，多体验不同的生活固然没错，但是若把生活的重心从事业移到玩乐上，那就是对自己的不负责任。尽管人生的长度是无法改变的，但是人生的深度和丰富程度却是可以自己控制的。

我们生活在同一个社会中，有的人的生活可以妙趣横生，充满快乐和生机，有的人的生活却像白开水一样平淡无味，这之间的差距就来自于人们对生活的不同态度。只要我们积极地对待生活，我们的生活就会变得更丰富，更有意义，我们就能体验到更丰富的人生。

每个人都会憧憬美好的生活，但是对于贫乏无味的人来说，生活就是一个日出接着一个日出，一个日落接着一个日落，日子过得没有什么明显的区别；而对于一个积极的人来说，生活的每一天和每一天都是不一样的，今天的太阳远比昨天的更灿烂。

地球在转动，生活在一天天丰富多彩，工作在一天天顺畅，每一天都是新鲜的，都是充满乐趣的，这些只有积极向上的眼睛才能看到，只有积极向上的心才能体会到。对于人间的美好，只有积极乐观的人才能够认识得更透彻，他们的日子才会过得更充实、更丰富多彩。日子对于他们来说，不是负累，而是享受。积极的心态还能够影响身边的人，使他们变得更乐观，也更容易和你结交，所以，积极的人会有更多的朋友、更和谐的人际关系。他们做起事情来也会更顺畅，当然也更容易成功。只有积极的心态，才能够让我们更好地享受人生。

年轻人要习惯用积极的心态去看待生活，积极的人能够用自己积极的心态去改变周围的环境，改变事情的进展方式，如果天时、地利、人和都在帮你，你就没有不成功的理由。如果我们每天都保持一颗积极向上的心，那么你将会发现生活是如此眷顾你，你经历的一切都是那么如你所愿。只有拥有良好的心态，你才能创造出生活的奇迹，才会实现你的人生梦想。

懂得争取，知道你未来需要什么

年轻人刚步入社会时遇到的一大难题就是找工作。面对各式各样的招聘启事和形形色色的工作岗位，我们要如何选择才能找到最适合自己的工作呢？现在认为适合自己的工作，今后到底有没有发展呢？这些都是很现实的问题。当然，每个人都希望找到一份称心如意、福利待遇好、自己感兴趣并有良好发展的工作。可年轻人也要清楚，这样的条件不是第一次工作就能全部满足的，在工作中你总会发现有你不满意的地方。所以，年轻人要根据自己每个阶段想要得到的东西，去选择自己的工作，不要现在需要什么就去争取什么。

年轻人在生活和工作中知道自己追求的是什么吗？雷锋说过一句话："吃饭是为了活着，活着却不仅仅是为了吃饭。"我们的工作也有挣钱以外的意义。有的人工作是为了有口饭吃，有的人工作是为了吃口好的，有的人工作是为了将来不工作，有的人工作是为了干一番事业，实现抱负……不管怎么样，你都应该明白，工作挣钱本身并不是奋斗目标，它只不过是达到目的的一种手段。明白了这一点，我们对工作的选择和在工作中所持的态度，就会更清醒、更明确，也就会更持重，而不会急功近利。

大部分年轻人在刚开始工作的时候，都会感觉到不满意，"给我多少钱，我就干多少事。""一个月拿那么少，还想让我加班，没门儿！"他们只看到了眼前的工作带给他们的直接利益，而没有看到工作带给他们的发展，也就是你在工作中经验的增加，处事方法的渐渐熟练，技术能力的进一步提升。随着你的认真工作，你可能得到的机遇会渐渐增加。对于工作太现实的态度，往往会葬送一个人的理想和未来。你想想，如果一个人整天处在怨天尤人、对工作的敷衍塞责中，他的情绪是消极的，态度是马虎的，工作都做不好，又怎么可能有好的前程呢？

一些年轻人因为对自己的期望值很高，常常认为自己才高八斗、学富五车，而在工作中却眼高手低。因此，无论他的实际工作能力如何，他都觉得这份工作配不上自己，自己应得的薪水和职位应该远远高于实际上拥有的。你要明白，无论一家公司多么小，公司的领导都不可能放心地把一副重担放在一个初出茅庐的年轻人身上，总要给别人看清你的才能的机会，才可能重用你。所以，我们唯一的做法，就是在本职岗位上做出一番成绩，取得一番经验，才可能得到更好的发展机会。要知道公司都是根据一个人对公司做出的贡献来确定他的薪水和职位的。如果你因为失意，连目前职位上的事情，都做得一塌糊涂，别人又怎么可能放心地把更重要的事情给你做，把更重要的职位给你呢？你又怎么会获得更丰厚的薪水呢？所以，要想多挣钱，就要为公司多做贡献，要想多做贡献，就要在你的职位上收获更多的经验。这样，即使老板不给你加薪，你也有了跳槽的资本。

更有甚者，就因为与自己同时毕业的某位同学有一份比自己社会地位高、薪水丰厚的工作就频频跳槽。因为羡慕、嫉妒或者攀比心理，觉得自己不应该只拿这样低的报酬，而应该得到比那位同学更好的工作和薪水。所以等不及把工作岗位上的事情都做好，积累一定的经验，就因为嫌薪水太少而跳槽另谋高就去了。

年轻人要明白，每一次跳槽都要在新的岗位上适应一段时期，在人际关系上有一段磨合期，这段日子里也许你只顾磨合，什么成绩也做不出。所以，太频繁地跳槽，就等于空耗自己的内力。无论什么样的人，都是经不起攀比的。

一个人开始创业时，他的薪水甚至是负的，他可能扛着几百万元的负债，如果这时他选择退出，寻找高薪工作，那他的债务可能十年甚至更久才能还清。而如果他坚持创业，不断地获得有用的信息，坚持锻炼自己的能力和积累经验，那么不久机会就可能降临，也许一年就能够扭亏为盈，他所获得的就不仅仅是几千块钱的薪水，而是丰厚的利润了。

那么，年轻人在社会中打拼是应更看重挣钱，还是更看重获得经验呢？

第一，年轻人要把挣钱和挣经验当成是“鱼”和“渔”的选择。你的薪水就是所谓的“鱼”，而经验则是“渔”。如果你想要获得更多的鱼，就要掌握钓鱼的方法与技术。年轻人，正是求“渔”的好时机，我们应该把目光放得长远一点。只要学会了“渔”，还怕将来没有“鱼”吗？在工作中，只有不断地寻找捕鱼的更好的方法，总结渔猎经验，才能够得到更多的鱼。在这个过程中，渐渐地独当一面，抛弃“薪水”的束缚，才是最重要的。满眼都是鱼的人，往往看着鱼欢喜，而忘了学习渔术，所以“临渊羡鱼，不如退而结网”，获得经验才是最重要的。

第二，年轻人要认识到，收入只是工作的副产品，只要做好你该做的事，出色地完成你该完成的工作，理想的薪金必然会来。在选择工作之前，我们应该明白自己想要的是什么，是钱还是真正的成长，这样我们才能做出无悔的选择。对于我们来说，薪水固然重要，但比薪水更具价值的，是工作背后自身的成长。工作固然是为了生存，但比生存更重要的是实力的提升。年轻人经常抱怨自己的工资太低、奖金太少。我们常常以玩世不恭的态度对待工作，或者消极怠工，或者频繁跳槽，甚至怨天尤人，埋怨自己生不逢时、明珠暗投。工作做得一塌糊涂，表现乏善可陈，事业升迁更是遥遥无期，并且还埋怨自己怀才不遇，这是可笑的。

事实上，如果我们不把自己的眼光仅仅盯在薪水上，而是注重学习、成长的机会、职业经验的积累、为人处世的磨炼等，我们就会取得更长足的进步，薪水也就源源而来了。

我们要意识到，目前的工作可能不是我们想要的，但如果不把这份工作做好，那么这份工作我们将有可能从事一辈子。薪水并不是我们从工作中所能获得的全部，而只是其中的一小部分。如果我们只能看到工作带给我们的薪水，那我们就只能成为一个为薪水而工作的打工者。只要自己的能力提升了，何愁薪水不涨？薪水是有限的，能力的提升却是无限的。

第三，年轻人在做事时要注重你的目标，思考要注重你希望解决的问题。抛开急功近利的想法，不要盲目地为追求高薪或其他的眼前利益而心浮于事或不断地跳槽。心浮气躁对于眼前的工作最不利，我们要安下心来，踏实地做好工作中的每一件事，并适时地盘算自己的未来，才可能不断地成长。

我们是希望得到金钱，还是更有前途的事业？任何一个希望有作为的年轻人，都会做出正确的回答。有时我们不过是被眼前的繁华遮蔽了视线，或者攀比的心理让我们的心动摇了。我们要做到心如磐石、清醒自觉，就要有宽广的眼界和坚定的信念。“不畏浮云遮望眼，只缘身在最高层。”我们要把自己的志向定得高一点，更高一点，才会让我们看得更多、更清醒。

当年轻人开始厌烦眼前的工作的时候，你要清楚地知道自己现在更需要积累经验，这样就会让自己平衡下来，心平气和、严肃认真地对待眼前的工作，这样也才会获得更有价值的人生。

向前看，从现在开始思考你的人生

年轻的时候，我们总是抱有很多美好的梦想，无论我们在他人眼里是理智的，还是稳重的，我们都会在自己的心底埋下一粒梦想的种子。其实这些梦想大多数和现实是有一定差距的，没有几个人可以把他的梦想变成现实。但这并不意味着梦想就是空想，在很多时候，梦想成为了年轻人为之奋斗的目标和努力的方向。所以，我们在进入社会后还要保持这种常思考的习惯，思考我们的事业，思考我们的生活，思考我们未来想要成为什么样的人。

有智慧的年轻人，无论他们的理想是远是近，是大是小，他们都会明确自己的目标，通过一步步的努力，去将它实现。这样的年轻人，看起来也许并不忙碌，工作也不是最出色的，但是因为他踏实而取得快速的进步，让人觉得他是运气最好、事业最成功的。实现梦想是一件有风险的事，而明确的计划能够让我们避免许多陷阱和诱惑，风险也就相对减少。一定的积累，会让我们的经验更丰富，能力更上一层楼。只有有了更多的资本，才可能以小搏大。我们一定要想好，到底“怎样度过自己的一生”才能够让梦想变成现实，才不会行差踏错。

第一，我们要保证自己的梦想是现实的、可以实现的，而不是一些天马行空的幻想。例如，一条鱼想游泳，就是现实；一个人想游泳，就是梦想；而一只小鸟想游泳，就只能是幻想了。我们要对自己能够达到多高的高度有一个判断，对自己在哪方面有优势、哪方面不擅长要有清楚的认知，你能够达到什么程度的成功都是有限制的。

第二，我们要为自己实现梦想制订一个行之有效的计划。无论你的梦想有多大、多长远，都要有严密的计划支持，才可能实现，否则就会竹篮打水一场空。让我们看看阿诺德·施瓦辛格是怎样从一个穷小子成为美国州长的呢？经过几天几夜的思索，他做出了以下计划：要竞选州长必须得到雄厚的财力支持——要获得财团的支持就一定得融入财团——要融入财团就需要娶一位豪门千金——要娶一位豪门千金必须成为名人——成为名人的快速方法就是做电影明星——做电影明星前得练好身体，练出阳刚之气。就是凭着这一串规划，一个名不见经传的穷小子在57岁时竞选成为美国加州州长。

今天如果你想成为一个事业顺利、生活幸福的人，就要明确自己想要什么，并为自己想要的东西制订一连串的计划，有了明确的规划，表面上看起来和以往没有什么不同，但是因为看得远了，眼界开阔，做起事情来就会更主动，也会更清晰明快。相信经过我们的不断进步和积累，自身早晚会发生质的变化，从一个一无所长的丑小鸭，变成众人瞩目的白天鹅。

我们勤于思考，不仅能很快地明确自己人生的旅程，也能让我们的每一步行动都有章可循。就像每一个项目，我们都有一张进度表一样，我们也应该为自己的人生制定好进度表。

第三，我们的思考要以现实为依据，并最终回归现实；而不是以猜想为依据，最终回归幻灭。我们思考每一件事情，都应该考虑自己的实力，越是能力弱的时候，进步越是缓慢，而一旦步入正轨，进展就会变得神速，因此我们要把第一阶段的目标定得低一些，实现的时间定得长一点，这样才能够鼓励我们完成以下的任务，而且不惧怕失败。我们要依据对周围的现实调查而来的结果，来确定任务以及判断形势，而不是凭空臆测或者仅凭自己的直觉。

总之，只要是梦想，就有实现的可能，关键是看我们可不可以根据现实情况去思考，有没有明确的规划和不断的努力，这样才能让梦想的阳光照进现实的空间。每一个年轻人，都应该自我审视，然后调整自己的理想和规划，调整自己做事的方式。当关键时刻到来时，我们才能够做出对自己最适合、最有利的选择，才能够实现自己的梦想。

年轻人一定要常常问问自己想“怎么活”，只有经常思考，才能促使年轻人进步。当我们明确了自己的奋斗目标，对此有自己成熟的思考时，我们实践起来将会更简单，也会更快地见到成效。

戒掉依赖，二十几岁应该经济独立

不管是男人还是女人，在年轻的时候一定要尽快地经济独立起来，只有经济独立了，你才能实现精神独立，才有资本谈自由、谈生活、谈理想，也只有经济独立了才好有底气和他人交往，要不你花着家里的钱还谈什么自己是有能力的？经济独立是每一个想要在社会中生存的人必须具备的能力。

年轻人要知道，工作不仅带给我们经济上的独立，同时，也可以丰富我们的内心世界，使我们的精神更加充实，使我们更自由、更有尊严。还会使我们意识到：我能够养活自己，不必看任何人的脸色，也不必依赖任何人的施舍。这种自主的意识是任何一种享受都不能够代替的。事实上，只有经济独立了，年轻人才能真正地实现自主，不用仰人鼻息地生活，我们才能够活得更轻松、更有尊严。

当我们处在学生时代的时候，总是在幻想，以后一定要找个有钱的老公，或者娶个家底殷实的老婆，这样就会衣食无忧，不用在外漂泊奋斗，也不用看老板的脸色。这种想法不能算有错，有些人的确也是这样做的。但是，这样做必定有其弊端，你身边的男人是否靠得住，你身边的女人是否真的瞧得起你，就是最大的问题。除此之外，我们要花费别人的金钱，就要受别人的约束，即使花费上随心所欲，在一些其他的事情上也是没有自由的。例如，当两个人的决定发生冲突的时候，你就会发现，谁主导着经济，事情就会按照谁的意志发展。

小米就是这样一个女生。她本来是有自己的工作的，不过在怀孕期间，丈夫心疼她，就让她辞去工作，做了家庭主妇。但在不久前，她和丈夫发生了一场大战，起因是她想把家里的钱做一份理财计划，以避免将来出现不工作就失去经济来源的窘境。可是丈夫却不顾她的建议，私自决定买了一部汽车。她的丈夫想法很简单：这是我挣的钱，我有权利决定怎么花。自此以后，小米抛掉了她家庭主妇的身份，每当两人发生经济上的争执时，她就会抬出“我挣的钱，我有权支配”的理论，甚至把两个人的收入和支出单独做了账单，实行AA（平均分配）制。她的丈夫却说不出一点儿反对她的理由来。

故事中的小米清楚地意识到，谁有经济能力，谁能支撑生活，谁就有话语权。这在某种程度上，是有一定的道理的。年轻人一定要及早地摆脱“夫妻之间不能对钱太过精明”的观念。现代的年轻人应该明白，钱虽然不可以买来一切，但常常可以买到尊严和自由。

一位心理专家做过一次家庭调查，例如，一个婆婆若有两个儿媳妇，即使和她们都不住在一起，她往往不知不觉地也会对做“职业女性”的儿媳妇比“家庭主妇”的儿媳妇宽容些。她下意识地认为，做“家庭主妇”的儿媳妇是跑不掉的，凡事要仰仗自己的儿子，所以家事当然要做得好些，她对这个儿媳妇的标准自然提高了许多。相反，“职业女性”的儿媳妇在她的眼里是在帮她的儿子挑半边天，另外手头也比较有些闲钱，可以慰劳婆婆，所以常常讨得婆婆的欢心。

这个调查同样印证在男人身上，当女方家底殷实，男方却稍有欠缺时，丈母娘自然是看不上男人的努力，遇到懂事一点的妻子还好，如果是个小姐脾气，那男人受气可不是一星半点啊。女人在婚姻中如果遇到一个挑大梁赚钱养家的丈夫，往往比一个靠着两人的工资赚钱养家的丈夫（即使这个男人也有能力独自养家）更容易发“老爷脾气”，也更容易有外遇。因为家中的一切开销都是他付的，家中的一切也就都由他说了算，所以这样的男人更容易在妻子面前“耍大牌”，更容易在外人面前吹嘘以及在虚荣的女人面前炫耀，外遇的机会就会增加。

由此可见，对于男人女人来说都要有一定的经济能力，不要让人们拿拥有金钱的多少来衡量你的能力。

在与他人的正常交往中，当我们有求于对方时，吃顿饭、喝杯咖啡的钱难道还要让对方来付吗？这虽然只是打个比方，但在交际中却免不了要遇到大大小小的开销，一个连经济都不能独立的人，别人又怎么会用平等的眼光来看待你？对于刚步入社会的年轻人来说，马上做到经济独立是不太可能的，但是你要时刻有经济独立的意识，在每个月仅有的薪水里，安排好哪些是用来生活开销的，哪些是用来交际应酬的，哪些是要为自己置办装备的，哪些是要存起来的……只有合理地利用，才能让自己尽快地实现经济独立。

年轻人想要活得有尊严和自由，自己就要有生存的能力，就要有经济自主的能力。我们要通过主动、积极、持续地学习，来打好自己的知识基础，具有一定的知识资本。这样，才能够拥有其他的实力，才能够争取平等，才能够活得更有尊严。只有经济上实现了独立，才能够带来人格思想上的独立，才能够实现我们的自由，维护我们的尊严。

主宰自己，成就自己的人生

在人们的眼里，相对于男人来讲，女人就是软弱的代名词，她们不够强大，体力不够充沛，精力不够旺盛，意志力薄弱，似乎所有的一切都不如男人。其实，在很多方面，女人都优于男人。女人的敏感度远高于男人，女人的处事方式也比男人灵活，与人交际时，人们更容易接受女人，等等。年轻的女人们，要学会让自己强大起来，坚强起来，谁说女子不如男！

刚离开家的女孩子大多都是娇生惯养的，自立和自理能力也都比较差，但是，我们一定要懂得自立的重要性，至少要有一份工作。既然一百多年前的女性就提出了平等和自由，那么我们就更要珍惜今日得之不易的平等权利，而不要以弱者自居。

女性的依赖性相对于男人来讲要强一点，如果我们以弱者自居的时间长了，就会养成被别人照顾和同情的习惯，这样我们就失去了自己的能力，变成了真正的弱者。就算是最凶猛的老虎，待在动物园里被人照顾四五年，当它们重新回到丛林里，和野外的老虎去相处、去争食、去撕咬打斗时，恐怕都会毙命。如果仅仅是让它们自己觅食、觅水，恐怕它们也要先适应一段时间。而我们人类社会的竞争要比动物世界的竞争更激烈。如果你长期处在别人的同情照顾之下，当你独自一人时，就会感到无形的压力向你扑来，谁是弱者，谁就会失败，没有立足之地。

那么，总是显出一副弱者姿态的女人究竟想得到什么呢？无非是男人的同情、怜悯、怜惜。难道我们把自尊踩在脚下，就只为了获得一点点同情或者依靠吗？女人就只能这样生活吗？

这个社会是公平的，女人不能抛头露面、不能养活自己的时代早已经一去不返。任何一个愿意工作的女人都可以很好地养活自己，可以不依赖任何人。不过，有的女人想要的太多，却不愿意付出努力或者没有那份能力，于是，不得不依赖其他人，以“弱者”自居。但是你有没有想过，当别人不再愿意成为你的依靠时，你又何去何从？过惯了锦衣玉食的生活，你还能回到仅仅维持生存的生活水平吗？过惯了“十指不沾阳春水”的生活，你还会习惯操劳吗？婚姻不是永恒的，依赖别人更不可能永恒。只有靠自己，才能够更踏实、更实在。在婚姻关系中，只有平等，才有自尊。否则，就只能成为别人的附属品，难道女人会看不透这一点吗？

在社会中，常常表现出弱势的女人，通常在感情、生活或者事业上有过一段辛酸史。相对于男人来说，女人的确是“弱势群体”，但是，女人一定要学会坚强。“弱者”也有坚强的理由，社会上不乏掌握生杀大权的“女强人”，女人可以不做女强人，但一定要做一个强者，不主宰别人，但也要能够主宰自己。

寻求保护是女人的本性，这是被社会所承认的，我们不必在这方面过于计较。通常，女人的柔弱是女性自我保护的武器。女人常常以弱势来调动男人的强势意识，以获得男人的保护，这也是以弱制强的一种策略。我们不是不需要男人的帮助，而是不要完全地依赖男人，以“弱者”自居。女人表现“柔弱”是一种策略，但是表演“柔弱”、以“弱者”自居，则是一种愚蠢的行为。社会给坚强的女人以敬畏，给柔弱的女人以怜惜，却给以弱者自居的女人以嘲笑，就像祥林嫂以自己的儿子被狼叼走博取同情的同时，也遭到了众人的嘲笑讽刺，这并不是没有原因的，所以，我们还是不要自取其辱了。

其实，过于“柔弱”的女人不像人们想象中的会让男人有怜悯之心，很大程度上是会给男人带来强大压力的，所以过于“柔弱”的女人并不受欢迎，相反，适当地坚强一些的女人更被男人心疼。男人普遍是一种心理复杂的生物，女人太强了，他会感觉有威胁感、有压力；太弱了，他又感觉有生存压力，产生反感。所以，女人还是应该靠自己，更有保障一些。

年轻的女人可以向别人请求帮助，但不能过分地依赖他人。你可以选择不做“女强人”，但也不要以“弱者”自居，践踏了自己的尊严，我们要更独立、更自主，才能活得更精彩。

青春短暂，充实好自己最美好的年华

年轻的日子一晃而过，而对于所有人来讲，20岁到30岁这十年，是人生最关键的黄金十年。十年的时间其实一晃而过，这十年将决定我们人生事业的雏形，为后半生的幸福与成功奠定一个基础。我们在年轻时期的选择和努力将决定你在而立之年是贫穷，是中产，还是富有。如果我们想而立之年不再为衣食奔波，有一个温暖的小家；不惑之年成为一个成功的人；知天命时可以退休，仍然受人尊敬，就要学会利用年轻的日子，为现在也为将来努力拼搏。

利用好这珍贵的十年时间成了每个年轻人都应该思考的问题。如何度过，取决于我们希望拥有怎样的人生。是轰轰烈烈，还是平平淡淡？是浑浑噩噩，还是明明白白？是命运多舛，还是一帆风顺？每个人都有自己希望过的人生，强求不来。如果人人都是比尔·盖茨，那我们又去赚谁的钱？如果人人都是马拉多纳，还有谁会去看球赛？

对于年轻人来讲，如果成功之于你是快乐的，你不妨努力地去追求。如果轻松和谐、平平淡淡才是你想要的，那么就不必强求。无论你选择怎样的人生，顺利、轻松想必都是我们所希望的。

年轻的我们要走上纷繁复杂的社会，每个人都希望能实现自己的人生价值，实现自己心中的梦想，获得成功。每个人也都希望自己的职场生涯顺利，爱情甜蜜，有一定的轻松娱乐时间，这些都无可厚非。但是怎样才能拥有这些呢？这不是一个简单的要求。我们必须在以后的十年中逐渐创造出以下三个条件才可能做到。

第一，要有良好的身体素质和精神条件。如果一个年纪轻轻的人就一副病怏怏的姿态，那么，无论他有多么伟大的理想和抱负，他都不能实现。健康的体魄是成功的基础，我们切不可为了一时的利益，做出大量抽烟、酗酒等毁坏身体健康的事。更不可不顾身体的极限，无度地透支健康。

“身体是革命的本钱”，没有健壮的体魄，一切都是空想。清楚地认识自己的精神状况，过有追求、有活力、有情趣的生活。我们站在人生的门槛上，年轻，充满活力，有梦想，清醒地意识到自己的力量，有主人翁意识，还有什么能比这样的状态更重要？良好的身体素质固然重要，但更重要的是精神积极健康，充满活力，拥有坚强的意志力和充沛的体力。人并不一定必须具有很大的块头和威武的外表，但应该具有旺盛的生命力和坚强的毅力。拥有了这些，我们才能够更好地享受生活。

现今社会中有一些年轻人，总是把自己困在消极厌世的情绪之中，那是对我们的未来没有任何好处的，负面情绪会带人走向毁灭，积极地追求生活中的真、善、美，有信仰、有追求，才不枉青春。

第二，要有良好的社会关系。社会是人类赖以生存的环境，人生活在社会中，无时无刻不处在与他人的关系之中。如果我们想要顺利地度过自己的职场生涯，或者取得成功，就必须处理好人事关系。现代社会是高度组织化的社会，许多人通过联合与协作才能完成个人没法完成的事情。如果我们不能拥有良好的人际关系，个人的资源和精力有限，我们就会变得狭隘。而完成伟大的事业需要许多资源的整合，没有好的社会关系，就不能更好地整合资源，当然也就不能成就大业。在当代社会中，如何更好地与他人合作，拓展我们的人脉，拥有良好的社会关系和社会地位，是我们不得不重视的一个课题。

第三，要有一定的物质条件。物质条件对于年轻人来讲主要是指经济条件。年轻人在追求精神寄托的同时，同样不能忽视对于物质上的依靠。没有物质生活做后盾，再多的精神层面的东西都将成为泡影。没有面包，爱情也是不牢固的，更何况事业？

同样，年轻人在经营自己的事业、获取报酬的同时，别忘了丰富精神生活；在精神物质双丰收的状况下，别忘了拓展人脉，建立良好的人际关系。

当然这些都是建立在健康的身体之上的。所以，我们要重视健康、薪水、情趣、社会关系，在这几方面都要着重修炼。年轻人不怕吃苦，最怕不知道想要什么，最怕迷茫，不知道怎样度过。

20岁到30岁这十年你打算如何度过？年轻的时候最重要的是我们想清楚自己想要什么样的人生，对自己的事业、生活、未来十年有一定的规划，才可能在接下来的日子里清醒、不迷茫、顺利。如果没有一定的计划，或者计划不详细，就会浪费我们的很多精力。不断地思考这个问题，能够让我们对于未来有更清醒的认识，更明确的规划，这样我们才能更顺利地度过人生中最能实现梦想的十年。

找到自己的路，不必复制他人

每个年轻人对于社会来讲都是特别的，我们对于成功的定义都不一样，不同的人有不同的人生目标，对自己有不同的人生定位，所以，每个人应该走的路不同，自然就有不同的选择，在各方面的努力也就不同。所以，年轻人不要盲目地模仿别人，而要选择适合自己走的路，要坚持走自己的路。

世界上没有两片完全一样的树叶，也没有两个完全一样的人。每个人都对自己的成长之路有不同的看法。前几天，我翻看一本时装杂志，服装的款式多得数不胜数，搭配更是五花八门，让人眼花缭乱，价格自然也是不菲。虽然相较于女性服饰来讲，男性服饰的款式不是特别花哨，但是也不乏一些很有新意的作品。在生活中有些男士的穿着受传统观念的影响较深，不敢尝试一些新的搭配，这就会让他们在人群中显得平凡，而有些大胆前卫的男士，则会尝试不同的风格，在不会让人觉得怪异的前提下，又能在人群中脱颖而出。

其实我们选择人生的路和我们选择衣服的道理是一样的，不要因为他人的喜好来改变自己的风格。别人的糖可能是你的毒，盲目地模仿别人，只能落得灰头土脸的结果。你想要如何做选择，就如何做，只要你认为这是对的，是有发展、有未来的，你就勇敢地去做。

年轻人要学会鲁迅先生的“拿来主义”，去芜存菁、挑挑拣拣以后再来用会更合适。并不是每个人都适合成为生活中的绝对强者，也并不是每个人都习惯碌碌无为地活着。我们对自己的人生都有各自的志向，不能因为他人的一句话就改变自己一直坚持的路线。对于那些所谓的“人生经验”，我们还是不要拿过来就用才好。每个人都有自己的人生角色，这不仅取决于你的人生定位，有时候也取决于你的性格和人生观。如果你对“人格独立”“尊严”格外看重，甚至觉得不依靠自己来生存，就会失去你的人生价值，觉得最能体现自己价值的就是对于工作的贡献，唯有如此，才能被其他人认可，才能被其他人看重、尊重，那么，你就有成功的潜质。

如果你对工作的看法仅仅是“无所谓”，不过是“自己赚钱买花戴”或者“维持自己最起码的生存权利，以防不测”，这样，工作事业对于你来说，就仅仅是一个保障。你对工作不会排斥，但也不会太热情。你不是一个工作中的强者，不过你是生活中的“强者”，既不会让工作干扰到你对生活的“享受”，也不会因为享受生活，而忘了生存“危机”。你是一个想要得很多、很完美，但是往往两方面都有缺憾的人，也许会很累、很辛苦，但很幸福。每个人的人生都有缺憾，而你的缺憾是最小的、最少的。

一些年轻人把工作看成是一种负担，把自己的全部都押在对未来婚姻、爱情的期盼上。我不能诋毁这样的年轻人所选的道路，只能提醒你们，要把这条路走好。因为这是一条格外危险的路，尽管有时看起来很平坦，但越是平坦的路越隐藏着危机，因为你们把希望寄托在了最靠不住的感情上面。就像一种小鸟，尽管它的巢做得坚韧、牢固，但也抵挡不住一阵狂风暴雨，因为它把自己的巢穴安在了芦苇秆上。

每个年轻人都有选择道路的权利，一定要慎重地做出选择，以免在踏上道路之后，才发现自己是一头骆驼，却选择了疆场；或者自己是一头牛，却选择了山林，这不仅贻笑大方，甚至会有性命之忧。在选择的时候，我们要看清自己的处境，清楚自己适合走哪一条道路。年轻人，慎重地做出选择吧，不要盲目地模仿别人，不然会失去自己的本色。

第02章

发现自己，没有目标的享乐是对青春的浪费

瞄准目标，看清现实少走弯路

年轻人要想把握住自己的命运，就要提早看清现实，打破阻碍自己好命的白日梦，设定适合自己的生活目标。许多年轻人，尤其是那些对未来没有什么远大志向的人，都做着一朝突然成功的美梦：或者突然有一天被星探发现，成为明星，从此名誉、地位双丰收；或者突然有一天，自己好运滚滚而来，获得升职、加薪；或者别人发现了自己的某项优点，立刻提拔自己到了好的位置，凡此种种，数不胜数。

年轻的我们不能动不动就抱怨老天的不公平，其实，命运掌握在我们自己手中，要想拥有梦想中的好命，就必须先把这些白日梦打破。要知道一个人的成功和好命靠的是平日的积累，而绝不是偶然的机会或者平白的幻想。我们只有平时做好准备，向着自己的人生目标设定一个个小的目标，并为之努力，才有可能遇到一个机会。

有着明星梦的你要知道，并不是所有的人都有林青霞遇到星探的幸运，大多数的明星都是艺校毕业，然后渐渐步入影坛的。所有走向上流社会的年轻人也都是通过他们的努力和事前不断的准备，而不是像电视剧里演的，有一个好爸爸、好家庭就万事大吉了。如陆小曼，她的父亲是当时财政部的赋税司司长，她上过最好的女校，会说四种语言，所以才配得上才子徐志摩。

不要以为陆小曼是不学无术、只靠老爸的女人，如果你这样以为就错了。所以，奉劝那些喜欢做白日梦的人，不努力而妄想有好的结局，是不可能的。每个人的好命都是自己管理人生、经营人生的结果，而不是“一朝闻名天下知”的命运巧合。即使有巧合，概率也是非常低的，更不用说有这样的巧合后，我们必须付出的努力。

还有一些人，家庭环境不够好，想要靠学业或工作或婚姻来摆脱自己悲惨的命运。例如，山区或者农村的孩子们从小想接受教育，考上大学就能够走出去，成为城里人；很多人都相信毕业后的一份好工作是自己的终身依靠；很多人都幻想着有朝一日凭着自己的美貌或者清纯能飞上枝头做凤凰，成为小姐妹们羡慕的对象。事实上，我们有诸如此类的梦想并没有错，错的是我们用错了方式。

不论你有怎样的想法，在我看来，你都会实现你的愿望。事实上，老天只助自助者，每个人的成功都只遵循一个模式，那就是不断地积累，不断地提高自己，使自己在社会上处于更高的阶层。并不是找到一份好工作或者一个好老公就能够升上一个阶层，就万事大吉了。如果没有我们平日对自己的严格要求，没有不断的进步，不懂得给自己的人生设定目标，这些基本上就属于白日做梦了。

我们只有认清现实，接受现实，继而明确我们最终的目标，让自己更加努力，更加成熟，才能获得最后的成功。

那么，年轻人要如何设定自己的人生目标呢？

1. 在生活中，将你认为最有价值的五件事以优先顺序罗列出来

这五件事说明你的目标只有和你的自我价值相配合时才会产生。每一位成功的人都知道自己的信念和价值是什么，并且你要时常问问自己：我的生命价值是什么。以此来确定你的外在生活与内在生活的一致性。

2. 在30秒之内写下你生活中最重要的三个目标

这是你的潜意识里所面临的最重要的三个问题，这是一个具有启发性的提问，你应该不断地问自己，而且你会发现，这三个问题往往有一定的内在联系，认清了它们发展的前后顺序，你才能有条理地实现你的人生目标。

3. 假设自己的时间是有限的

如果你的医生告诉你，你的生命只有半年了，那么，你将如何过好这半

年的时间呢？其实这个假设是看你的基本价值，它能让你看到你的人生价值在哪里，最重要的是你现在的生活和你仅剩半年的生活是否一致。记住，你永远不知道自己什么时候开始你只有半年的生活，所以，把现在的每一天都当成那半年的时间来过吧。

4. 你生活中的哪类活动，让你感觉到重要，并且能让你快乐

这项活动就是你能有接触贡献的领域，因为只有在你感觉重要并快乐的工作上，你才会有最杰出的表现。

5. 不败的你的最大梦想

当你假定自己在不会失败的情况下，你最大的梦想是什么？这就是你内心最想达到的目标，也是你最想得到的，那么只要你肯努力、肯付出，你就一定会成功。

年轻人要学会给自己的生活设定目标，不要让自己总生活在虚幻中，那样的结果只能是惨痛的。我们要保持清醒，为自己渴望达到的目标设下一个个小的目标。当你将每个小目标都完成得很出色的时候，你的最终目标就一定会有实现的可能。年轻人要充满自信，要付出全部的努力，去实现自己的梦想，这才是活着的真正价值。

大胆前行，对自己的决定负责

标志年轻人成熟与否的，不在于你的年龄和你经历过多少事，而在于你能不能将自己做决定的事勇敢地去实现。法律规定，18岁以后的人属于成年人，如果犯了罪，就要对自己的行为负全责，而在18岁以前，你的犯罪行为是由监护人和社会负一部分责任的。那么，在我们步入社会后，只有首先能对自己的决定负责才能成为对社会负责的年轻人。

如果我们对未来抱有远大的理想，我们希望自己的梦想能成为现实，就要学会靠自己决定重要的事。由于眼界、恐惧等因素，我们往往不敢自己下决定，觉得自己还很幼稚，自己的决定也许会对未来造成很坏的影响。父

母更是把我们看成小孩子一样对待，凡事小心翼翼，事事为我们准备好、决定好。从小到大，我们很少有自己下决定的时候。功课的进度不是由我们决定，上不上学不是由我们决定，甚至兴趣爱好也是由家长代为挑选的。但是我们现在长大了，就要有自己的想法，自己的事情自己决定，自己的人生自己负责，才可能有大的成就。

每一个成功的人在走向成功的过程中，都会遇到各种各样反对的声音。如果我们下定决心去做某事，首先要在下决定之前好好地思考这件事带给我们的利弊关系，因为你突然要从大众的80%里跳出来，进入20%的队伍里，变化让人不安，尤其是你周围的人，他们会出于各种原因而对你提出质疑。但是你要知道，你自己决定了的事情，只要你坚持，勇敢地去实现，就是你人生的成功。年轻人的字典里不需要有“后悔”二字，我们时刻要做到坚持自我，自己的人生自己决定。只有这样，才会让你在今后的道路上越来越成功。

那么，哪些决定对我们来说是人生中重要的决定呢？

1. 年轻人要了解自己想过什么样的人生

你想过怎样的人生，都是自己决定的。是希望功成名就还是平平淡淡？是希望轰轰烈烈还是默默无闻？每个人都有不一样的想法，也会做出不一样的决定。北京大学有一位以卖猪肉出名的毕业生，大家对他的职业议论纷纷，他却说：“北大能出俞敏洪那样的名人，也能出杀猪卖猪肉的，这是我们的不同选择，我们追求的人生目标不同。”比尔·盖茨在哈佛求学期间决定退学从事自己的电脑事业，他的父母、朋友，在最初都觉得他一定是疯了才会做出这样的决定，而他决定了的事没有人能改变，于是，我们有了一位没有哈佛毕业证的世界首富。有人提议在哈佛校庆的时候邀请比尔·盖茨做演讲，但是被学校拒绝了。比尔·盖茨并不为当初的决定后悔，因为是他自己选择放弃学业，开创自己的事业的。

自己决定过怎样的生活，是一种勇气，也是一种智慧。李白说：“仰天大笑出门去，我辈岂是蓬蒿人。”那是一种入世的豪迈。陶渊明说：“采菊东篱下，悠然见南山。”那是一种出世的淡然。我们希望有怎样的人生，是我们自己决定的，也要自己去承担责任。入世的李白有“人生在世不称意，明朝散发弄扁舟”的苦恼，出世的陶渊明也有“草盛豆苗稀”的感慨。但他们都为自己的生活承担了相当的责任，为后世留下了不朽的作品，所以他们同样是成功的。

2. 年轻人要清楚自己的职业、事业、学业的选择

是继续求学，还是在社会中奋斗？是为别人打工，还是自己走向创业之路？是选择稳定、悠闲的事业单位，还是选择竞争激烈、升值空间大的私人企业？这些都要年轻人自己懂得选择，因为每个决定都影响着我们的人生目标，只有你自己衡量哪条路离你的梦想最进，对未来最有帮助，你才能在工作生活中付出百分之百的努力去实现。

3. 年轻人要清楚自己想要什么样的爱情，什么样的婚姻

爱情与婚姻对于年轻人来讲已经不是遥远的事，在我们的工作学习稳定后，有必要对自己的感情世界做个初步的规划。很多年轻人在选择自己人生的另一半的时候，不知道要用什么样的标准来衡量。有的人甚至用是否对自己的事业有帮助，是否能够为自己带来安逸的生活为标准。

在这方面，林徽因女士用自己的智慧做出了最好的选择。林徽因是我国近代最美丽的女士之一，曾有诗人徐志摩、建筑师梁思成同时爱慕她。而她选择的标准是自己想过一种什么样的生活。她想要的不是诗人浪漫的爱情，她要的是能够与自己有共同语言、共同的事业爱好，平等的（当时徐志摩已有妻室）能给自己的生活带来发展的婚姻。因此，她嫁给了梁思成，梁思成也真的给她的事业带来了发展，他们共同设计了人民大会堂。诗人舒婷也为我们描绘了自己渴望的爱情，她渴望的不是藤蔓的缠绕，而是树木的共同依靠。

婚姻是一生的事情，在某种程度上，它比事业更为重要。不合适的婚姻，不但会造成自己在生活上的困扰，更可能给自己的事业带来巨大的负面影响。如果一个事业繁忙的男人，娶了一个希望时时刻刻待在老公身边的妻子或者不信任自己的妻子，那种挥之不去、斩之不舍的烦恼，对自己的事业会造成很大的困扰。相反，一个事业上的女强人，嫁给了一位希望妻子小鸟依人、照顾家庭的“斯文男”，也会消耗自己对于事业的热情。

如果年轻人觉得自己还没有做大决定的能力，那不如从决定自己的小事做起。当我们越来越清楚自己想走怎样的人生路，想过怎样的生活时，你自然会做出适合自己的决定，你也一定会为你的决定勇敢地前进。

用优势定位，别把熟悉当成一种习惯

年轻人在对自己的职业选择上一般是选择自己学习的专业，或者熟悉流程的职位，但我们也要知道，还有很多职业是我们不了解的，也许在其中就隐藏着最适合你、你最感兴趣的职位呢。很多年轻人在工作了一段时间后，发现这个工作其实并不适合自己，但由于已经习惯了这项工作和周围的环境，就懒得再换新的工作，重新为自己建立人脉。其实你在这个岗位上并不能发挥出你的优势，这种习惯了的工作并不能为你的今后带来多大的帮助，倒不如趁着年轻为自己重新寻找机会。

无论何时，职场上都不可能存在一个可以让人从从容容工作的环境。从很早以前起，日本企业就已经开始以业绩来衡量员工了。如果我们是因为工作环境压力大而跳槽，只能说明你的能力有问题。但如果是因为企业不能够给你发展的平台，这样的跳槽就是必需的。

一位从事服装设计工作的白领，相比于每天都对着画稿改来改去，她更喜欢和别人沟通、交流。于是她考了一个“衣橱顾问”的执照，专门为自己的客户选购和搭配衣服。现在，她每天忙碌于为各种体形、气质、职业、爱好的顾客量身选购出席各类场合的服饰。一有时间，她还会飞到世界各地，做时装买手，虽忙碌却快乐地享受着。之前办公室的姐妹看她的生活过得丰富多彩，都不由得羡慕她的职业好，但是她们都没有像她那样，放弃月薪三四千元的稳定职业去做个自由职业者。

现在一定要学会向别人充分表现自己的才能，这样才能为自己带来成功的机会，企业也会变得更加强大。如果现在的公司无法提供给我们展现自己的平台，那就可以考虑跳槽了。有句古话说：“真人不露相。”意思是说越有能力的人越谦虚，其实，与其理解为它要求我们不能表现自己，不如理解为一种免去后顾之忧的处事技巧。也许会有人觉得虽然看不到什么前途，但在公司的待遇还不错，而且还不知道跳槽会遇到什么样的待遇，因此不应该从公司辞职。

其实，只要年轻人有真本事就不用惧怕跳槽。在一个公司学到足够的东西，发展前景又不是很好的情况下，就要尝试着跳槽，去寻找更适合自己的职业和发展平台。越早转换不同的行业，有不同的工作经验和人生历练，自己越能清楚地了解不同的领域，也会越来越明晰自己到底最擅长哪个行业，最喜欢哪种职业，找到最适合自己发展的平台。

习惯了，并不一定都是好的。你习惯于某项工作，只能说明你在现在的工作岗位上都是因为惯性去做着一些工作，这些工作可能本身是你不喜欢的，可能是你不擅长的，或是没有一点创造力的，但是因为习惯，你就会误以为这是适合你的。现代社会是一个竞争激烈的社会，你越是逃避竞争，你越会被企业淘汰。在企业淘汰你之前，为什么不占据主动去淘汰企业呢？每个企业内部，每个行业之间，都存在着竞争，我们跳槽的目的是要找一个更适合自己发展的平台，而不是在几乎同样的职位间跳来跳去。

林某从某大学外国语言系毕业，曾在不同的公司辗转做一些助理、文秘的工作。工作内容不过是打打英文文件、接接客户电话，公司的核心业务根本轮不到她。她没有继续做着这些习惯了的工作，而是辞掉工作，去学习茶艺，因为她最大的愿望就是利用自己的外语优势去向外国朋友们介绍中国的茶艺。她的跳槽对于我们来说，就有借鉴意义。如果自身的条件限制了我们的发展，无论怎样跳槽也不能解决根本问题。

跳槽而不是换工作的前提就是不抛弃原有的优势，但绝不做与原来相同或者大同小异的工作。社会上的新职业越来越多，基本上都是从传统行业衍生出来的职业。如果我们能够利用自己原有的优势，再加上一些时尚元素，想必就能够进入一个新行业。而不是从事与原来的工作八竿子打不着的行业。除非我们确定自己的确不适合原来的行业，我们才可以考虑转行。

转行除了是一个机会，还是一种冒险，不像跳槽那样简单，它要承担经济上的风险和精神上的压力，所以要成功转行，还需要细细思量。

年轻人要趁着年轻，多挖掘自己在不同方面的职业兴趣、职业气质和能力，了解自己是否适合在某一行业发展，找到自己的职业潜力在哪个领域，才会得到更大限度的开发和挖掘，才能够使自己的转行具有更明确的目标。还要对所选行业的发展趋势有一个全面的了解。例如，所选行业的发展前景。要知道只有朝阳行业才更有前途，才能带给你更多的机会。

全面、真实地了解，才会让我们避免盲目，不要随随便便地就跳进去了，才知道原以为的大海不过是一条稍宽一点的小溪。要真实、确切地了解行业内部的信息，就不能仅仅靠报纸或杂志的介绍，最好是有几个该行业的内线，随时提供最可靠的消息。清楚自己在各方面的各项能力，对自己有一个准确的定位，才能做到不跟风、不盲从，准确地跳槽、转行。找到一个好的切入点，也就是大公司的合适的空缺职位，会让自己的转行生涯更加顺利。

总之，无论跳槽还是转行对年轻人来讲都是一件重要的事，年轻人要敢于抛弃习惯了又不适合自己的工作，要尝试着去跳槽，才能找到真正适合自己发展的行业和职业，找到自己发展的合适的平台。

认清现实，年轻人应该接纳生活

年轻的我们可以暂时屈服于现实之下，却不能对现实认命。对现实暂时低头，是因为我们在达到人生目标之前，一定会经历一些曲折的道路。而对现实认命则意味着你放弃了自己的梦想，放弃了人生的目标。所以，年轻的我们要学会勇敢地面对现实，端正我们对现实的态度，才能沿着一条正确的道路，走向我们心中的远方。

有太多的年轻人因为现实的生存问题，放弃了自己的梦想。虽然有时我们不得不学着向现实低头，但这并不意味着我们会放弃梦想。相反，我们正在通过一种特殊的方式慢慢地靠近梦想。有的人有理想，但现实中不存在实现理想的条件，而他又不肯向现实低头，最后只会抱怨世俗，甚至由于绝望而结束生命。

海子就是一个很好的例子。如果他能够忍受现实中卑微的生活，或者他能屈能伸，学着写能让自己生活很好的剧本，等条件好一点以后，再来写自己钟爱的诗，就不至于淹没在城市的水泥森林里。他写的诗歌很美，但这不是一个诗歌盛行的年代，为此，我宁愿他生在唐朝。认不清现实让他沦丧了，而我希望所有怀揣梦想的人，如果现实中不具备让你实现梦想的条件，你就低一低头吧。

小曼在中学时作文写得特别好，经常被老师当作范文来讲解，有时甚至复印上百份上千份让全校同学学习。老师说她是一个文学方面的天才。但是，她报考学校的时候只是报考了一所技校，同学们都很怀疑她的选择。她只是说："我的文字水平不足以引起北京大学或清华大学教授们的注意，我的家庭也不允许我上任何一所大学，所以，生存第一位。"后来，她靠自己的技术在一家事业单位当了一名科长，工作很轻松。业余时间，她就充电上一些文学补习班，有时还会写一些稿子投给杂志社，过得非常舒心。

当现实与理想发生矛盾时，先向现实低头，但不认命，解决了生存问题之后，用自己的努力和智慧使自己回归到过去理想的道路上去，这是最好的处理方式，也是最适合现代年轻人的方式。年轻人在闯荡社会的初期，肯定会有现实因素的困扰。我们不能太理想主义，像巴尔扎克为了自己的文学之路拒绝了父亲要求他做律师并对他经济上的援助，他在经济上也困难了一阵子，但凭借着他的才华，最终还是成为了文学大师。大多数人都有一定的理想，但是这个理想不一定能保证你的温饱，因为有极高天赋的人毕竟是少数。如果你对理想的实现没有一蹴而就的把握，那不如来个缓兵之计，先向现实低头吧。只有保证了自己的温饱问题，和对原始资金及经验的积累，脚踏实地地努力，我们才能实现最终的目标。

谁说年轻人自己不可以改变自己的命运？但是改变我们命运的前提是要建立在认清现实的基础之上。暂时地对现实低头，就意味着我们可以用我们的智慧去战胜现实的束缚。这是那些成天浑浑噩噩的年轻人做不到的事情，也是我们走向成熟的一种表现。

年轻人只有现在认清现实，才能在有所成就的时候不被现实束缚，才不会错过自己应有的幸福。只有我们认清现实，勇敢地面对现实，才能够通过不断努力，改变自己的处境。如果年轻时我们在荒唐和浑浑噩噩中度过，我们就会少了很多进步的机会，也就少了很多竞争优势。想一想，当你人到中年时还和公司新进的小员工一起竞争，那将会多么尴尬、难堪，所以我们还是应该及早地认清现实，及早地拼搏进步。

我们要清楚，只有靠不断地积累，才能够拥有更丰富的经验、更强的能力，才能够拥有更好的人生前景，这些是大家都能够意识到的。但是，有很多的年轻人还在理想和现实中徘徊，不知道是要坚持自己的理想道路，还是要向现实低头。其实，生存是最大的现实，也是最大的理想，离开了生存，一切都是空谈，所以，我们要学会向现实低头。认清现实，勇敢地面对现实，改变现实处境，才是年轻人应该做的事。人的一生很长，我们还有很多时间去实现理想，所以，不用很着急，俗话说，“留得青山在，不怕没柴烧”。所以，生存第一位。

年轻人要为了自己的前途考虑，认清现实，端正你对现实的看法，然后慢慢地改变自己的境遇。当现实条件具备了，我们实现理想的时候也就到了，属于我们的幸福也就不期而至了。

大千世界，多学一点就多一分把握

身处大千世界，人们的喜好也千变万化。每个人都有自己喜欢并能主动做的事情，也有不喜欢、不情愿做的事情。但是作为年轻人，为了实现自己追逐的梦想，有时候就要做一些我们不太喜欢的事情。与其被动承受，不如我们主动去做。那些我们不愿意去做的事情，可能就是阻碍我们成功的弊端，什么都要了解一些，才会对我们今后的发展有一定的推动作用。

年轻人在初入社会的时候，对很多事情的选择不是自己能左右的，那么这其中必定有我们不喜欢做的事情，但是这就如同为了身体健康我们必须戒烟一样，在生活中，我们也必须要做一些自己不愿意做，但对我们的身体、精神或者前途事业有益的事。主动地做一些自己不情愿做的事，就是要求我们战胜自我。谁不喜欢醇厚的美酒，甘甜的食物；谁不喜欢重重叠叠的轻软细柔、暖和厚实的衣服；谁不喜欢出入都乘坐轿车；谁不喜欢幽深的住宅、清凉的宫室。但是，放纵耳目的嗜欲，恣肆肢体的安逸，只会损伤我们的身体，消磨我们的意志。

每一位成功人士都在社会上历练过，吃苦对于他们来讲是稀松平常的事情。年轻人虽然怕吃苦，怕受累，但为了将来不吃苦，现在我们无论多么辛苦，都要学会接受。我们不但要忍受被动地吃苦，还要积极主动地吃苦。有时为了大局，我们更要积极地做一些不情愿做的事，做出大的牺牲。

李健原本在办公室做一些策划工作，虽然不是金领，但是华服美食肯定缺不了，自身也颇得领导的信任依赖。不久，公司上层决定在西部进行市场开发，在每个部门都必须选几个人去，公司里没有一个人愿意去新的部门，因为大家在这里不但物质条件优越，而且站稳了脚跟，谁能保证一次西部开发活动不会把自己的终身陷落在那里？李健的想法也是如此，但是他并没有明确地表示出自己的意愿，而是观察事态的发展，后来看到领导的眼光几次都落在他身上，一副欲言又止的样子，他明白自己这次是躲不过了，但他并没有被动地等待领导的吩咐，而是向上级主动请缨，并表现出一副激情四射的样子。当然看在他主动请缨、热血沸腾的分上，他成了整个西部市场的总经理。七年之后，他又回到了公司总部，但他已不再是那个办公室的毛头小伙，理所当然地成为了公司上层管理人之一。

血气方刚的年轻人谁不想在事业上有一番成就？面对自己拿手的事情自然不用领导多说就能做得很出色，而对于自己不喜欢、不想做的事情，首先在信心上就会差一点，其次也怕自己这次做不好，会毁了以前的努力。其实，对于这些，年轻人不要有太多的心理负担，就把它当作一次历练的机会，毕竟初入社会的我们对什么事情都懂一点为好，这不仅为自己积累了经验，更为自己以后的发展多试了条路。

一个思想成熟的人，首先是一个能够自制的人，一个能用理智去驾驭自己的人。年轻的我们要试着驾驭自己，主动做一些不情愿做的事。学会不随心所欲，是一个人成熟的标志。

在日本，坪内寿夫家喻户晓，是日本经济界举足轻重的人物。然而年轻的时候，坪内寿夫非常喜欢抽烟喝酒。每天要喝一升酒，抽80支烟。

有一天，他去银行办理贷款。银行的办理人员对他说："坪内先生，你抽烟抽得这么厉害，我们很为你担忧呀。"听了此言，坪内十分吃惊："我自己抽烟跟你们有什么关系呀？""这当然有关系了，坪内先生。"对方指着桌上的一个烟灰缸，真诚地说道，"你看，只一小会儿的工夫，你就积存了满满一缸的烟灰，而且我注意到你每次来都是这样，长此下去，肯定会影响到你的健康的，你可是我们的大客户呀！"坪内当然也从家人朋友那里听到过抽烟的坏处，但这一次他终于明白了：抽烟不仅对自己的健康有害，而且还会严重影响到自己的一系列商业行为。他当即决定戒烟，但对于他这样抽烟非常厉害的人来说，戒烟谈何容易？

第二天，他一连抽了200支烟，抽得自己口干舌燥，嗓子冒烟，直想呕吐。从此以后，他真的再也没有碰过烟。他又听从医生的建议，坚决地把酒也戒了。后来，坪内寿夫拥有了日本最大的造船厂和钢铁厂，还拥有银行、饭店等许多产业。在日本，他甚至被人们公认为“神”。

坪内寿夫之所以能有那样的成就，与他对自己的“狠劲”是分不开的。冷静的头脑和坚强的自制力是我们取得成就不可缺少的后盾。“心魔难除”，要战胜自己不是容易的事，关键时刻，我们要用理智克制自己的欲望，不为内外的诱惑所动。积极地做自己不愿意做的事，就是对自己克制力的锻炼，只有做到了随心所欲不逾矩，才会对我们未来的事业更有益。

年轻人常常在工作中挑肥拣瘦，总是给自己选择那些看起来风光的工作，对于那些表现不出自己的能力，或者那些大家都不愿意挑战的工作，自己也不会主动请缨，总会告诉自己多一事不如少一事。但是，年轻人，你有没有想过，在工作中做来做去就是那几件事，你又会有多大的成就呢？难道一直到你退休，你都要反复地做着你熟悉的事情，而对那些不熟悉、你不喜欢的工作就不闻不问吗？那么，试想一下，你的将来会是怎样的？你成功的概率又有多大？

所以，年轻人不如趁着现在多做一些事情，喜欢的也好，不喜欢的也罢，这些事情无论成功与否都会给你留下宝贵的经验。只做自己喜欢做的事，这样的人是非常狭隘、非常幼稚的，不可能有大的作为。在我们初入社会的时候，要以学习为主，多为自己的将来打基础，随着你年龄的增长、视野的开阔，势必会越来越接近属于你的目标。

第03章

社交留心，交际场上要懂规则

大胆走出第一步，就为自己迎来机遇

社交是年轻人在社会中闯荡必须学习的一课。我们要想在社会中有所作为，有所成就，就要靠人与人的相处和交流，良好的社会关系对于年轻人的事业和生活都有不小的帮助。年轻人要明白社交就像我们穿衣吃饭一样重要，我们不要害怕和他人接触，更不要担心在与他人交流的过程中会犯错，我们还年轻，还有的是重来的机会，最重要的是，你要敢于迈出社交的第一步。

当然，年轻的我们在与他人接触的过程中免不了还会带着一丝稚气，但是，你越不敢与人接触，你就越无法摆脱稚气的外衣，只有在社交中你才会慢慢地变得成熟，才会越来越善于交际。

生活中不乏一些因为胆怯而不敢去交际的年轻人，这是很严重的问题。有些年轻人在社交场合表现不出自己应有的水平和自在；而另一些年轻人却在社交中如鱼得水，做得非常好。这其中最重要的原因恐怕还是心理因素。只要我们通过锻炼，扫除社交失败的心理障碍，也许就能够在人际交往中更加轻松自如，也就能够拥有更多的朋友。

年轻人要通过社交为自己多创造一些机会，你要知道，如果你拒绝了社交，那么你也就拒绝了成功的机会。心理学家指出："每个人都有交往的需

要，但是否达成良好的沟通，关键在于你能否在接触的过程中，让对方产生与你交往的想法，而做到这一点，则有沟通技巧的问题。它直接影响彼此能否建立稳定的社交关系。”如果一个人因为情绪的原因，产生了在社交场合不敢交往、不愿交往、不能交往的状况，问题就很严重了。心理上的不愿意会让你丧失与人交流沟通的能力，严重者还可能导致自闭，因此必须扫除社交失败的心理障碍，这不仅是为你的社交着想，更重要的是，让你的精神生活更加健康和正常。

年轻人往往是因为在社交过程中把握不好与人交谈的时机，不能找到合适的话题，才让自己对社交产生了一定的恐惧心理。也许是因为太想成功交际，反而让自己产生了紧张情绪，最终影响了正常的交往。

只要我们弄明白自己社交失败的性格原因或者心理原因，就能够很容易地克服它。年轻人常常因为以下几个心理因素而导致社交失败：

1. 自卑心理

由于有严重的自卑心理，所以在和比自己优秀的人交往时产生障碍。一般表现有两种方式：一种是孤芳自赏，自命清高，不愿与人交往；另一种是有自卑的感觉，不愿意与人接触，总是被动地等待别人的邀请，从不肯主动地表现自己、认识别人以及结交朋友。这种人通常都缺乏自信，总认为自己什么都不行，缺乏与他人交往的信心和勇气。

2. 内向性格

害羞内向的性格总是把自己的一言一行都束缚在一定的条条框框里，过度地约束自己，致使自己无法充分地表达自己的感情和想法，使整个人看起来感觉木讷、沉闷，过于规矩却没有个性，阻碍了人际关系的发展。这种人交往的范围很窄，就是一些同事和同学，很少和陌生人交谈和交往，也很少能够有知心朋友，最亲近的人一般就是亲人、从小一起长大的朋友等。人际关系也许比较和谐，但是交往面却比较窄，尤其在公众场合会更加沉默，甚至手足无措。

3. 自我封闭

有的年轻人会和别人保持严格的距离，游离在人群之外，尤其在面对异性时，这种趋向更为严重。他们常常把自己的真实思想、真实感情掩藏起来，也许在表面上人际关系很好，但事实上，只把人脉作为一种工具，没有知心朋友，也不会和别人谈到太深的问题。这种人表面上看来彬彬有礼，实质上却拒人于千里之外，对人冷漠。这种人在社交场合也不会受欢迎。

4. 冷傲孤僻

这样的人通常性格乖张怪癖，让人不能接受，常常孤芳自赏，甚至是盛气凌人，对任何人都存有鄙视的态度，使人感觉他不好亲近，不愿意亲近他。长此以往就养成了孤僻的性格，而他本人却不认为这是心理缺陷，反而以此为荣，产生了一种“凤凰不与麻雀为伍”的想法。

其实，年轻人因为社会经验不足，或多或少都会存在一些社交上的困难，不适应是难免的、正常的，尤其对于年轻的女人来说，由于缺乏经验而破坏了自己在交往中的形象在所难免。然而，人际关系严重失调或者经常失调的人，往往存在着个性缺陷或者认知错误。年轻人必须找出自己的症结所在并对症下药，才能够成功地进行社交。

想要在社会上取得一定的成功，就要敢于和不同的人交际，年轻人不要因为害怕而拒绝交际，一定要通过适当的心理调节，扫除自己在社交过程中的心理障碍。你要记得，年轻就是你的砝码，不要因为一次的交际失败就产生心理阴影，只要你能重新来过，你就有的是机会。这样才能让自己在成功的道路上进退自如、游刃有余，也能让自己变得更加成熟。

别再任性，学会包容你的圈子

年轻人在进入社会后，都迫不及待地想褪去青涩的外衣，成为别人眼中成熟的人。你要知道，成熟不是一蹴而就的，它需要时间的累积，岁月的磨炼，然而这些都是在人际交往的过程中探索出来的。所以，年轻人想要尽快地褪去青涩的外衣，就要让自己在不断地与人交往中成长起来。

我们都知道，要想在社会中有一定的作为，离不开与他人的成功交际。随着我们的成长，不同的人生阶段都会面对不同的社会环境，人际环境也开始从简单变得复杂。对于涉世之初的我们来说，有朋友的帮助，经历和境遇也会有所差别。有人相助的人生旅程是幸福和幸运的旅程，没人相助的人生旅程是孤独寂寞的，谁都想拥有一段值得回忆的人生经历，所以，我们会交往不同的朋友，带我们去看不一样的世界。可以说，每一个人眼中的世界都是不一样的，交不同的朋友，可以拓展我们的视野，把我们的生命带到一个更广阔的境界。这是广泛交往的意义，当然有其现实功利的一面，例如，可以互相帮助；当然也有它积极的一面，例如，它可以带给我们更广阔的人生。

在相互交往、了解的过程中，我们会形成自己的人脉网络，这也会给我们创造出更多的机会。《穷爸爸，富爸爸》的作者罗伯特·清崎就是因为结识了同学的父亲，所以才了解到财务自由的重要性和怎样实现它。而他的父母则是教育家，所以，他的人生才会以财务教育为事业。幻想一下，如果他没有结识同学的父亲或者对财务问题根本没有兴趣，没有学到这方面的知识，那么他的视野可能就会小得多，他很可能成为和他的父亲一样的穷教育家，有数不清的债务，而不是一个在财务上实现了自由、在教育上也很成功的人士。所以，我们交友的意义就在于此，不同的职业会把我们带向不同的世界，我们要学会相互交融，相互交流，才会让我们的世界更广阔，更丰富多彩。

当我们还没有真正迈进社会大门的时候，我们的情感来源、人际来源都是家庭，一般都是父母单向的情感输出，我们习惯了享受父母的爱和付出，很少想到相互的付出或者回报。而在学校的交往虽不同于家庭成员之间的交往，我们同时也要付出我们的情感，但这些毕竟是很单纯的交往，我们彼此不带有敌意，不涉及利益关系，这样的交往是极其简单的。我们只要付出同等的感情，并注意不要伤害到别人，就可以算是成功的交往。

然而，社会交往要比这复杂得多。因为社会交往起码涉及利益、竞争，一个人在社会上最终会有一个怎样的地位，所以，这种彼此交流、沟通、交往的目的要复杂得多，手段也会更繁多。我们开始很可能会目不暇接，最终，我们会在这样的交往中，变得冷静、从容、理智、成熟，最终我们会有一个牢固有效的人际关系网。

那么，年轻人要怎么做才能从日常的人际交往中慢慢变得成熟起来呢？这就要求我们必须彻底地了解一个人，不但要了解他的性情、职业、爱好，还要了解他所代表的个人或集团的利益。一个脾气再好的人，也不可能让你触动他的根本利益或者触到他的死穴。我们在了解他性情的过程中，不妨仔细地了解一下他最不能让人触及的部分，例如，家庭、子女，或者某次很尴尬的事，这样当我们选择交往话题的时候，就会选择比较安全的或者对方乐意提及的话题。而不是一下子使对方感到特别尴尬，以致我们的沟通陷入胶着状态。

年轻人在与人交往之初，总会以自己对他人的第一印象来选择要不要与这个人交往。成熟的人是不会以自己的性格作为愿不愿意和一个人交往的前提的。看到一个人太开放了或者太粗心了、或者太内向了、太偏激了、太骄傲了，所以不太想和他交往，这样的事情是常常发生的。我们既要避免自己的性格里面有不让人欢迎的因素出现，让人和你谈话时有如沐春风的感觉，又要愿意和性格有弱点的人交往。很多成功人士的性格中都有某种弱点，只要这些弱点不妨碍我们，不危害我们，我们就可以无视这些弱点和他们交往。我们与他人交往的过程，首先是双方互相接受的过程，如果我们只是为了取悦别人而和他交朋友，这样的友谊不但被对方看不起，而且自己也得不到快乐和任何好处。我们必须要理智地处理彼此之间的关系，把对方当成朋友，和自己在平等位置上的人交往，而不是无止境地付出和讨好、不需要回报的友情。每个人交往都有他的目的，不是情感上的，就是利益上的。如果我们在情感上让别人感觉到了被尊重和骄傲的感觉，我们就有必要得到同样的回报或者现实中的帮助，无论是短期还是长久的。如果我们仅仅付出而不求回报，这样的友情就会变得很不可靠，当你需要帮助时，对方也不可能帮你，因为如果朋友接受你的付出成为一种习惯，那么，不回报你也变成了一种习惯。

年轻人在与人交往的过程中，先要学会冷静地思考，不要仅凭自己一时的冲动就断定对方的好坏。无论是对于朋友的选择，还是对于交往方式的选择，我们必须学会理智面对，只有这样，我们才能让自己客观地认识一个人，才能为自己的人脉网多添一份力，也才能渐渐褪去青涩的外衣，让自己变得成熟起来。

笑脸迎人，用微笑赢得人际关系

在与人交往中难免会遇到一些年轻人不想面对的尴尬场面，对于涉世未深的年轻人来讲，处理这种尴尬场面最好的方法就是时刻保持微笑。微笑给人一种亲切的感觉，这种亲和力是你在社交过程中的必备武器。一个微笑有时能胜过你解释十句、二十句；一个微笑有时能胜过你讲一个没有把握能打破尴尬的笑话；一个微笑有时能胜过你急于奉承的话。

成熟的年轻人在与人交往的过程中能给对方一种稳重、亲切的感觉，让对方感觉你是他的朋友，这就要求年轻人时刻保持微笑。脸上时刻挂着微笑的人，往往比长相漂亮的人更受欢迎。年轻人要培养自己时刻保持微笑的习惯，当然这个笑必须是发自内心的，不能让人看着不自然。

微笑不仅是种表情，更是种素质，让甜美的微笑和亲切温和的语言永远留在我们身边，帮我们聚拢朋友，赢得人缘。越是地位高的人，越应该表现出自己亲切和蔼的一面。要知道，亲和力是外在条件无法相比的。长相漂亮的人招人嫉妒，工作强势的人让人畏惧，心地善良的人受人欺负，而有亲和力的人却总是把微笑挂在脸上，永远不说别人的坏话，永远不发脾气，永远让人感觉与他很亲近。

可能有些年轻人已经认识到微笑的重要，也努力地想让自己有更亲切的态度，却不知从何做起，不知怎样才能让自己的笑更有亲和力。这就要从亲和力的本质说起。亲和力本质上是一种爱的情感，只有发自肺腑地爱别人，才能真正地亲近对方、关心对方。你的微笑也要发自肺腑，别人才会感受得到，才能获得对方的认同、信任和喜欢。有时候，亲和力就是放低自己的姿态，平等地与别人沟通交流，就是一种心与心的平等和互惠。只有拥有更宽广的胸怀，才能拥有更高的亲和力。

事实上，你的微笑就是表达你亲和力最好的方式。年轻人在与人交际时如果陷入了尴尬场面，自己又一时想不出解决的办法，那么，这时就要看你的微笑有没有给对方留下好印象了。如果对方从你的微笑中感受到了亲切，那他自然会帮你打破这种尴尬的局面；如果你的微笑不够自然，对方没能从你的微笑中感到亲切或者诚恳，那么这种尴尬的场面只有你自己想办法来收拾了。微笑还能表现出你的淡定与从容，当你以从容的微笑面对尴尬的场面时，也能让他人感受到你成熟的一面。

微笑的根本是让对方能感受到你亲切的态度，那么，我们除了微笑还能从哪些方面培养自己呢?

1. 态度

在与人交谈的过程中，没有什么比充满亲和力的态度更重要了。许多人因为身份或者地位的改变，慢慢地用傲慢骄横的态度来对待别人，甚至和原本很要好的朋友渐渐地冷淡了，他们以为这是权威的需要。其实，这样颐指气使，总是拒人于千里之外，只能让别人对你敬而远之，最终失去很多朋友和支持者。还有一种态度是不可取的，就是表面上看来温和有礼，实际上却总给别人一定的距离感，让人不敢靠得太近。这在亲和力方面会大打折扣，会失去你的魅力。

2. 表情和姿态

喜欢抱胸的人总给别人一些距离感，想要拉近两个人的距离，表现你的亲和力，就要用开放的姿态。例如，身体微微前倾，头微微侧向一旁，表示你对谈话有兴趣，正在集中精神听；在关键的时候点头微笑，注视别人的身体，这些都是一种有亲和力的表现。微笑是最好的表达亲和力的表情，在与人谈话时总是用友善的口气，脸上也总是保持着微笑，这样才能有效地消除人与人之间的隔膜，拉近彼此之间的距离。

3. 语言

这也是最重要的亲切因素。温和的语言表现为：说话语气亲切，语调柔和，语言含蓄，措辞委婉，说理自然。这样易于使对方感到亲切、愉悦。话题可以涉及一些家常话，既不深奥难懂，也不让人觉得高高在上。最平常的话，却蕴含着最深刻的哲理，让人体验到不一样的东西，会让人收获很多经验，产生“与君一席话，胜读十年书”的感慨。

年轻人在焦急中遇到尴尬的场面一定不要慌张，因为时刻保持微笑的你已经给对方留下了不错的印象。如果面对尴尬没有很好的解决措施，那么，不妨用你的微笑融化这尴尬的空气。微笑让年轻的你更有亲和力，更从容，也能让他人从微笑中感受到你的成熟魅力。

赞美是个技巧，会说好话才能走进人心

年轻人想要迅速地拉近与他人的关系，就要说些赞美他人的话。没有不喜欢被赞美的人，只有不懂赞美的人。将赞美的话说得恰到好处，是一种人际交往的技巧，年轻人更需要利用好这一点，这会让你在人际交往中更加顺利，从而赢得他人的好感。

嘴巴甜一点的年轻人在人际交往中绝对不会吃亏，每个人都需要得到别人的认同，都希望得到别人的肯定，越是普通平凡的人，这样的需求就会越强烈。渴望得到赞美和认同是人性中根深蒂固的本性，所以，年轻人不如就说些对方喜欢听的话，你们之间的距离也会因为你的赞美而变得更近。

有些年轻人想问，赞美不就是阿谀奉承吗？我们怎么能将这种事情作为人际交往的技巧来学习呢？其实年轻人要放平心态，赞美别人并不虚伪，这只是一种交际手段。而且，诚心诚意地赞美一个人是一种交际的艺术。这种赞美具有神奇的力量，能够拉近两个陌生人之间的距离，能够鼓励和安慰一个人，能够为你带来更好的人缘，何乐而不为呢？

当男人要赞美一个女人时，由于女人和男人的性格特征截然不同，她们虽然渴望得到更多的关怀和爱护，渴望被聆听和被赞美，但是大多数女人感情丰富、敏感、细腻且脆弱，所以，如果你的赞美言过其实或者不衷心、不真诚，则会引起她的反感，而千篇一律的赞美更是令她有厌烦的感觉。一旦有了这种感觉，你就要花费更多的精力来获得她的好感了。其实赞美女人很简单，尤其在社交场合，围绕她的服饰打扮展开赞美就不会错，但是千篇一律的“你今天真漂亮”则会令人感觉枯燥。这里有个小窍门，如果注意到，你就能更好地赞美一个女人。

这个窍门就是注意这个女人的肢体动作。一个女人如果对自己的某部分特别满意，希望引起人们的注意时，她就会下意识地用手去接触那个地方。例如，她对今天穿的礼服特别满意，就会不自觉地拉起裙摆，虽然动作也许不明显，但肯定很频繁；如果她觉得自己的头发很漂亮，就会多次用手去撩头发；如果她戴了漂亮的手镯或者手表，就会有更多的抬腕动作；如果她对自己的耳饰特别满意，则会不断地抬手抚摸自己的耳垂。只要你观察到这个动作，再有针对性地对她的某一部分赞美，就会收到意想不到的效果。赞美不但会拉近你们彼此之间的距离，有时还会打开她的话匣子，感觉两个人特别投契，说不定就此结缘，成为很好的朋友。

当女人要赞美的对象是男人的时候，就要求女人讲究一定的技巧。既不要让男人想入非非，产生不必要的误会，又不能过于生硬地恭维别人。最好的方式就是“听某某说您非常优秀……”然后对他的功绩进行一番赞美。男人喜欢吹嘘，尤其在美丽的女人面前，所以，就算你的溢美之词加了一点水分，也不会被他看作是虚伪、阿谀奉承。但一定要夸到他真正的优点，有人说：“赞美是发现别人的优点，恭维是发明别人的优点。”如果你针对他没有的特性进行赞美，就算男人想听奉承话，也会对你的这种方式感觉很厌恶。所以，事前一定的熟悉程度是必要的，无论是从别人嘴里说出来的，还是自己观察到的，除非你赞美的是“你真帅”这类肤浅的话。

对于自己有好感、希望进一步发展的异性，赞美则要更加微妙，既不能过于露骨，也不能流于泛泛，而是要别出心裁。当年我的一位女友去和一位成功男士吃那种相亲宴，宴后，男人热情地邀她跳舞。那位女友在幽幽的乐声中对她欣赏的男人说：“我听别人说你成功的时候，还以为会看到一个城府深不可测的中年人，没想到你这么年轻，这么有朝气，这么健壮。”她把最后两个字的声音放得很低很低，然后羞涩地低下了头，她感到男人搂她腰的手紧了紧。不久，这位成功的男士就被我的那位女友俘获了。许多人称赞他的成功，但绝没有人称赞过他作为一个男人最本质、最渴望被异性赞美的东西。

赞美的话也要看清对象，分清场合，不能随便地夸奖别人。对于同性之间的赞美要以诚恳作为前提；对于异性的赞美要以把握好分寸作为准则；对于长辈的赞美要以尊重作为基石；对于领导的赞美要以不露声色作为要求。只要年轻人多学多看多听，就能慢慢地体会到赞美的分寸，也能体会到赞美回馈给你的好处。

赞美他人的本事不是一朝一夕就能领悟的，需要年轻人在工作生活中自己去揣摩，用好了就能帮你在事业上更上一层楼，能为你带来广阔的人脉，能让你的生活更加顺利。年轻人一定要学会多赞美他人，有一双能发现他人优点的眼睛，这样你的心情也会变好的。

拿出你的真诚，获得真挚友谊

朋友是我们一生中最重要的伙伴，他们是生活中的良师益友，是事业中坚强的后盾，总是在我们最需要帮助的时候挺身而出。但是，复杂的社会已经让这种真心的友情渐渐地消失了，越来越多的人在利益的驱使下，出卖朋友，反目成仇。年轻人，如果你身边还有一些不为自己利益、真心对待你的朋友，请好好珍惜他们，因为他们就是你人生最大的财富。

现在社会上的竞争虽然激烈，虽然尔虞我诈的事情让你随时保持警惕，但是，你要给自己的心中留有一块净土，把你纯洁的友谊放在这里，好好地呵护它。不能因为朋友现在不发达就抛弃他，不能因为朋友不能给你带来更多的利益就忘记他。我们一定要有一种朋友，当你失败，当你灰心，当你欲哭无泪时，唯一的想法，就是找他倾诉。这样的朋友可以给我们安慰，可以平复我们内心的伤痕，可以给我们勇气。小时候，可以给我们这些的是妈妈；长大了，可以给我们这些的则是朋友。所以，我们要做的就是用自己的真情换取真心的朋友。社会上有很多书来教我们扩展人脉的方法，然而所有的技巧都要用我们的真心来执行。

真心的友情是这个世界上越来越缺少的东西，例如，有很多人给人的第一印象非常好，然而在交往一段时间以后，才发现这个人很虚伪，当面一套，背后一套。或者一旦遇到利益的考验，就会露出真面目；还有一些人，说话很中听，遇到关键的事却没了他的踪影；甚至有些人表面上跟你是很好的朋友，实际上却把你对他说过的私人话题到处传播或者背叛你，私底下打你的小报告等，令人防不胜防。年轻人在选择朋友的时候一定要非常小心，俗话说，“路遥知马力，日久见人心。”只有经过长期和重大的考验，我们才能看清楚一个人对我们是不是真心的，是不是奔着利益而来，或者存心想利用你。

但是，不能因为要试探对方就不真心地和他交往，年轻人一定要清楚，只有你真心地和对方交往，对方才会真心地和你相处。

既要懂得感激别人，又要懂得以诚待人。交真心的朋友没有什么技巧，唯一的办法就是用你的真心去对待他，并且在较长的时间里，坚持与他交往，无论他的地位权势是不是有变化，我们都一如既往地对待他。既不因为别人的落魄而人走茶凉，也不因为别人的升迁而突然热情高涨。因为这些会带给别人不好的印象，一旦有了这种印象，任何人都不再会愿意跟你交往。我们必须把人际交往看成是一种长期的事情，把维护友谊看成是每隔一段时间就必须做的事。而不是东一下、西一下交了很多朋友，对朋友又不善于维持住友谊，结果交了新朋友，忘了老朋友，说起来朋友一堆，关键时刻一个也用不上。

那么，年轻人要想与朋友维持良好的友谊，就要记住以下几点：

1. 以真诚对待你的朋友

如果是以利益为前提交往的朋友，一旦共同的利益没有了，双方就会出现裂痕；如果以相互利用为目的交往的朋友，一旦一方出现了利用价值的缺损，双方的友谊也会告终；而互相制衡的朋友，也会相互欺诈和推翻；只有用真心相互对待的朋友，才不会因利益的损失而闹翻，也不会出现相互陷害的情景。所以，我们想要结交真心的朋友，就要用自己的真心去对待别人。

2. 真心朋友还需与自己志趣相投

虽然我们在选择朋友时要多接触那些与自己志趣不同，却对自己有利的人，但是，对于真心的朋友，能让你互诉衷肠的朋友还需要志趣相投，起码不要结交志向和自己相反的朋友。两个观念相左的人容易发生争执，这种争执会让我们的友情受损。尤其是当两个人的世界观和价值观不同时，更是如此。

3. 持之以恒才能让友情长久

我们要赢得一个人的真心，就要用长期的耐心去和别人交往，而不是三天打鱼两天晒网，也不要时冷时热，而是要用保持不变的热情去对待一个人。这样即使对方起初对你有成见或误会，也会慢慢地减轻，即使对方是慢热的人或者是天生对人疏冷的人，也会渐渐地和你变成挚友。

4. 在利益面前朋友间也要说清楚

我们交朋友还要遵循一个原则，就是凡是涉及利益的事，都要事先讲清楚，弄明白，不要为了义气问题，就把利益搁在脑后，一句“我们是好朋友，还分什么彼此”就完事。这样当我们合作完毕时，就会发现双方都不满意，都有损失。虽然我们是朋友，但每个人最看重的还是自己，因为自己才是自己最亲密的人，所以对自己的期望值会高一点，希望朋友可以让着自己，往往事后一算，才发现原来自己的期望值过高了，就会产生埋怨，埋怨的唯一对象就是和你合作的朋友，这样双方都会不满意，就会互相猜疑，最后反而连一般朋友都做不成。无论做什么，“先小人，后君子”，就会让双方都不至于太失望，友谊才能长久地维持下去。

年轻人一定要学会珍惜真心的友情，这种感情是我们在长期的相处中彼此互生的。这样的感情，是经过了利益的考验的。人脉贵有效，而不贵广泛，朋友贵精而不贵多，只要我们拥有在我们精力内能照顾过来的关系很铁的真心朋友，我们就可以获得很多帮助，做成很多事情。

让自己“醒目”起来，成为会发光的金子

年轻人如果自身优势明显，或者能力超群，那么在工作中也不用刻意地时时地保持低调，适当地曝光自己，让他人看到你的闪光点，并认可你，这样有助于扩大自己的影响力，为自己今后的成功埋下伏笔。

大多数年轻人在步入社会后都会觉得主动“曝光”自己，是对自己的吹捧，会给他人留下不好的印象，从而断绝和你的来往。其实，这样的想法并没有错，但是你有没有为自己的将来考虑过？你不将自己的优势公之于众，又有多少人真的会“慧眼识英雄”？年轻的你不要有所顾虑，只要你学会“曝光”的技巧，就能为自己争取到更多的机会。

无论是学校、老师、家长，都会告诫我们做人要低调。在你功成名就之后，你不妨做人低调，谦虚谨慎。但在这之前，你却要高调做人，增加自己“曝光”的概率，这是让上司注意到我们的一种方法。很多杰出的人士都很善于“曝光”自己。

唐朝将领薛仁贵每次领兵打仗都要穿一身白色战袍，身背弓箭，手握长刀。白色的战袍非常醒目，增加了他被杀掉的风险，但同时也增加了皇帝看

到他的勇猛表现的机会。结果，唐太宗果然注意到了他，并封他为将军，统领三军。他从此创造了自己生命的辉煌。

滔滔不绝的高谈阔论经常引起人们的反感；无所顾忌地谈论自己的目标，会让人误以为浅薄狂妄；不断地提及自己的交往人脉，会让人觉得你好吹嘘。那么，年轻人应该怎样把握好“曝光”自己的时机和“曝光”自己的尺度呢？这就需要你有一定的技巧，掌握一定的要领。

1. 要学会寻找时机

适当的时机才会起到积极的效果，灰姑娘正是利用了王子宴会的时机好好地打扮自己，才获得了王子的青睐。如果她平时就特别注重打扮，以她的美貌和打扮非给自己带来杀身之祸不可。找准时机表现自己，才能让自己的影响力不断扩大，否则就会为自己树立不必要的敌人。不要在同事面前刻意地表现自己，那会引起嫉妒，而嫉妒正是人类破坏力最大的情感武器。“曝光”自己的志向和成功欲，最好在遇到了可能的“贵人”时，再表现出来。“曝光”自己的能力，只有在大家都解决不了的事情上去试一试，才能让大家折服。如果大家都在抢一个机遇，这时你“曝光”自己想要去抢，就可能遭到同事的嫉恨，得不到大家的认同，更不用说扩大自己的影响力了。

2. 要把握“曝光”自己的方式

年轻人要以一种有分寸的、含蓄而不张扬的方式去曝光自己。比如说，“我认识你们王总，他是某某的好朋友，我与他有点交情。”还不如说“你是不是某某公司王总的助理，上次我和我们经理去谈事情，他向我们提过你，说你人很上进，帮了他很多忙。”这样既称赞了他，又点明了认识某人的事实，他很可能因为你们俩的交情和上司对他的评价就愿意和你交朋友。而采取第一种说法，他首先就会怀疑你，即使后来验证了那是真的，也会瞧不起你，“不就是认识个官吗，有什么了不起？”从而不愿意和你交往。

3. 要会选择“曝光”自己的方向

年轻人要清楚自己的优势和劣势，曝光自己愿意被别人知道的一面，包括缺点。人人都有缺陷，有时曝光自己的缺点，更容易让人愿意接受你，和你交往。没有缺点的只有圣人和伪君子，大家都不是圣人，如果你不想大家觉得你是伪君子，就要适度地曝光自己的缺点和不擅长的东西。这样大家才会有平衡感，愿意帮助你，和你交往。但要确定自己曝光的缺点不会置自己于死地，否则就会被对手利用。拥有无伤大雅的小缺陷，更容易让人接受，更容易帮你开拓人脉，扩大影响力。

当我们处在不同的场合，不同的环境下，就要采取不同的“曝光”策略。只有适时地主动地曝光你自己，让大家认识到你在各方面的价值，你才能有更大的影响力。让大家看到你的价值，大家才愿意和你交往。当然，这其中是要讲究技巧的，只要你不断地总结，总有规律可循。即使你因此得罪了他们，只要没有伤及他们的实质利益，也不会结下很大的仇怨，一旦你用自己的实力证明了你是值得提拔的、值得结交的，你是有实力站在聚光灯的下面的，他们就会反过来羡慕你，佩服你的勇气，更愿意与你结交。

我们都听过一句老话叫作“物以类聚，人以群分”。每个人的社交圈，实际上都是以自己为圆点，以年龄、爱好、经历、知识层次等共同点为半径构成的无数的同心圆。适时地“曝光”自己就等于把自己亮在了大家的眼皮子底下，那些与你有共同点的人就会主动找到你，与你交谈。这也是一种“化被动为主动”的方式，把自己放到聚光灯下，让更多的人看到你，认识你，你才会拥有更多的机会，拥有更多的人脉。

年轻人若想扩大自己的影响力、拓展自己的人脉，就要敢于“曝光”自己。要懂得将自己的价值展示在众人面前，只要你掌握好“曝光”的时机和分寸，就能得到更多的交往机会，积累更多的人脉资源。所以，我们要学会捕捉时机，让大家了解自己，要有“我是值得大家注意的”“我可以交到更多朋友”的自信心，用自己的“主动”为自己的人生迎来更多的机会。

远离虚荣，否则你会无法自拔

每个人都有一定的虚荣心，无论他的年龄大小、身份高低，每个人都会通过不同的方面来满足自己的某种欲望，这便是虚荣心在作祟。其实对于年轻人来讲，有虚荣心不一定是坏事，有些人会为了自己的虚荣心而努力，但是你若将虚荣心运用得不恰当，那么，对自己来说，无疑是毁了自己的前程。

对于女人来讲，虚荣会把自己的全部生活毁掉，虚荣是女人生命中的毒药，往往与自尊心过强有关，自尊心和好胜心过强，就会产生虚荣心。渐渐走向成熟的女人要戒掉虚荣心，不要做一些无聊的幻想，更不要有一些不切实际的企图，要知道，若将追求虚荣的心放在你生活中的重要位置，那么，最终你也将陷入泥潭，把自己毁灭。

我们不要看轻了虚荣的力量，有时电视电影中会有一些因为虚荣而一无所有的女人，可能你觉得这是编剧夸大了事实，实际上，虚荣的确会毁掉一个女人的一生。法国著名作家莫泊桑的代表作《项链》的开头这样写道："世上漂亮动人的女子，每每像是由于命运的差错似的，出生在一个小职员的家庭……不能够讲求装饰，她是朴素的，但是不幸得像是一个降了等的女人；因为妇女们本没有阶级，没有门第之分，她们的美，她们的风韵和她们的诱惑力就是供她们做出身和家世之用的。她们天生的机警，出众的本能，柔顺的心灵，构成了她们唯一的等级，而且可以把民间的女子提得和最高的贵妇人一样高。"如果你是一个漂亮却出生在普通家庭的女人，你就能体会到上面描述的一切，你也会幻想过奢华的生活。然而，故事的女主角玛蒂尔德就为了自己一时的虚荣之心，毁灭了自己的一生。

玛蒂尔德渴望上层社会荣华富贵的生活，但她却只是一个小职员的太太，当她好不容易有了一个在上流社会的舞会上出风头的机会时，却弄丢了女友珍贵的项链，于是她有近十年的时间生活在了辛劳痛苦之中，而这仅仅是为了一件只值500法郎的假项链。我们每个人都有虚荣心，人有虚荣心并不一定是坏事，相反在一定程度上还是一个人上进心的表现。但凡事皆有度，超过合理的度，事情就会向相反的方向发展。玛蒂尔德正是因为虚荣心太强，才会有不幸的结局。女人的虚荣会把自己毁掉，把自己的生活弄得天翻地覆。虚荣是女人的毒药，有了虚荣心，就会用子虚乌有的语言和幻想来欺骗众人，安慰自己，当你把这种幻想付诸行动的时候，灾难也就随之而来。

在生活中这样的陷阱不少，利用的就是女人的虚荣心和渴望不劳而获的豪华生活。哪个女人不想过上令人羡慕的生活？哪个女人不希望和最优秀的男人交往，过着最甜蜜的生活？只是这一切必须用我们的双手去挣，盲目地爱慕虚荣，就会让我们掉入人生的陷阱。有多少女人因为爱慕虚荣而放弃了自己应有的婚姻？有多少女人只是为了让别人羡慕，而失去了自尊？有多少女人就此毁了自己的一生，还在扬扬得意于自己的价值观和现实？

年轻的女人社会经验尚少，宁可多花费些时间去经历也不要因虚荣上当。有的女人爱慕虚荣，于是把自己辛辛苦苦赚来的钱换成世界名牌，以此让自己变得更加漂亮，博取更优秀的男人；有的女人爱慕虚荣，不找到自己满意的异性绝不轻易地恋爱结婚，即使已经有了很好的对象，却为了寻找更好的，而白白地浪费了青春年华；有的女人为了得到更好的机会，和现在的男友分手去追逐，结果只落得一场空。究其根本，难道真的是孽缘吗？还不是自己的虚荣心在作怪？

女人要明白，自己有什么资本，就过什么样的生活。如果为了满足虚荣心，而不惜花费巨大的代价来维持自己的形象，早晚会成为别人的笑柄的。

试想一下，当你穿着华服和有钱的男人约会时，你的父母正在生活的底层挣扎，你于心何忍？你就真的能够和那些所谓的有钱人有结果吗？与其在幻灭时痛苦遗憾，不如收起自己的虚荣之心吧。为了自己一时的虚荣撒谎是痛苦的，为了自己的一个谎言，而用更多的谎言去掩饰，是更痛苦的事。你欺骗得了别人，却骗不过自己的良心，人若自欺，祸必将至。

虚荣对女人来讲就像一剂毒药，当女人为了虚荣心“不懂装懂”时，你终究会成为大家的笑柄；当女人为了过上豪华的生活不断地和身边人攀比时，你只能让自己陷入无尽的痛苦中。女人一定要认清这一点，不要过度地爱慕虚荣，为了一时的炫耀，而让自己的一生陷入黑暗当中。如果你用手段满足了自己一时的虚荣心，你就不能够安于原有的生活，而对生活生出奢望之心，必然会用更多的手段来满足自己的虚荣心。想一想，如果玛蒂尔德没有丢掉她的项链，会不会有男士对她兴起追求之心？她能够坚决地拒绝吗？她真的就能过上她想象的令人羡慕的生活吗？她最终的下场可能要比丢掉项链后的生活更悲惨。

年轻的女人不要让虚荣心侵入你的整个生活，那样你只会因为攀比而消极，因为虚荣而痛苦，你最终的结局可能比玛蒂尔德还要惨。女人应该清醒一些，安安稳稳地过日子，不要做一些无聊的幻想，更不要有一些不切实际的企图，戒掉虚荣，摆正你在生活中的位置，端正对生活的心态，才能让你看见生活的阳光，你才能在人生路上获得幸福。

第04章

借人之力，年轻更要懂得借助他人优势

虚心求助，从前辈身上获得最有效的启发

年轻人常听前辈说“我过的桥比你走的路还多”，虽然这是他们夸张的说法，但他们经历的的确要比我们经历的多得多，见过的事、懂得的人生道理也比我们多。当年轻人在工作生活中遇到什么困难时，前辈们总会用教育的口吻给你讲些道理，我们经历的年代虽然有差异，但多听听他们的意见对年轻人绝对没有害处，因为他们也经历过年轻人刚步入社会的阶段，体会过我们的感受。所以，当年轻人遇到困难，或者有什么解不开的烦恼时，多听听前辈的意见，或许这对你会有所启发。

我们对未来的憧憬是美好的，但是残酷的现实总会让我们感到不知所措，我们在生活中寻找自己适合的工作，寻找属于自己的爱情，当我们习惯了不停地向前，不停地寻找的时候，一个突如其来的打击或是意外，就会让我们束手无策，找不到打破这一局面的突破口。

我们涉世未深，没有足够的能力去把事情解决得完美，那么，这时我们可以向我们的前辈请教，让对方帮你一起分析事情形成的原因，一起讨论解决的办法，前辈会根据自己的经验尽可能地帮助你认清现实，这样你才能尽可能地将事情完美地解决。

一些年轻人会说，自己的路我们会自己走，有多难的事情我们自己想办

法解决。当然，有这样思想的年轻人是好样的，但是你需要花费多长的时间才能解决事情？解决的结果又会令人满意吗？多向前辈请教不仅能缩短你解决事情的时间，还能提高你的效率，更能让你在其中悟出道理，一举多得的事情何乐而不为？当我们的白日梦被现实击碎的时候，我们就应该明白应该在现实中寻找真正属于自己的幸福，寻找属于自己的机会。只有把握好我们拥有的，并用我们现有的资源，不断地博取进步，不断地赢取更多的实力，我们才能够实现自己的梦想。世俗的智慧告诉我们：只有适应现实世界，我们才能够找到人生的解法。

年轻人还要学会利用身边现成的资源，而前辈们就是你身边最好的资源矿。如果我是一个刚刚步入社会的年轻人，那么父母师长就是我的资源，我可以借鉴他们一路走来的经验和智慧，当我遇到什么困难的时候，他们能帮我一起度过。当然向前辈请教并不是让你依靠前辈，而是利用前辈的经验丰富自己的处事方式，当其他年轻人还在苦苦地寻求解决问题的途径时，我们已经在为自己的命运打拼了。当其他人还在糊里糊涂地生活时，我们已经做出了最适合自己、最合理的规划，并为达成最终的目标而按照行程前行了。我们只需要按照自己制订的规划，踏踏实实地走好自己人生的每一步，当到了而立之年时，我们就会比其他人活得更轻松、更从容。这就是我们将有的命运，我们清楚地知道这一点。面对每一双轻视的眼睛，我们都能够回以最自信的笑容，坦然地告诉他们“十年后比比看”。

我们要知道，一个人的幸福不是来自于家庭的优越条件，也不是依靠于他人的施舍，而是来自于我们的人生经验，来自于自己的努力，意识到这一点非常重要。

现实本来是一种虚无缥缈的东西，但它却影响着每个人的一生。有一句话说得非常好：“现实就是生存、世俗、规则轮流上来抽你的耳光。”我相信这是一个由天真、不情愿地转向现实的人说的。但起码，有一点他说得很对，现实就是生存、世俗加上规则，一种很理智、很程序化、既不美也不浪漫的东西。如果我们早一点运用自己的智慧来化解现实，那么它就是一种规则的美。想象一下，如果我们的世界是按照某些人想象的那样安排，是那样的天真和浪漫，那么又由谁来承担生存的责任呢？我们的世界又会变得怎样混乱呢？许多人都说现实世界是不美丽的，是很残酷的，但是我们承担得起世界变得浪漫的责任吗？

为了我们能在现实生活中活得更加称心如意，我们就要学会在面对困难的时候及时地向前辈请教，我们可以不用完全听他们的话，但是他们的教导我们一定要会选择，留下真的能帮助自己的，让这些生活经验与时俱进，形成我们自己的人生经验，这样，我们才能在彷徨的时候找到属于我们自己的解决办法。

势单力薄，借助贵人之力才能走得更远

每个年轻人都想获得人生的成功，那么，在我们年轻的时候就要付出更多的努力。如果我们再孤军奋战，就会更加势单力薄，受到更多的冷眼和压力，所以年轻人的前程一定要靠别人的扶助。自己没头没脑地乱撞只会自毁前程，不如请别人帮忙，省去了时间，还省去了麻烦。

回望那些功成名就的人，他们的成功都离不开其他人的支持和帮助。如果在我们事业的关键时刻，有人肯帮我们一把，那么，就不仅仅是对我们的事业有帮助，还可能带给我们质的飞跃。虽然年轻人的路要靠自己去走，但是路上有个扶助你的人会使你躲过人生的陷阱，少摔几跤，又有什么不好呢？年轻人要靠自己的努力，那就是我们得拥有成就事业的才华、学识、气魄、毅力；除此之外，年轻人还要靠别人帮忙，就是必须具备良好的人际关系，尽可能地减少行进过程中的“摩擦系数”。

此时的年轻人一定要意识到人际关系的重要性，不要以为自己才华出众就不需要别人的帮忙，做出一副高傲冷漠的样子。中国有句古话：“小才不知有缘，且不懂用缘；中才知有缘，但不善用缘；只有大才，知缘且善用缘。”这句话就是说，有小才华的人，不知道人缘的重要性，不懂得广结善缘；只有才华出众的济世之才，才懂得人缘的重要性，才善于广结善缘，并善于利用自己的人缘，这时候的人缘就是财缘。

年轻人不要因为碍于面子，就拒绝他人的帮助，你要知道并不是所有

人都会无条件地帮助我们，只有我们首先去帮助别人，才可能广结善缘，才可能积累更广泛的人脉。这样在关键时刻，我们才可能找到愿意帮助我们的人。这只是一种获得人脉的方式，用的就是人的“互惠互利”原则和“感恩”原则。这样，我们帮助了别人，无论是出于情理还是出于感恩，他们都会帮助我们。但这种帮助并不是绝对的，遇到小忙我们可以要求我们帮过的人帮助我们，但是遇到事关生死的大忙，我们最好还是不要找他们，因为那是“施恩望回报”的表现。

有人认为，年轻人要想成功，一靠修养，二靠努力，三靠人脉。意思就是说，年轻人只有处理好三方面的关系才能够成功：

第一，处理好自我之间的关系，就是对自己有一个正确的定位，不断地自我修炼，让自己拥有良好的修养。

第二，处理好自己和事业之间的关系，就是我们要努力工作。

第三，处理好自己和他人之间的人际关系，也就是要有好的人脉。所以，我们不妨发挥自己的力量，做一个好命的、别人愿意帮助的人，这样就能够前程似锦。所以，已经步入社会的我们不能够再做虎头虎脑、愣头青式的年轻人，要善于发现自己的性别优势，让别人乐意帮助自己。

有些人认为，事业上的成功者，要靠强硬的手腕才能够取得胜利。所以，他们不屑于示弱，不向别人请求帮助，有事只会靠自己。这种习惯独立的人，往往性格孤僻，他们的高傲使别人觉得有压力，不容易亲近，人际关系也不和谐。除非他们处在很高的位置上，否则很容易和别人结仇，对他们的前程也很不利。

年轻人要意识到，我们的前程不是自己单枪匹马就可以闯出来的，更多的是需要别人的扶助，才可能有大的成就，一个人孤身奋战是很难有光明的前途的。如果我们能主动地结交好友，和别人建立良好的人际关系，就会为自己的成功插上翅膀。

广结好友，扩大自己的交际圈

步入社会初期，年轻人的朋友几乎都是自己朝夕相处的同学。步入社会之后，我们要结交不同的朋友，以扩展人脉，发展自己的事业，要知道朋友是社会关系的重新组合。

人一生下来便由父母带着进入一个社会关系圈，交朋友是在努力打破原有的关系圈而组织新的关系圈。建立良好的社交圈子，应尽可能地结交优于自己的人。事实证明，人们往往会遭伙伴同化，不管这样做是使自己的层次提高了，或是降低了，都摆脱不了这种影响，也就是我们所说的“近朱者赤，近墨者黑”，所以，交优秀的朋友可以使我们变得更优秀。但我们也不可能离开那些不如自己的好朋友，最好的方式就是，交往不同的朋友，和不同的朋友保持不同的远近亲疏关系，培养有用的人脉，回避无价值的人际关系。

那么，在工作中我们会遇到怎样的朋友，又要以怎样的态度去对待他们，才是正确的态度呢?

1. 学着给自己的朋友分成三、六、九等

这不是说对朋友要区别对待，而是对于知心人、忘年交、可以小心翼翼交往的朋友、必须保持距离的伙伴、只有数面之交的人、对你有企图的异性朋友、只见过一面但神交已久的人、酒肉朋友，这些界限我们都要划分清楚，聊天的时候，哪些话可以对谁说，不能够对谁说，我们要小心地分清楚。绝对不能够因为在应酬时因为喝多了酒，而对酒肉朋友讲你的隐私，也没有必要把自己工作上的烦恼讲给无关紧要的人听。

我们更要注重的是以下几类朋友：

第一，会“警告”你的朋友，这种朋友是你人生的导师。虽然他们有时候会不留情面地批评我们，让我们不太高兴。但他们通常也会看到我们的缺点，给我们的人生事业提很好的建议。正像是贤明的君主一定会有直言劝谏的臣子一样。你越宽容、豁达，就越会有直言的朋友。如果你妄自尊大，听不进不同的意见，这类朋友就会渐渐地远离你。我们要尽量做到“闻过则喜”，这样的朋友才会聚集到我们身边。

第二，事业上的“贵人”。每个成功的人，都离不开来自上层的信任和支持。争取多位领导的共同赏识、信赖和提拔，你才能迅速地成功，千里马还需要伯乐的赏识。“贵人”可能是指某位居高位的人，也可能是指令你心仪、急欲模仿的对象，无论在经验、专长、知识、技能等各方面都比你略胜一筹。因此，他们通常是你的上司、师傅，也可能是教练或者引荐人。我们要多结交这样的比我们优秀、卓越的朋友。

第三，实力相当的对手。交朋友要有弹性，有时候敌人也可能成为朋友。让你的对手欣赏你、钦佩你是一件不容易的事。正大光明地和对手竞争，让对手自叹不如的人大有人在。俗话说，“同行是冤家。”但是有很多同行因为市场的激烈竞争而结成了“亲家”。我们平时做人也是这样，只要有了同样的目标，我们就会有合作的机会，如果因为一时的敌对而树立敌手，那么，我们就很可能因为心中的敌意，使日后的合作不顺利，处处碍手碍脚。所以，如果没有大的原则分歧，只是利益的不同导致的对立，我们就没有必要把关系闹得太僵。

第四，突然升高热度的朋友。对于这类朋友，我们一定要持小心谨慎的态度。如果我们升职了，就会有很多人对我们突然热络起来；如果我们生活中没有大的变动，更要仔细思索他突然热情高涨的理由。愿意突然升高友情热度的人，通常很可能也是“人走茶凉”的人。对于这类人，我们可以反感，却不能拒绝。最好的做法就是不推不迎、冷眼以观、礼尚往来。

2. 对不太熟悉的朋友，我们也要掌握他们的情况

对于那些在应酬场合认识的朋友，我们要根据他们的性格、职业、外貌特征等做一个具体分类的档案。在闲暇时间，我们不妨约他们出来，进行单独的沟通，以加深我们在他们心中的印象。当我们遇到什么麻烦或者需要帮助时，就可以向他们请求小小的帮助，或者请教他们熟悉的行业的状况。

3. 新朋友要用技巧来看清他们的品格心性，决定他们在我们朋友档案中的等级

首先我们要从别人的议论中，了解一个人，把不同人对他的评价汇集起来，就可以了解这个人的大概；不要听他说什么，而要看他做什么；关键时刻，投其所好，他会不知不觉地把假面具摘掉；用时间来看人，时间是朋友

之间不自觉的检验师，所谓的“路遥知马力，日久见人心”就是这个意思。

我们从一个幼稚的少年，变成通达的成年人，其中一个重要的标志就是我们交友的标准有了很大的改变。我们不再任性地只结交“志趣相投的朋友”，而是追求人脉的拓展。只有尝试结交不同的朋友，人脉圈变宽广了，我们才能从其中找到可以帮助我们的人，才可以让我们更成熟。

多结交贵人，为自己赢得更多机遇

人们通常把巴结投靠有权势的人以获取富贵称为“攀龙附凤”。年轻人要明白，攀龙附凤不是件坏事，你如果能结交比自己地位高、作为大、有相当社会影响力的人士的话，那么摆在你面前的机会就会越来越多，你也会有主动选择的机会。

年轻的我们离大人物通常是很远的，这种遥远不仅是指位置上的距离，而且包括心理上的距离。由于自卑或者心高气傲，我们通常不愿意和比我们优秀的人交往，更何况是大人物。相同的是，那些大人物也不屑于和我们这些社会经验单薄的年轻人接触，因为这样也会耽误他们与大人物相识的机会。

但是作为年轻人，你要主动出击。首先我们一定要学会平衡自己的心理，把大人物的优秀当成别人的努力结果，而不是抱着“有钱了不起吗？我就不稀罕你的钱，我不想和你交往”“我不想因为和你交往被别人看不起”或者“我可不想攀高枝”这种态度来看待大人物。我们这种人的心态同样是不平和的，为了利用别人而和他们交往固然不好，而为了不遭某些人的冷眼而和他们撇清、划清界限，显然也是不明智的。

即使有了一定身份地位的人，也还是需要别人的认同，需要别人的肯定，否则，他们的价值同样无法确定。所以，我们要抱着一种平和的心态和他们交往，把他们当成平常人，把他们当作朋友，只有这样，我们才能够平静地对待和学习他们身上的优势，从和他们的交往中得到各种显性的或隐性的利益，前者，如你能够得到更多的朋友，拓展你的人脉；后者，如感染他们积极乐观的精神，学到他们身上的优点。

年轻人不要害怕和大人物交往，只要记住摆正自己的心态，充分认识到就算把大人物变成了你的朋友，他也不一定能够发挥出你希望的作用。除此之外，还有技巧，一个普普通通的年轻人，认识一个大人物的可能性都不大，又怎么能够奢望和他们交朋友呢？这就要求我们运用一定的技巧，才可能认识他们，成为他们的朋友。

第一，我们要在一个还不错的公司工作，这样，你认识大人物的可能性就会大很多。

第二，要在一个还不错的位置，如果你只是个低级的小职员，上层的酒会聚餐根本不可能轮得到你来参加，你又有什么机会呢？好的位置可以为你制造许多认识大人物的时机。在公共场合认识一个人是最平常不过的，一般不会被认为是别有用心的小人，但是这也有一个缺点，那就是进一步的交往很不容易。通常在这种场合，我们会认识许多人，但不会交往很深，只能是点头之交，我们要用自己的智慧和耐心把点头之交变成至交好友。

第三，我们还可以让别人把我们带进“大人物”的社交圈，这当然要求我们有更广的人际关系网，找到可以提携你的那个人。当然，努力表现自己，引起大人物的欣赏和青睐，也是一种进入他的社交圈的好办法。方法有多种多样，关键是看我们如何能够做到以一颗平常心来对待我们的关系，既不要急功近利，也不能低三下四，只有长久地、真心地对待你身边的大人物，才可能和他们维持更好、更持久的关系。

功成名就的大人物当然是我们这些平凡的年轻人不可能轻易靠近的，他们一般都有自己固定的社交圈子，他们接纳一个年轻人的意愿并不高，除非你特别出类拔萃。如果你不是，那么还有一种方式可以让你与他接近，那就是在他遭遇困难的时候帮助他。每个人都会有暂时不方便或者陷入困境的时候，这时候，如果你守在他身边，给他鼓励和帮助，想必会在他的心目中留下一个深刻的印象。一旦他走出困境，是不可能忘记你的。无论是出于“感恩”心态，还是出于“培养接班人”的心态，他都会把你看作自己人。

年轻人要结交更多优秀的人才，才有机会成为大人物的朋友。这样才能让我们认清自身的不足，加强自己的优势，从而也成为一个优秀人才。一个聪明的年轻人要善于结交优秀人才，成为大人物身边的好友，这不仅有利于你的事业，有利于提高你的交友水平，还会让你日后的婚姻更加有保障。

由此，年轻人一定要知道，优秀的人才对于你的事业成功能够起到的作用是无法估量的，我们一定要接近更多的优秀人才，这样你才能有更多的选择人生的机会，而不是让人生选择你，你也才能更快地接近自己的梦想。

善用智慧，让他人心甘情愿为你效劳

一个聪明的年轻人可以在不知不觉中，让他人心甘情愿地为你所用，其实这并不是说我们要随便把他人玩弄于股掌之间，而是聪明人在成长的过程中，可以凭借自己的处世技巧让他人帮你做一些你不方便、或者不好意思做的事情。不要因为这种“借力”方法而感到内疚，因为他在帮助你的时候，也从你身上看到了他想取得的价值。

我们绝不可以依赖别人，但我们要学会让别人主动帮助自己，这样我们成功的概率才会更大。愿意被“借力”的人，一定对你存在着某种期盼或者希望从你身上得到某种价值，无论是长期的还是短期的。所以，我们想要别人心甘情愿地为我们做事，就要增加自身的“使用价值”，这是一种最普遍的做法。例如，女人把自己打扮得更美丽，或者让自己看起来路子很广，或者在上司面前表现自己的能力，都是基于这样一种平等交换的心理。

当然，我们也可以利用自己的优势和魅力，让别人心甘情愿地为我们服务。例如，女人可以利用比较娇柔的特点，用示弱的方法让男人为我们服务，这不仅是对自己的一种帮助，同时也是对男人自尊心的一种满足和炫耀；男人可以利用自己的聪明才智，用等价交换的方式达到借力的效果。无论是在生活上还是在工作中，我们都要留给对方表现自己的机会、献殷勤的机会，这不仅不会显得自己没用，而且还会增加自己人际关系的融洽程度。

最聪明的年轻人绝不让别人知道自己聪明，他会让每个人知道他是多么了不起，多么优秀，能者多劳嘛，于是那些笨重的工作永远有人为他分担，出了事也永远有别人站出来承担责任。而那些自命不凡的人则是凡事亲力亲为，虽然也得到了强者的称号，却成为别人不敢靠近、不敢帮助的人，自己则是一副“高处不胜寒”的姿态，何苦呢？

用你的智慧、宽容、雅量、魅力来征服一个人，让他们对你佩服得五体投地，这样他们就会按照你的意思去做，会服从你的吩咐或者命令，这是一种成熟者的做法。电视剧《大宅门》中的二奶奶就是这样一个女人。她用自己的手腕和处世的公正、宽容赢得了所有男人的服气，他们都乐意供她差遣，帮她的忙。这是另一种处世的智慧。在我们这些还没有一定历练也没有一定手腕的年轻人中一般是施展不开的，但是可以作为日后一种服人的方式。

每个人都有他独特的魅力，年轻人要学会适当地散发自己的魅力，能为自己“鞍前马后”的人，也可以逐渐培养成自己的亲信。这样在今后的工作中，总会有这么一个支持你的人，能互相借力，共同前进，这才是实现双赢的结果。

年轻人要清楚地了解到你想要利用的人的心理，就能够让别人心甘情愿地帮你，而不计较任何代价。不仅是男人的心理，还有女人的心理，我们要在讨好上级的同时不要引起其他人的嫉妒和公愤，这样才算成功。

如果一个女人能够让女人心甘情愿地为你做事，就是自己交际能力的最大成功。面对高傲的女人，我们既要佩服，又要摆出挑战的姿态，才能够获得她们的帮助；面对平凡的女人，我们要用请求的姿态来对待；面对那种热情、好心的女人，不用我们开口，她们就会因为同情来帮忙。

总之，当你遭遇难题时，不要让任何人以旁观的态度来看你的笑话，最好的方式是把他们“拉下水”来帮你，不仅会获得帮助，还会获得友谊，因为朋友就是应该互相帮忙的。年轻人也要学会忙里偷闲，让别人心甘情愿地为我们做事，就算不依赖任何人，我们依旧要学会借力使力，这样在关键时刻，才能有人和你一起使力。

第05章

善用智慧，如何让你得到领导的重视

与上司相处，几招让你领略上司心思

20多岁的人一定要清楚，混职场每个人都有压力，不是只有你有，上司也有压力，上司的责任就是提点你，指导你完成工作。如果你做事完美，完全不需要别人的帮助，要上司何用？面对你的完美，上司无法发挥他的指导，无法显示他的才干，而你也就不会和进步或改正什么的词挂钩，这时候，完美就是你的缺点。而如果你时不时地犯一点小错，或在不懂的地方请示上司，给上司预留发挥的空间，让上司有成就感，即便日后你升了职也会被骄傲地冠名为“我培养出来的”。这样的下属才能让上司产生骄傲感，也才有提拔的意愿。这样的下属也是懂得感恩的，不要以为你所有的成绩都是自己做出来的，如果离开上司的支持，你会做不下去，更不用说上司故意为难你了。

那么，我们怎样才能够给上司留下足够的指导空间呢？

第一，凡事不要自作主张，可以向领导提出建议，但不能代他下决断。

例如，我们在拟好了各种问题的解决方案以后，有必要请上司最后决定选择哪个方案，而不是自作主张，告诉上司，我决定怎样，我觉得哪个方案较好。除非上司也拿不定主意，要看你的选择，你才可以大胆地说出自己的看法，当然，最终还是要上司拍板。

当然，并不是面对所有的领导都必须这样做，也不是大小事都要请教，不然就会被视为能力差。当你刚刚进入职场时，确实需要小心谨慎；当你遇到喜欢个人拿主意，一点也不想放权的上司时，也有必要事事请教；当你某方面的能力比你的主管强，而且已经被他知晓时，为了表示你对他的职权的尊重，你也必须勤于请教；最后，如果你的上司是新调过来的，一般喜欢新官上任三把火，为了这把火不烧到你的身上，你也要处处小心，不要自作主张，免得上司以为你自恃资历深，不服从他的调度。

所以，我们要想赢得上司的尊重，就必须有分寸地留给上司指导空间，让上司行使他决策的权力，而不能自作主张，自以为是。

第二，遇到工作上的困难，要懂得向上司请教，而不要自己解决，因为上司就是为你解决工作中的难题的。有时候，满足一下上司的虚荣心也算剑走偏锋的一招。

有时候，遇到我们左右为难的问题，我们也要请教上司，或者让上司协助解决，尤其是这种问题涉及高级领导，或者其他部门的领导，这时请上司协助不但有利于问题的解决，更会显示出上司的人脉宽广，同时也为上司拓展人脉找到了一个好借口，是有百利而无一害的解决方式。如果我们直接自己解决，就会有越级上报、炫耀自己等嫌疑，上司也会看你不顺眼，你的升职就会遥遥无期了。

例如，你们的方案已经进行到了关键时刻，但有一两个项目需要其他部门的配合，这时你可以向领导汇报，请领导帮忙找人协助，而如果你私下找人协助，别人有没有工作、肯不肯帮助你是一方面，领导也会觉得你跨领域求助，不把他的权威看在眼里，这样即使你完成了这个方案，没有他的任何功劳，他也会觉得郁闷，进而产生危机感。而一个人让上司产生危机感，他的升职路途就遥远了。

第三，犯一些小错误。当然这种错误不能是低级错误，否则就会在上司的心里留下你工作能力差的印象；也不能是造成严重后果的致命错误，否则，你就会变得很被动。我们要犯的就是那种在上司的挽救能力以内，不会给自己和上司带来严重后果，不会给公司利益带来损失的错误。当然原则性的错误更加不能犯。这样，从上司帮你改正错误的过程中，他也会得到满足感。

20多岁的年轻人一般很骄傲，不喜欢别人对自己的工作指手画脚，但上司就是这样一群人，他的工作，就是对你指手画脚，帮你做决定，协助你觉得困难的工作，更正你的错误，提拔你成才，如果他们做不到这些，他们在公司里也就没有意义了。

所以，我们必须在自己的工作中预留出领导的权利空间，让领导有机会发挥指导的才能，这对我们双方都是有利的。22岁以后，我们一定要明白，每个人在一个位置上，都是有用的，如果我们让别人英雄无用武之地，那么，我们的用武之地也不会很大，所以，不要太能干，给别人留点空间吧。

接近领导，与领导保持一定的沟通

保持与上司的私交良好，的确对我们的职场生活更加有利，这是众所周知的。但我们也要掌握一定的沟通方法。

例如，李某与上司的私交非常好，两个人经常在私下里称兄道弟。但在一次对客户的宴会上，李某喝醉了，搂着上司的肩膀说："兄弟也敬你一杯。"结果上司的脸马上就黑了。最后，上司也渐渐地疏远了他。所以，和上司私交良好固然不错，但分寸掌握不好，就容易害了我们。

我们可以在公事上与上司进行充分的沟通，在私下里聊聊你们的爱好和家庭私事，但我们不能公私不分，在本来应该谈公事的场合称兄道弟，在下班休闲的时间里还称呼别人的职称，这些都是不明智的。

我们要在公事上多多与上司沟通，审时度势，制造机会让上司了解我们的想法和工作进度，进而让上司信任我们。

例如，我们原来的单位有一位女同事，特别善于和上司沟通。她一直稳稳当当地做着一份别人无法替代的最小的上司工作。因为公司里的一位重要领导时常过来找她聊天，这位领导虽然不是她的直接上司，但是他是公司的董事会成员，他的意见可以直接影响到每一位员工的去留。所以，这位女同事的职位也没人敢动。

后来这位领导调离了公司，可是新上司照样对她青睐有加。原因无他，因为她总是能在楼道里、饭厅里，适时地与上司巧遇，看似有一搭、无一搭地说些工作上的想法，而且从不多说一句话，也不道人是非。就这样换了几任上司，她的人缘都很好，所有的上司见了她都高兴。当然，她的工作成绩也是有目共睹的，虽然还达不到最优的地步，但仅凭着她的善于沟通，不到三年，她就做到了中层上司。

一个公司的中层，往往担任着重要职责。他要承担上司交给的任务，还要带领本部门的人往前冲，要替“自己”的人谋求“好处”，在上司脾气不好、下属心情烦躁时，还要做“夹心饼干”，总之是件累心的活儿。所以，中层干部尤其应该多与上级交流、沟通，让上级随时都知道自己和自己的部门在做些什么，进展到了什么程度，做得好不好。所以，常常跟上司“唠嗑儿”几乎可以看作他们的主要工作内容。即使是一个普通员工，在见到上司的时候，也应该多说一说工作上的事情，告诉上司你想了些什么、想怎么做，一来表明你对工作是很上心的，上司自然会认为你是个敬业的员工；二来他可能给你一些意见和建议，这对你的工作也会很有好处。

例如，在我朋友的公司里，他是这样接近他的新老板，并和他建立良好的关系的。他每天都很早上班，除了他的老板以外，他比任何人都早。于是，当老板需要借打火机或者需要其他协助时，他就去帮助他，渐渐地老板就和他聊起了体育赛事，或者个人爱好，当然他们最友好的时候，也谈起过各自的家庭私事。

不久，他就担任了公司的高级主管，当然这与他的业绩也是分不开的，但不仅仅是业绩的原因。

上司并不可怕，我们没有必要避之如蛇蝎。很多只有20多岁的人都觉得不好意思和上司打交道，以显示自己的清白和骄傲。其实，这完全没有必要，不会有同事因为你和上司走得近就排斥你，即使有，也是吃不到葡萄说葡萄酸的心理，大可不必理会。

有些年轻人是因为觉得自己是新人，还没有工作成绩，缺乏自信，所以，总是勉强和上司打个招呼，不愿往深处沟通。其实，这大可不必，也许你是对自己要求太高，对自己总是不承认、不满意，也许上司并不像你自己认为的那样，也觉得你成绩不好；即使你真的是比别人差些，只要你工作努力了，上司也并不会看不起你，相反，把你的“痛苦”告诉他，他也许会给你一些好的建议，而且他会把你当自己人看待，因为你选择了信任他，他也会同样把信任给你。总之，我们要学会和上级沟通，把上级当普通人一样看待，和他建立良好的朋友关系。

如果你还是有心理障碍，就要鼓励自己，每一个人都需要朋友，越在高处的人反而越不胜寒，所以你和上司交朋友是在满足他的需要，是在安慰他，这样一想，你的心态就会平和许多。22岁以后，我们不要再受世俗的影响，要勇敢地和上级建立良好的关系，这样不但对我们的职场生涯有好处，将来对于我们的事业、我们的成功也是有莫大的帮助的。

汇报工作，千万不可越级

无论在哪个公司，越级报告都是职场上的一大禁忌，所以，不到万不得已，我们最好不要越级报告，如果你想要越级上报，就要做好走人的准备。

其实，一般的上司完全用不着我们有越级报告的事，因为他们的利益和我们的关系并不是很大。下属觉得上司欺负他，很多时候是与一个人的性格脾气有关，而不是真正的欺负。而如果一个部门的人都感到受到上司的欺压，这个部门就可能要解散了，不必你越级上报，上级也会注意到这个部门的不对劲，继而撤掉这个部门领导。

职场上有一种生存法则，即“存在即合理”。无论你是否看得起你的上司，他的能力和人格是否被你认同和尊重，他在这个位置上就是有一定的道理的。也许有些事他的确不如下属，但是总有一些事是非他不可的，也许他协调着和某个部门的平衡关系，也许他用他的人脉为公司做出了不少贡献，也许他正是公司某个上级领导的耳目和喉舌，总之，总有你想不到的理由让他继续留在这个位置上。如果属于这样的情况，我们的越级上报，除了为我们增加上司这个敌人外，还会为我们增加不少潜在的敌人。

有一个购物中心市场部经理，在她工作的购物中心，她算是个新人，才工作了一年。她得向一个她觉得效率极其低下的总经理报告。在短暂的任期内，她取得了很大的成功，不断地升迁，得到了一次又一次的表彰。所有的客户都很喜欢她，总公司的人也很看好她。簇拥在这些成功的业绩、同事的赞美，还有总公司的表彰之中，她开始公开表示自己对上司的轻蔑和不屑；她开始缺席重要的管理会议；给总经理发电子邮件，公开质疑他的决定，同时还把这些邮件抄送给总公司的人。

就是这样间接式的越级报告，毁了她的前程。就在她工作差两星期就满一年的时候，总经理拿着一个空纸盒走进了她的办公室，坐到她的办公桌旁，简单地说："你被开除了。把你的办公桌收拾干净。" 几分钟后，在她把自己的东西收拾干净之后，她走进了总经理办公室，发现他正和副总裁一起坐着。"你不是一个有团队精神的人。"总裁告诉她，他们手里有一整张单子，列着她这几个月里说过的傻话，做过的傻事。那位市场部经理站在那里，哑口无言，终于认识到自己做了傻事。

也许总经理的效率不是最快的，工作做得也不是最好的，但他有他的优点，他兼顾各个部门，他是一剂黏合剂，他让不同的部门合作，快速地工作，他平衡得非常好。也许对于市场部来说，他不是一个好的总经理，但是对于所有的部门，对于整个公司来说，他是不可或缺的。市场部经理就是因为错估了他的分量，看轻了他的作用，越级报告了总经理的无能，所以最终被炒掉了。

如果你觉得你的上司在某方面不如你，不妨首先考虑坐在他那个位置上，首先需要的能力是什么，是不是业务能力。如果你在这个位子上，是否会做得更好，他有没有一些优点是你不具有的，公司上层领导看中他哪方面的能力。只要弄清楚了这些，我相信，你就不会因为上级能力太差，而越级上报了。

还有一种情况是，下属与上司存在矛盾，认为上司故意刁难人，嫉贤妒能，争功诿过，所以才会越级上报，其实这完全没有必要。每一位上司怎样，公司的上层管理人员是完全清楚的，他之所以还没有从这个位置上走开，是矛盾还没有激化到一定程度；是他还有利用价值；是因为在这一职位上更换别的管理者代价太大，总之，公司的上层管理人员有他的理由。一旦条件成熟，相信无论是嫉贤妒能的上司还是能力太差又喜欢抢下属功劳的人都会被辞退或者降职，我们要做的就是暂时忍耐。

还有一种情况，就是下属觉得上司不够重视他，或者故意把他放在发挥不出价值的位置上。我认为遇到这种状况，我们的当务之急是反省自己的错误，或者反省一下自己是不是对于职位和事业操之过急，是不是对于功利太注重了，引起了上司的反感和警戒。如果是这样，即使越级上报，上级也是不会对你伸出援手的，因为上司上面还有上司。除非你是自己做事业，否则总会被上级冷落，放到不显眼的位置。这是你的性格所致，只有经过一段时间的磨炼，你才能变得更稳重、更识大体。遇到这样的状况，我们不妨自省，上司是不会无缘无故地冷落我们、挤兑我们的。

所以，越级上报是绝对的职场禁忌，只有幼稚的人才会碰这个禁忌。这件事本身对你绝对没有好处，不要以为赶走了无能的上司，他的职位就会属于你；不要以为让上级了解到上司的无理取闹，你就会得到公平；更不要天真地以为换一个上司，你的日子就会好过。越级上报的结果不外乎三个：上司得到了批评，但仍留在岗位上，这时候你的日子就难过了；上级认为你没有合作精神，你就做了一件傻事，最坏的结果是你辞职；上司被炒了，同时，别人被提拔了，你为他人做了一件嫁衣，而且坐上这个职位的人会千方百计地贬低你，甚至赶走你，因为你有越级上报的前科，谁也无法保证你不会背叛他。

无论如何，越级上报都不会有好下场，除非你真正地不计较得失，只要把坏上司拉下来，不让他欺压同人就好。如果你抱着这样的想法，那就可以做。所谓的“舍得一身剐，敢把皇帝拉下马”，能够做到这样，是否越级上报，就无所谓了。但我相信每一个在职场的人，每一个20多岁的人都是为着利益的，都是比较理智的，不会有这样幼稚、天真的想法。所以，我们还是避一避这样的禁忌，不要做出越级上报的行为吧。

管住你的嘴，才有可能获得领导信任

作为一个职场人，我们应该尊重任何人的隐私，尤其是上司的隐私，更加不能曝光。无论是在公事上的小心思，还是私人的事，我们即使清楚，也要学会装糊涂，不要被别有用心的人利用了。

对于上司在公事上的某些小心思，我们可以在私下里讨论，我们可以爱怎么想就怎么想。但是在公众场合，我们必须学会保留上司的体面。如果你对上司做出的某一个决定十分不满意，或者完全不同意他说的某些话，可以去和他私下里讨论，也可以和同事们悄悄地评论，但绝对不要把事情公开化，否则就会使你吃不了兜着走。

例如，在某次管理培训课程中，某个经理告诉培训师，他信奉一种合作性的管理方式。他的一个员工正好站在能听见他说话的范围，培训师说："那是当然的了。如果事情发展得好，你就可以把所有的成绩都归功于自己！"这很显然是经理和员工之间的争论内容，但是因为那个下属把这事公开化了，而且还在培训师面前提起了这事，这就使得那个经理感到十分尴尬。当然结果不用说，我们也能够猜测到，那个多嘴的员工绝对不会有好果子吃的。

把别人的小心思说出来，无论是故意的还是无意的，不仅会让上级提防你，不再信任你，也会让同事对你退避三舍。现在的人都很精明，能够出卖别人的人同样有可能会出卖自己。所以，无论是谁的隐私，谁的小心眼，最好都不要透露，更不要在公共场合说出来。

在私事方面，我们更要管好自己的嘴巴，最好不要乱说。尤其是一个20多岁，刚刚进入职场的人，更不要随便把信任你的上司讲给你的隐私话题讲给女同事们听，即使是你的女朋友。因为女人保守秘密的时间只有72小时，也就是三天。过了这个期限，保守秘密对于她来说就是一种折磨，这绝不是杜撰，是有科学依据的。所以，如果你不想上司的隐私传得天下皆知，就要捂紧自己的嘴巴。尤其，当这件隐私只有你知道时，你更不可以辜负了上司的信任。

一般来说，对于一个下属，上司肯将隐私说给你听，他对你就是绝对地信任了。同时，他也肯定你对他是绝对忠心的。如果属于这种情况，上司在讲隐私的第二天就劝你把这件事当成一个笑话，或者忘掉它，而不要传播出去。如果你不是一个传播者，而只是一个听闻上司隐私的人，也不要在私下里讨论。如果你同样不喜欢别人讨论你的隐私的话。当然，有一种隐私是欢迎传播的，就是关于上司的喜讯，而又和大家的利益相连接，这样不伤害他人的隐私欢迎传播。

在公事方面，有一些事我们最好讳言。第一种是上司和其他人的斗争，无论是和下属的、和平级的，还是和更上层的领导的斗争和派系斗争。我们只要冷眼旁观就好，没有必要参与，更没有必要讨论，最好是当它没有发生。如果涉及个人的利益，我们可以私下和上司讨论或者争辩，却没有必要公之于众，更不要当众顶撞侮辱上司，除非你不想在公司混下去了。第二种是涉及上级在本公司和其他公司之间的关系，所扮演的角色，没有实质的证据，我们不可以妄自揣测，更不可以宣扬。

在私事方面，也有几件事是需要我们保密，不可以四处宣扬的。第一种是情感上的事，无论是关于上司的家庭婚变，还是婚外恋情，还是其他某种家庭纠纷痛苦，比如，在父母与妻子之间受夹板气，或者惧内等都是不光彩的事，既与我们的利益无关，又和公司的利益无冲突，属于个人范畴内的事，我们没有必要制造舆论，也没有必要为谁鸣不平，而是躲得越远越好。第二种是生理上的缺陷或者病症等，包括心理上的疾病，比如，抑郁症、轻微的精神分裂、人格分裂等。我们要尊重别人，不可以随便讨论和曝光。第三种是老板的疮疤不要揭，尤其是上司早年遭遇失败或者在人生中留下的一些污点，如果被我们知道了，我们也不要随便宣扬。毕竟只要是人就不希望旧日的伤疤暴露在众人的面前。

每一个人都避免不了被别人议论隐私的问题，每个人处理这些事的方法也不尽相同。你可能仇恨议论你隐私的人，但是你不可能对他造成实质性的伤害，因为你的手中没有权柄，所以你给他人造成的伤害可能是有限的。而上司不同，他手中有权力，他完全可以利用手中的权力，报复任何可能议论他隐私的人，这就是我们为什么要特别注意尊重上司的隐私。

事实上，无论如何，我们都不可能完全杜绝上司的隐私被曝光。我们唯一可以做的就是尊重上司的心理距离，不要与上司谈论过于私密的事。

22岁以后，我们要学着更加成熟，更加尊重别人的隐私，不要逾越任何人，尤其是上司的心理底线，这才是一个聪明成熟的职场人士应该把握的与上司相处的分寸。尊重他的隐私，尊重他的心思。“他也许不够好，但他是你的上司。”只要记住这句话，我们的职场生涯就会相对好过些。

努力做好手头事，别瞎猜领导心思

在职场中只有三种人：同事、下属和上司。对年轻人来讲，若想自己的职场生涯顺利，就必须学会和上司愉快地相处，因为他才是关系到你升职、加薪的大事。年轻人在工作中最忌讳的就是随便揣摩上司的心意，你越是猜测上司的想法，越会被上司认为你是别有用心，从而提防你，那么，你的升职、加薪都将会成为泡影。

年轻人不要觉得如果自己没有揣测上司的心思就是没有为上司着想，其实，换作是我们自己也能够想明白。你希望自己身边有一个在所有的事情上都熟悉自己的人吗？希望这个人和你有直接或间接的利益关系吗？或者说，你希望有一颗定时炸弹随时在你身边吗？即使那颗炸弹是你的，如果你不同意，它永远不会爆炸。每个人都不希望如此，同样领导也不希望如此。能够读懂一个人，就说明你比他聪明，把他潜意识里的事都能够说出来，当然会令其感到不安，所以，我们只要能够做好分内的事，其他的，就只有多做事、少说话比较妥当了。

当然能先于上司想到一些事情固然是好的、积极的，重点是我们不可以随便地表现出来。更不能以自己揣度出的别人的心思为依据来做事。太过聪明，别人就会对你产生提防心理，我们在揣测别人的心思之前，不妨先看清自己的心思，我们想要的是什么，我们要对事情做什么样的反应，是装一装糊涂，还是明明白白地表现出来。“不知者无罪”，就算我们做错了事，也是情有可原的，就怕我们做错了事还沾沾自喜，以为自己做了一件一定符合领导心意的事。

对于老板的性格，年轻人还是要通过自己的观察揣测一些，根据这样的性格，他会对某些事情做怎样的处理，他希望提拔怎样的人，在这件事上要怎样反应，怎样处理，才符合老板的性格，而事后也不会被责怪。而不是随便地揣测老板在某件事上会怎样处理，然后代他处理。我们要做的是听从命令做事，而不是根据自己揣测的结果做事，否则，即使我们的揣测是对的，也会给自己带来麻烦。曹操的主簿杨修最终被杀害，就在于他太善于揣测别人的心思，但又太不善于根据对方的性格做事。他最终被杀的原因是根据曹操传出的口令“鸡肋”而揣测出曹操觉得这场战争是一块鸡肋，“食之无味，弃之可惜”，于是命令下属收拾行囊，告诉他们不日将北归。但是他忘了，他不是将军，他没有得到任何关于撤退的命令，他只是根据一个口令揣测出不日北归的结果，他甚至没有向曹操禀告，也没有和上级讨论，就这样鲁莽地让下属们收拾行囊。这样的行为，随时可以给他带来危险。

其实，这也与他平时自以为聪明有很大的关系，这是他不断地挑战曹操的底线、不断积累的结果。且看看他做了哪些事，才引起了领导的反感。首先，别人修了一座园子，曹操在门上写了一个“活”字，别人不知其意，杨修说是曹操嫌门太阔了，这个事本来没错，不过是文字游戏而已，但他不去跟曹操印证，就觉得自己猜对了，直接让匠人修改门。以曹操的性格，必然嫉妒他的才能，怀疑他挑战自己的威信。第二件事，别国供奉一盒酥饼，曹操手书“一合酥”，置于案上。杨修却说写的是“一人一口酥”，与众人分食了。那不是简单的一盒酥的问题，而是敢于钻上级的空子，而且让人无话可说的问题。再一件事，他教曹植与兄长竞争世子地位，为了在曹操心中留下好印象雨处心积虑，这直接触及了领导的底线。历代以来，地位的传承都是最重大的内部问题，参与内斗绝没有好下场。况且，即使一个人凭借才智赢得了青睐，也不能是别人的才智，若借助别人之才，即使最终继承了权势地位，也还得受制于人，这是曹操想清楚了的，所以，可以说是杨修直接断送了曹植的前程也不为过。然而，就算他犯了这么多错误，曹操也没有鲁莽地杀了他。原因是什么呢？是因为曹操珍惜自己爱才重贤的名声。杨修正是抓住了这一点，才能以此威胁曹操，屡屡做出挑战曹操底线的事情来，这所有的一切，都让曹操恨得牙痒痒，但又寻不出能杀他的罪名，最终“鸡肋”一事让曹操找到了杀死他的借口。

身处职场的年轻人，要能从这些事例中吸取一定的教训，不轻易地揣测领导的心思，更不要挑战老板的底线，不管你有什么样的背景，都要记得职场的禁忌，不要凭着自己的小聪明就无视规则，而犯了老板的忌讳，这样我们的职场生涯才会更顺畅。

每个人无论是否情愿，都会度过一段职场生涯，我们要想让职场生涯如鱼得水，就要遵守和上司相处的规矩，既不要只做上司吩咐的事，也不要擅作主张，凭揣测做事。上司会命令我们、指导我们、暗示我们，但我们一定要得到了指示，才能够做事。

推功揽过，功劳要让给领导

年轻人在职场中都希望有个不错的表现，这样才能让我们尽快地升职加薪？良好的表现能体现出一个年轻人积极工作的心态，能体现出一个年轻人充满活力的干劲，还能体现出一个年轻人无穷无尽的潜能，但是，在你扬扬得意的时候，切记不要抢了领导的风头。你要知道，只有得到领导的看重，你才能加薪，只有得到领导的提拔，你才能升职。

第一，在职场上做事，注意形象、善于表现是必须的，但从着装上讲，我们也要适可而止，不能抢了领导的风头。记得曾有一个电视广告，说一个人西装革履、油头粉面地坐在宴会桌前，面前摆着最好的手提电脑，手提着几万块一部的手机，叽里咕噜地讲着外语，大家都在等着点菜，这时只见侍者进来，首先把菜单递给了眼前这位“日理万机”的“领导”。身边真正的领导马上脸黑了下来，这个助理也万分尴尬地瞪着侍者。认错领导固然有侍者的错，但是那个抢风头的助理也推脱不了责任。您一副财大气粗的领导相，任谁都会看错。所以，我们平时着装一定要注意，着装固然要一丝不苟，但绝没有必要满身名牌。同时还要看清场合，清楚这个场合中都有谁出席，有必要保持低调的，就不要高调。

第二，在使用交通工具方面，我们也要注意。比如，一位老板和他的助理出差坐的是经济舱，在回来的途中遇到了他的经理们，经理订的票是豪华舱的，结果老板就在经济舱待着，然而觉得很不是滋味。其实，豪华舱并不比经济舱好多少，不过是座位舒适些，餐饭好一点，周围环境安静一点，却比经济舱昂贵很多。豪华舱里的经理们也觉得不合适，因此陆续退掉了豪华舱的票，改坐经济舱。后来尽管老板和经理们聊得不错，但最后，老板还是找身边的助理换了经济舱的票，坐上了豪华舱，这才觉得心理平衡了一些。

其实，这并不难理解，老板坐飞机花的是自己的钱，当然节省，而他手下的经理们出差花的是公司的钱，当然奢靡一点。但就是这样几百块钱的差距，让彼此都很不舒服。

这些细节上的要求在职场中是很有必要的，如果我们不想出风头，尤其在公共场所，一定要注意自己在衣食住行方面的水平不要比领导的规格高。在形象方面也要注意不要超越领导，当然个人的修养和魅力是无法改变的，领导无法因此而对你怀恨，只要我们注意自己的态度，对领导尊重就可以了。自我表现也必须注意场合和必要性，而不要一味地表现，忘了领导的心理感受。因为这种表现令领导尴尬，是领导所不欢迎的。

有一次，一位客户希望与他合作的公司的总裁对他们的公司概况做一些介绍，当时总裁的助理也在场，总裁清清嗓子，开始向客户介绍。

总裁说：我们公司大概有五百名员工。

执行助理就跳出来提醒他：是五百八十五个。

总裁：从1982年起，本公司就开始营业了。

助理：实际上，是1980年。

总裁：最近几年里，公司发展得很快，总体来说，士气很高。

助理：有时候压力也很大。

总裁：我们今年引进了很多新产品。

助理：九种。没有去年多。

这种情况持续了半个小时之后，直到总裁起身站着说："对不起，请你给我们倒一杯水，下午我会在办公室里和你谈谈。"从此之后，在那个公司再也没出现过那个执行助理的身影。

这位执行助理就做了一件令总裁十分恼火的事，有些人在工作上过于执着和认真，即使是无关紧要的小事，他也要出风头，尤其是面对客户时，领导更不喜欢这样的员工。

比如，在一些会场，本来该上司做的报告，却由你这个小助手来做；本来该上司交给高层人员领取奖励的策划，却由你这个直接负责人交给了高层领导；再如，你和合作公司谈判本来应当由主管担当责任，而你却在那里滔滔不绝，把别人的话都抢走了，这类的风头都是出不得的。

表现自己要讲究场合和策略，否则就会被视为喜欢出风头。你见过比新娘还漂亮的伴娘吗？你见过明星出场，他身边的工作人员却频频挥手的吗？有时候，有些场合是不适合我们出风头的，尤其是抢领导的风头，更是要不得。

年轻人一定要懂得分清孰轻孰重，在表现自己和抢领导风头之间权衡一下。在领导在场的情况下，尽量躲开出风头的机会，尤其是参加一些大型商业聚会或者在客户面前，否则你的职场生涯也会就此结束。

埋头苦干，还要适时表现自己

我们要做出努力，为公司做出贡献，做出最好的业绩，才能够得到升职，这是必然的。一般来说，领导是很难发现那些埋头苦干的员工的，反而是那些喜欢出风头的员工，更容易引起领导的注意。

22岁以后，人要有能力有业绩，更要善于适时地表现自己。让领导看到我们，意识到我们的存在，这样才能引起领导的注意力，而不是被动地等待领导的赏识。有的员工固执地认为上司和老板应该主动发现员工里的人才。如果抱着这种想法，就算换了不少工作和领导，也依然会怀才不遇。

做一名勤奋工作的员工并不意味着你就一定可以获得应有的回报。要想在众多的人中间得到领导目光的注视，那么你只有超出领导所想象，在人群中脱颖而出。只有这样，你才能获得领导的好感，吸引领导的眼神，得到领导的信任和器重。正如鹤立鸡群一样，只有和别人不一样，你才能从拥挤的员工中“跳出来”，让领导的眼球对你行“注目礼”。

老李现在是一家建筑公司的建筑工程师，但他开始在这家公司工作时，并没有突出的能力，和许多泥瓦匠一样，只能从事最普通的体力工作。但是，他是一个特别有心的人，公司的员工身上一般都穿着灰色或深蓝色的服装，而且又都在房顶上工作，老板一般不会认识他们。于是，年轻的李某穿了一身红色的衣服。老板来到工地之后，第一个看到的就是他，收工之后别人都是匆匆忙忙地走了，只有他会把工具都整理收好，放在固定的地方，然后收拾好全身再离开。因此，尽管他只是一个泥瓦匠，却总是干干净净精精神神地出现在人们的视线里。不久，老板就提拔他做了监工。后来，经过几次提升和小李自己的努力，他终于成为了一个建筑工程师。

李某之所以能够受到提拔，与他总是被老板注意是分不开的，所以，我们也要适时地表现自己，让领导看到我们，意识到我们的存在，只有先引起领导的注意，才能够得到他的信任，才能够被器重，得到提升。

那么，怎样才能让领导注意到你，而又不过于招摇出风头，引来同事们的敌意呢？

第一，勇于主动地接受挑战，这是引起领导注意的一个好方法。只要我们时时刻刻积极热情地对待工作，我们就会在工作中取得巨大的进步。这样当领导面临一个棘手的难题时，你就能够帮助他。这是一个表现自身才能的绝佳机会，如果觉得自己有能力拿下来，一定要毫不客气地主动争取。不要等领导来安排你去做，这样的话，即使做好了，也是你的分内之事，显得很被动。最好在衡量工作难度后，毛遂自荐。

第二，主动地和领导进行工作上的沟通。抓住时机向领导汇报工作，让老板知道你在干什么，做了什么，工作进展到什么程度，遇到哪些难题，至少不会是没有一点成绩，天天闲着，而且这样的话，你也可以获得不少启发和信息，或者领导还会在你遇到的难题方面给你一个好的解决方式。

第三，在领导面前，主动发表自己的看法，向领导提出建设性的意见，比如，关于公司的前途、如何实现利益最大化等，这样领导就知道你的脑子一直在思考问题，观察事情，而且能把握大局。

第四，不要过分谦虚，适当地显露自己是让上司认识你的绝好机会，比如，我们可以把这一段时间我们取得的成绩以图表或者数据的方式向领导报告一下，当然这种汇报不能太频繁，也不能太露骨，更不要恃业绩而骄，或者以此向上司提条件。最好以工作报告的形式，让领导了解你取得的成绩。

第五，适时地让自己站在聚光灯下。比如说，在一些公共场合、年终聚会上表现一下自己的才华，总结一下在这一年中取得的成绩，受到的表扬，说几件自己比较得意的业务是怎样做成的，就当作是向小辈传授经验，这样，时不时地“秀”一下自己的能力和成绩，领导迟早会注意到你。

在现在这个人才济济的社会，如果你不主动表现自我，你的领导绝不会无缘无故地注意到你。所以，一个人要出人头地、成就一番事业，除了要有一身真本事外，还要不断地推销自己，向人们展示你的才华。这些无疑是一种走向成功的捷径。

我们这一代年轻人，原本就是比较现实的，我们接受新事物的能力也是很强的，所以，我们不应该在表现自我方面有什么心理障碍。充其量是技巧不够，把握不好分寸而已，即使分寸把握不好，勇于表现自我也会给我们的职场升职带来不可估量的影响，所以，我们要在平日里就注意培养自己受人关注、让人注意的能力，这样在关键时刻，领导才能看到你，才能重用你。

展现忠诚，领导偏爱忠诚的员工

对于领导来说，忠诚甚至比能力更加重要，因为如果他辛辛苦苦地培养了一个人才，却不小心被别人挖走了，或者自己提拔起来的人最终超越了自己，这情何以堪？所以，对于上司来说，一个下属的忠诚度比他的能力要重要，如果能够恰到好处地表现出对上司的忠诚，就会给我们的升职加分。

20世纪80年代以后出生的年轻人一般都缺少忠诚于谁，或者忠诚于哪个公司的观念，所以对于现代企业来说，忠诚是一种稀缺品质。如果我们遇到了我们喜欢的工作和令我们满意的公司环境，我们就要表现出忠诚的品德。

所有的领导都希望员工对自己忠诚，所以，员工要想获得领导的赏识，进而赢得加薪和晋升的机会，对领导忠诚是最基本的条件。一般领导会从几个方面观察我们对他是否忠诚。

1. 是否不带任何条件地执行上司的命令

很多领导都有刁难员工的习惯，他们总是喜欢把一些连自己都做不到的事情交给你来做，希望从你的身上发现奇迹。你怎么办？一个忠诚的下属应该毫不犹豫地听从领导的命令，不找任何借口推托：比如，“我正在忙手头上的事”，或者“我实在不能胜任”，等等。因为在公司中，领导就是公司运行的指挥官，他们的命令就如同军令，他们的威信是不容侵犯的，你做不好没关系，但是一定要让领导看到你尽力了。

一个真正忠诚的员工，首先是一个执行力强的员工，无论领导下达了什么样的任务，你都要抱着百分之二百的热情去做。对于自己胜任的工作，你一定要做到尽善尽美；对于自己实在不能胜任的工作，也不要推卸、拖延，而是虚心地向同事或者领导请教。如果你真的出乎领导的意料完成了任务，就会受到领导的重用。

其次，有一些员工会在工作前跟上司讨价还价："如果我完成了这项任务，是不是可以加薪？""我可以解决这个难题，但我想我的职位不方便让我完成这项任务。"或者是"我希望某某部门，某人能配合我"等这类的话。对于这样的员工，领导往往会非常反感，还没有做事先要功劳，以不做事、推脱、拖延来威胁领导。

2. 领导会观察，我们是否会侵吞公司的利益

比如，有占公司便宜的小缺陷，或者有拿折扣的坏毛病，或者因为无知和有意泄露公司的秘密，这样的行为都是不忠诚的，不被公司允许的。因为公司的利益高于一切，对公司忠诚就是对领导忠诚。

3. 是否能与公司同舟共济，共同渡过困难时期

有的员工会在公司效益不好，走下坡路的时候，跳槽；或者在公司陷入困境的时候，在背后踩一脚。这样的员工无论走到哪里，都很难获得领导的器重，永远不会有大的发展。你应该在公司遭遇困难的时候，积极地帮助领导出谋划策，共渡难关。你的行为一定会得到领导的赏识，在公司走出困境后，一旦出现加薪和晋升的机会，领导想到的第一个人选就会是你。所以，当一个公司陷入暂时的困境时，就是我们表现自己忠诚的机会，我们一定要把握住机会，与公司共进退，风雨同舟。

还有的员工，总是觉得公司的环境或者待遇不尽如人意，总想着跳槽，对于这种"这山望着那山高"的行为，领导是比较反感的。如果我们总是抱着"骑驴找马"的心态找工作，又抱着"迟早要走掉"的态度对待工作，那么，我们永远不会成功，因为我们缺少一点忠诚意识，领导当然不会信任我们，更不会重用我们。

当然，忠诚并不代表着唯命是从，更不代表着恭维谄媚。领导宁愿相信

一个正直倔强而忠实的下属，也不会相信一个圆滑世故、捧高踩低的小人。所以，为了恭维上司而贬低自己是完全没有必要的，你自己心里不舒服，别人也觉得别扭，上司更会因此看低你。所以，我们要表达忠诚，没必要以溜须拍马的方式表达。我们只要在工作中多多地与上司交流沟通，让上司慢慢地了解、信任就可以。也切不可急于表忠心而赌咒发誓，做出承诺等，这只会让别人觉得你格调低下。我们要慢慢地把忠诚渗入日常工作中，慢慢地让领导信任我们，重视我们。

比如，我们可以在工作中多听听领导的意见；在遇到难以决定的事情时，请教领导；在重要的决策上请示领导，首先重视他，尊重领导的权威，然后才能获得上司的信任和器重。

22岁以后，我们一定要把握几种表达忠诚的方法，特别是，我们本人要有忠诚的观念，才会在职场上善始善终，才能够得到提拔。

踏实工作，才能赢得领导器重

做事的时候，知道领导的目的，能够让我们更有针对性，更全面，做事也就会更加符合领导的心思，做事更加到位，升职也会更容易。这是我们办公做事的基本准则，可是有很多人只是听令行事而忘了问领导的目的。尤其是一些刚进入职场的年轻人，常常会无所适从，手忙脚乱之下，忘了这一点。

有一个领导要求他新提升的助手王某去市场上看看有没有大闸蟹，结果王某很快地回来告诉领导，有。领导又问他："多少钱一斤？"然后他又匆匆离去。回来后老板又问他大闸蟹多大个，结果他又跑了一趟，就这样来来回回三四趟，他才把事情办完。老板很不满意，于是，唤来了他原来的助理，现在升任副经理的刘某，说："看看刘副经理是怎样做事的，然后学着这样做事。"领导吩咐刘助理去买大闸蟹，刘助理问老板："我能问问它做什么用吗？""我要选购一些送给客户，还要自己买一些。"于是刘副经理就去了市场。不久，他就回来了，手里拎着一个大袋子。"我问清楚了，市场中只有两家的大闸蟹比较好，一家的是100元一斤，另一家的是120元一斤，质量都不错，很新鲜，只不过120元一斤的个头要大一点，如果是自己家吃，100元一斤的比较合适，如果是送客户的话，还是120元一斤的更好看一些，显得更重视别人。这个袋子里是我拿回来的两个样品，您看看要哪家的？”领导满意地点了点头，让他走了，然后对自己的新助理说：“看懂了吗？”

助理还是有点摸不着头脑，老板摇摇头说：“如果以后你不知道，我吩咐你做这件事有什么目的，不知道我的意图，你就要请教我，而不是自作主张地跑了一趟又一趟。”经过此事以后，助理终于开了一点窍，做事才让老板比较满意了。

我们在职场上做事，勤奋、努力固然重要，但是如果不顾领导的意图，就会做出与领导的意图不符的事，更有甚者，会坏了领导的大事。所以，我们必须在做事之前就了解领导的意图，抬头苦干。怎样才能清楚领导的意图呢？一般情况下我们会用到5W2H法快速地记录工作要点。

一项工作在确定了大致的方向和目标之后，上司通常会指定专人来负责该项工作。如果上司明确指示你去完成某项工作，那你一定要用最简洁有效的方式明白上司的意图和工作重点。此时你不妨利用传统的5W2H方法来快速记录工作要点，即弄清楚该命令的时间（when）、地点（where）、执行者（who）、为了什么目的（why）、需要做什么工作（what）、怎么样去做（how）、需要多少工作量（how many）。在上司下达完命令之后，立即将自己的记录进行整理，再次简明扼要地向上司复述一遍，看是否还有遗漏或者自己没有领会清楚的地方，并请上司加以确认。

只要这样，我们就可以确定，绝对弄明白了领导的意图和工作的程序。如果上司确认了你的复述，也就是对你关于目标的理解点头认可了，你就可以进行你的工作了。

这是在工作当中，我们要清楚领导的意图。在工作以外，我们还要学会大胆地揣测领导此时需要什么。比如，当上司完成了一件他特别得意的工作，他最需要的就是下属的赞美，比如，“您干得太漂亮了”。而在领导做了一件他不可以肯定自己对错的事的时候，他需要的是下属的认同，如果你在这时及时地对上司说“我觉得您处理得很好”，他在内心里，就会觉得自己真的处理得非常好，而对你有遇到“知音”的感觉。

另外，我们还要正确地领会上司的言外之意，比如，领导说“去倒一杯茶来，我需要和某某仔细谈谈”。这就是要清场的意思，建议你泡好茶后，立刻离开办公室，而不是不开窍地继续坐在那里等待领导的吩咐。领导如果说某件事“我尽快要你完成”很可能是嫌你这件事拖得时间太久了，即使今天加班，也要完成领导吩咐的这件事。

我们最终能否升职，说实话最终还是要看上司是否认可。要获得上司的认可，就要学会正确地领会领导的意图，这就需要我们抬头听吩咐，低头做工作。

20多岁的年轻人对于职场上的事还不是特别熟悉，所以更要首先熟悉自己的上司，正确领会上司的意图，才能够顺利地登上职场的顶端。

第06章

看清同事，对同事不妨区别对待

同事关系要懂得亲密有间

一定的心理距离是我们和每个人相处都有必要的，而和同事相处更需要我们保持相当的距离，因为我们之间涉及利益关系，在很多事情上，我们是存在矛盾、存在竞争的，所以我们之间更应当保持距离，尤其男同事更应如此。

职场不适合勾肩搭背，女同事很亲密会被人认为是“闺密”，而男同事太亲密则容易引起别人的误会。男人称兄道弟是很平常的事，然而大家都会心照不宣地保持一定的肢体和心理距离。所以，刚刚进入职场，我们最好也和别人保持不即不离、不远不近的同事关系才是明智之举。

与同事相处，终日正襟危坐，严肃、客气固然不好，这样，人家会认为你不合群、孤僻、不易交往；而太近乎、太“知无不言”了也不好，容易让别人说闲话，也容易让上司误解，认为你是在搞小圈子，动机不良。当然最坏的后果还在后边，当你对别人说出你的隐私之后，容易被有心人利用。因为同事之间毕竟存在着利益竞争关系，而不是“纯哥们儿”。所以，与同事交情良好固然不错，但也绝对不能暴露自己的隐私，以免被人抓住把柄，或者被有心人利用。

王某曾是一个公司的部门主任，平时和另一名主管李某的交情很好，他们经常在一起吃饭喝酒、应酬客人等。王某也彻底地把李某当成是自己的好朋友，经常讲一些生活上的烦恼给他听，也不见他泄露“秘密”，更是对他信任有加。有一次两人喝多了，酒酣耳热之际，王某在酒席间向他透露了自己的一个大隐私，早年他曾经因为犯错误坐过一年牢。这个隐私原本没有被暴露，王某也很庆幸，觉得自己终于找到了知己好友。但不久以后，公司决定提升一名主管做经理，另一名做副手，就这样矛盾爆发了。原本上司很看好王某，但就在决定下发以后，公司渐渐地流传起了王某的某些小道消息，当然，都是对王某不利的。最终他坐过牢的隐私也传到了上司的耳朵里。公司不能让有污点的人做领导，于是和他同级的李某做了经理，而他则降职成为了一名普通员工。王某后悔不已，但也怨不得别人，他是自愿告诉别人的，只是别人没把他当朋友而已。

同事之间，有太多的微妙关系存在，大部分是亦敌亦友的，无论私交如何要好，但在利益面前，总要有竞争，甚至斗争，数不完的斗争。办公室外的“铁哥们儿”，也许正是办公室里的“冤家对头”。所以说，职场上的同事并不是好朋友，平时我们可能觉得关系还不错，彼此之间也愿意沟通和“保密”，而一旦你们中间有了“利益”做饵，双方就会出现竞争和矛盾。在竞争中，就会有人不守规则，把你的致命伤暴露出来。而隐私几乎就是所有人的致命伤。所以，同事之间的交往，最好保持适当的距离，绝不涉及隐私。

和同事相交，我们要保持“君子之交淡如水”的原则，不要过分亲近。同时，在公事方面我们也要做好协调，不偏不倚。不论职位高低，每个人都有自己的工作范围和责任。我们不能因为私交不错，就胡乱地在公事上做和事佬。

比如，我见过三个好朋友，甲和乙既是朋友，也是上下级，乙是甲的助手。而他们同时和丙交好，当然他们都在一个公司工作，他们之间全是同事关系。但甲的领导方式和工作能力并不强，常常因为他导致工作混乱，任务完不成，乙虽然怕影响自己的前程，但碍于私交，也不便开口表示不满。不久，因为甲休病假，交代一切工作由乙负责完成，但乙任务繁重，一时疏忽，便出了许多漏洞。甲上班后，对此事不闻不问，甚至连本来他曾插手的部分也一概声称不知，并在人前人后总说任务一直是交给乙全权负责的，言外之意“黑锅”一定要乙背，与他无关。

乙愤怒之下，就去找丙评理，正好甲也在，于是两个人狭路相逢了。丙却异常平静，装作一切不知，仍像以前一样轻松地和甲乙聊天调侃。甲按捺不住指责丙幸灾乐祸，隔岸观火，丙并没有因此退缩，只是轻松地说："大家合作贵在愉快，我看你们二位不妨冷静地坐下来讨论一番，好好谈谈，否则我是帮不上忙的。"言毕端茶送客。

同事之间私交好是一回事，但不能因为交情好，就干涉别人工作范围之内的事。同事之间帮忙是应该的，但也不能无分寸无底限地帮助别人。

所以说，我们一定要谨记自己和同事在公私两方面的距离，不能随便逾越。这既尊重了别人，也尊重了自己，同时也会让你们之间的相处更自在，更长久。

22岁以后，我们一定要重视"距离产生美"这句话，因为太亲近就意味着双方的优势缺点都一目了然，当你们反目的时候，甚至会变成仇人。自古以来，因亲近成仇的例子并不少。所以，我们还是与同事保持像冬天里相互取暖的刺猬那样的距离比较好。

留个心眼儿，小心"两面派"的同事

在职场上表里不一是太正常的事了，我们没有必要因此而感到伤心难过，只要警觉戒备这样的人就可以了。当然更没有必要非要和他们较真儿，揭露他们伪君子的真面目。否则的话，他们会恼羞成怒，那你就不好过了。

20多岁的人大多刚刚进入职场，还处在非常幼稚的阶段，对同事不免想得过于简单和直接。我们是率性的，热情的，不习惯委婉和含蓄，脑子里更没有那么多弯弯绕。然而"害人之心不可有，防人之心不可无"，为了避免我们受到伤害，还是了解一些职场上的事比较好。

我个人认为，有时候职场上的真小人远比伪君子来得可爱，他可能害你，可能对你很凶、很粗暴，甚至会让你当众下不来台。但这一切，他都是明刀明枪地和你过招，自己技不如人，只好忍气吞声。一旦你的能力比他强就可以立即反攻过去，你起码知道敌人是谁，他在哪，可能在要哪些手段。而一个职场上的伪君子，你会不知道他是谁，也许正是那个笑眯眯跟你谈天说地的好朋友，也许正是那个可爱的让你绝不会想到是他的人。他们善于两面三刀，善于当面一套背后一套，即使你在骂他，他也绝对不会还嘴，而是笑嘻嘻地看着你，让你觉得自己多么罪恶，而一旦你转过身去，他们就会在背后捅你一刀。他们无辜地看着你，觉得事事都在为你着想，然而，却有人听信他的话来攻击你，这样的人防不胜防，实在是职场上的一颗大毒瘤，却又没有人能够彻底地切掉他。

当然，我们每个人的身上都有着表里不一的一面，但并不是所有人的表里不一，都会害到别人，有时只不过是为了自我保护而已。我们怎样才能分辨那些会伤害到你的表里不一的同事，同时去回避他，戒备他呢？又怎样才能达到我们戒备提防的目的，不让他妨碍到我们的前程呢？这就需要针对不同的人采取不同的方法。

第一种人，他是领导面前的红人，领导的心腹，他的意见甚至是随便的几句话，就会影响到领导的决策。对于这种人，如果他是一个严重的表里不一的人，我们就应该提防。因为这种人他直接影响到你在上司心中的形象，直接关乎到你的升职加薪等切身利益，所以，我们必须学会应付这种人，而不是全然地提防状态。

其实，所谓的“红人”“心腹”只不过是一个俗人，他们通常心思细腻，能够及时地体察到领导的心理和需要；他们的心机也很重，你说一句话，他们都要反复思索，直至确定你没有伤害他们或者嘲笑他们的意思。他们更喜欢暗箭伤人和在背地里搞小动作，绝不会轻易地与人当面发生冲突；他们的心眼很小，报复心也很重，绝没有容人的雅量，所以我们不能对他们说任何带刺的话。

与这样的人打交道，你最好不要学他们那一套阿谀术，他们比你更能驾轻就熟；也绝不能一味地攻击他们，因为他们善于表面不动声色，却在暗地里使绊子，如果受到了攻击，他们表面大度，暂时不与你计较，让周围的人都觉得他们宽容，而实际上你以后的日子就会过得战战兢兢，你会处处出错，鸡蛋里也能挑出骨头来；当然，你更不能一味地退缩，否则你就会在上司面前永远没有出头之日，公司利益也会受损；一味地提防他们，保持距离，滴水不漏更会让他们内心不爽，认为你不是自己人，看不起他，或者有别的心思。

我们既要以理解他的方式，让他认同你，又要保持一定的警戒，不让他完全了解你的隐私和野心等。总之，是你理解他、了解他，而不让他深刻地了解到你，是单方面地付出你的安慰和理解，并不让他有机会对你做同样的事。这样，你越深不可测，他就越不敢动你，和你玩两面三刀的游戏。

第二种人，喜欢传播伤害他人的谣言或者流言蜚语的人，如果他善于无中生有，又非常虚伪地笑脸迎人，对于这样的人我们要退避三舍，因为他会让我们在舆论中毁掉。

每个人都会有意无意地说别人的闲话，关键是这个闲话是否能伤害到你。尤其是对于传播一些无聊的涉及他人隐私和谎言的人，我们更要多加提防，不要随便提及自己的私事。有些人传播伤害他人的流言，是出于嫉妒、恶意；有些人是为了借揭示他人不知道的秘密抬高自己的身价；有的人是“言者无心”地充当了一把传播者；有的人是故意把对你不利的谣言通过一些“大嘴巴”传播出去。最可恶的一种是，他千方百计地和你保持良好的私交，不过要从你的嘴里套出一些话，并利用这些来制造是非，当你意识到这些对于你的人际关系产生了怎样的危害时，他又会非常无辜地说他不是故意的，他没有想到后果会这么严重等让你打不得骂不得的话；有些人更是在表面上和你亲近得不得了，一转身就利用和你的亲近关系来散播谣言，让你在众人的舆论中变得人格奇差，你简直会被这些逼疯，这就是他的目的。

这些人最好玩“阴”的，他们从不拿工作或业绩表现来和你正面交锋，也没什么真枪实弹，真材实料，而是善于运用各种谩骂、造谣使对方为流言所伤，这正是“暗箭伤人”的最好写照。 善于利用众人的舆论来诋毁一个人的人，本身是不可小觑的，但我们只要与他们保持足够的距离，不透露私事被他们中伤，同时淡然处之，谣言自然不攻自破。时间久了，大家就会了解到这个人的为人，自然也就不轻易相信他的话，受他的鼓动了。

只要操守无可争议，没有伦理上的失足，不腐败、不颓废，没有私生活的出轨，被造谣的机会必然会大大减少；做事若谨慎认真、处处紧扣规矩方圆，没有任何闪失和漏洞，就不用害怕众人一时的评头论足，也不用害怕小人的诋毁。

相对于这些来说，那些在我们面前嘴巴里抹了蜜，而一转头就会说我们的坏话；或者当着我们的面承诺得无比美好，背过身去就毫不理会，在这些人面前，那种表里不一不过是小菜一碟，丝毫不会给我们造成更大的伤害。

总之，22岁以后，面对职场上各种表里不一的表现，我们要更冷静，更理智，只要重点提防那些可能给我们的利益造成伤害的虚伪小人就可以了。而不必事事追求真实，人人要求表里如一，这是很苛刻的。

保持谨慎，别随便和同事开玩笑

办公室里适当地开几句玩笑，可以调节严肃的办公气氛，润滑人际关系，拉近彼此间的距离，何乐而不为呢？事实上证明，那些喜欢和同事领导们开玩笑的人，他们的人际关系总是更和谐一些，大家也乐意与他们相处。但同时，办公室又是一个无风也起浪的地方，所以，我们开玩笑一定要非常谨慎，要讲究分寸、把握好火候，这可是件非常不容易的事。

刚刚进入职场的我们，对于办公室里千丝万缕的人际关系还不是很了解，所以，开玩笑还是以谨慎为妙，以免你一个不小心的玩笑，别人却放在了心里，以为你在讽刺他，那就得不偿失了。我就曾经遭遇过这种尴尬。记得我们在办公室的时候，刚巧一个同事给我们读了一份幽默的报纸，上面是有关于小姑子的种种不孝，我们都被逗得哈哈大笑。我先问了一句“你们都有小姑子吗”，结果没人答应，于是我开玩笑地说“我要有这样的小姑子，马上扫地出门。要不就整得她痛不欲生”。不料那个读报的女生马上黑了脸：“你真狠呀，幸亏我不是你的小姑子。”经过别人一番开解我终于知道，原来她正是别人的小姑子，目前居住在他大哥家中，真是欲哭无泪啊！幸亏，我的那个同事非常明理，最终我们还成为了好朋友。

当然这只是最轻微的后果，如果我们开玩笑过了分寸，而又不讲究场合，不分人地随意开玩笑，就会有更严重的后果等着我们。总之，玩笑要开得恰到好处而不触及个人隐私；愉悦情绪而不伤害彼此情感；让别人发笑，而不是感觉被涮；内容高雅而不低级庸俗。这样的玩笑才能够增进彼此间的感情，使我们的人际关系更融洽。

当然，开玩笑还要注意对象，讲究场合，讲究时间。同事正在工作，你却不知忙闲地开玩笑，不是等着挨白眼吗？在严肃的会场，你无所顾忌地开玩笑，不是明摆着招领导批评，遭同事反感吗？最后，开玩笑要注意度，并不是越多越好，那些经常嬉皮笑脸的人，不会得到同事们的尊重，也不会得到上司的信任和欣赏，这就损失太大了。

在办公室中，有几种玩笑不宜开，这样的玩笑或者会惹怒被开玩笑的人，或者会让别人感到尴尬，或者会伤害别人的感情，因此我们必须回避这样的玩笑。

1. 职场上的黑玩笑

这种玩笑在私下里看也许没有什么，却会使当事人感到不悦和尴尬，因此应该杜绝。有一次，某下属请上司李总签一份文件，李总签好文件后，下属恭维说：“你的签名写得真好，可以和明星的签名比了。”李总正扬扬得意之际，他的助手正好走过来开玩笑地说：“是啊，都练了一个月了，不好也难。”李总尴尬地笑笑，脸马上黑了下来。这种玩笑也就是所谓的黑色幽默，同事会很不高兴，更会引起你的人际关系的紧张。不利于办公室的气氛和谐，久而久之，上司也会对你有意见。

2. 拿他人的缺陷开玩笑

人无完人，我们不能够随便拿同事的缺点或不足开玩笑。你自以为和他很熟，就随意地取笑对方的缺点。而这些玩笑话在对方那里却变成了冷嘲热讽，倘若对方又是个比较敏感的人，你会因一句无心的话而触怒他，使同事关系变得紧张；即使对方并不介意，也难免会受到有心人的暗示，而变得敏感。而这种玩笑话一旦说出去，是无法收回的，也无法郑重地解释。相反，越解释就会越麻烦，只能随着以后的接触慢慢地让误会消散。而如果你不接受教训，继续愚蠢地犯这个错误，就会严重地伤害对方的自尊心，再一再二不可再三，如果你改不掉这个坏毛病，不但会毁掉你与同事间的友谊，而且还会给自己的职场生涯带来不良影响。

3. 不要和异性开过分的玩笑

尤其是20岁出头的男同事喜欢说一些黄色笑话，如果在一些单纯的男性场合，当然无所谓；在和年纪大一点的女同事相处时，她也可能一笑置之，而在有年轻未婚女士在场的场合最好不要讲黄色笑话，也不要开过分的玩笑，以免引起对方的尴尬或者误会。当然，这只是最轻的后果。据新闻报道，甚至有因为在办公室讲黄色笑话引发性骚扰的官司，最终索赔14亿美元的呢，这可就不仅仅是玩笑了，也不是笑话了，所以我们要尽可能地杜绝黄色笑话。

所以说，在办公室中开玩笑一定要谨慎，我们要的是在玩笑中达到我们的目的，或者是在玩笑中让人记住他的风采，对他产生亲近感；或者是开个玩笑缓解紧张的局面，使同事间消除敌意；或者是以玩笑委婉地拒绝同事的要求，进行善意的批评等。总之，一个好的玩笑，可以帮助我们达到种种目的。如果我们仅仅为了取悦别人，那就大可不必，如果仅仅为了取悦自己，我们不妨常开开自己的玩笑。

22岁以后，人一定要明白，在办公室的一举一动都要小心，甚至开玩笑也要有原则和尺度。只有一开始就谨慎做人，才能够在职场中站稳脚步，屹立不倒。

第07章

懂点人情世故，人情练达即文章

给别人留点余地，就是给自己留余地

年轻人在与他人相处的过程中，一定不能将事情做绝，你要清楚，你还年轻，以后还有很长的路要走，把事情做得太绝，无疑是断了自己的后路。懂得给他人留有余地，不只是放他人一马，更是为自己的将来多留条路。不把事情做绝，不把话说满，是年轻人必须懂得的与人交际之道。

步入社会的年轻人在与人交往的过程中，一定要注意给别人留余地、留面子。有位哲人说："不要把痰吐在井里，哪天你口渴的时候，也要来井边喝水的。"这就是让人们不要把事做绝，不要把话说满，懂得给别人留点余地，方能让自己从容转圜。如果你此刻不给别人留余地，当你有困窘的一天时，就要小心别人不给你留余地。久历江湖、人情练达的人都知道，不要把对手逼到绝地，否则迟早有一天，你也会被逼到悬崖边上。说话做事不给别人留有余地，也就是不给自己留有余地。

那么，对于年轻人来讲，如何才能给他人留有余地呢？交往说话的时候，要多使用模糊语言，才能够不给别人攻击的空间。如果话说得太满，就不免令人有机可乘。最著名的就是"自相矛盾"的例子。卖兵器的人说："我的矛是世界上最尖锐的，什么盾都能攻破。""我的盾是世界上最坚固的，什么矛都戳不穿。"他的话被别人抓住了把柄："以子之矛，攻子之盾

呢？”最后搞得这个人满面通红，好不尴尬。如果他说话不是那么满，就会有回旋的余地，也不至于到最后自己下不来台。所以，许多名人在面对记者的询问时，都爱用这些字眼，如可能、尽量、或许、研究、考虑、评估、征询各方意见……这些都不是肯定的字眼。他们之所以如此，就是为了留一点儿空间好容纳“意外”；否则一下子把话说死了，结果事与愿违，那不是很难堪吗？普通人与人交往时，最好也用好“我试试”“我尽量”这些可以随机应变的、有余地的语言，否则就会让人觉得你不可靠，给别人留下说大话、不守诺言的不良印象。

有一匹马挣脱了缰绳，吃了菜园中的菜。主人为了惩罚它，把它鞭打了一顿，鞭打得血迹斑斑，马跪下来向主人求情。但是主人并没有停下手中的鞭子，直到这匹马被打得气息奄奄才停下来。午夜的时候，睡梦中的主人被惊醒了，原来是那匹马恢复了体力，咬断了缰绳，最终闯入主人的卧室，想要咬断主人的脖子。主人也拔下挂在墙上的长剑，刺入了马的胸膛。不给对方留余地的一人一马，最终两败俱伤。

如果当初主人在盛怒之下，留点余地，饶恕那匹马，马就不会报复他；如果马匹不报复主人，而是偷偷地走掉，最后也就不会丧命。

当然，给别人留余地就是年轻人无论在什么情况下，都不能直接地把他人推向风口浪尖，万不可置人于死地，否则别人就会做出极端的反抗，这对双方都没有好处。事事给别人留一点余地，也就是给自己留下了生存的缝隙。凡事总有意外，留有余地，就是为了容纳这些意外。现今社会更是如此，“十年河东，十年河西”，你在今天把别人逼得走投无路，就要小心有一天位置交换，对方会把你逼得走投无路。如果杯子没有空间，加入水就会溢出来；如果气球没有空间，就会爆炸。人只有说话做事留有余地，才不会由于意外出现而下不来台。留有空间，留有余地，一个人才能从容转身，使自己不至于陷入绝境。有进有退，收放自如，才能更机动灵活地处理和解决更复杂的问题。

对于给他人留有余地这个道理，年轻人一定要明白，这是在人际交往中非常重要的一点。给他人留有余地，留下退路，就是给自己的未来留下后路。

人情交往，要懂得“礼尚往来”

步入社会的年轻人，在与他人交往的过程中，少不了相互帮助的时候，那么，我们自然要懂得“回礼”的重要。不要吝啬，你在对他人表示感谢的时候，也就奠定了你们下一次的合作。

年轻人一定要认清与人交往的现实，没有人会平白无故地帮助你，会无缘无故地对你好，没有一种赠予是应该的，也没有一种接受不需要回报。互相结交的两个人，都希望从对方那里得到什么，无论是功利性质的，还是精神方面的。如果长时间里你对别人没有帮助，对方对你也没有表示出任何帮助的迹象，你们的友谊就会慢慢地干枯，甚至你们会变成陌生人。

从古至今，社交都是礼尚往来的，无论是先表示出希望别人帮忙，还是表示出想帮助别人，都是一种友好的交往过程，朋友总是越交往越亲密的。然而最残酷的事实是，许多人既拉不下脸来请求别人帮助，又不甘主动地去帮助别人，于是彼此之间的关系渐行渐远。还有一些人，只期望对方能给自己一些什么，却从来吝于帮助别人，吝于主动付出，于是因为过度地索取而不知感恩，被对方抛弃了。在交往的过程中，想要双方都相处得好，就必须有付出、有索取，这才能够平衡。

从本质上讲，社交是一个互相帮助和感激的过程。交往的双方，往往因为面子的关系，谁也不肯主动去帮助别人，最终不免走向生疏。如果不想关系变得陌生，你就要记得一句话：“赠人玫瑰，手有余香。”这并不是讲简单地帮助他人，在朋友交往中同样有效。“赠人玫瑰，手有余香”是英国的一句谚语，意思是：一件很平凡微小的事情，哪怕如同赠人一枝玫瑰一样微不足道，但它带来的温馨会在赠花人和受花人的心中慢慢升腾、弥漫、覆盖。在交往中，我们就应该这样，主动地为别人提供帮助，哪怕是很微小的一个帮助，都能让你们的感情升温。这不但让别人得到帮助，也会增加你以后请求帮助的机会，你的心灵同时也得到一次净化，何乐而不为呢？

年轻人要在他人有需要的时候伸出援助之手，如果你没有伸出自己的友谊之手，那当你需要帮助的时候，就会陷入孤立无援的窘境。这就是自私者的下场，有多少人因为“事不关己，高高挂起”，直到别人的专制侵犯到你的头上时，才奋起反抗，可是为时已晚，因为大家都学会了冷眼旁观。很多时候，命运就是我们头上的压迫者，只有相互帮助，这个世界才不会变得那么冷漠。“交往”的目的就是希望自己将来在某件事情上无能为力的时候，别人能够扶持一把；如果在别人陷入困境时，你无动于衷，在你陷入窘境的时刻别人就会冷眼旁观。

我们在交际中要记住：给予就会被给予，信任就会被信任，爱就会被爱——行为孕育行动，这就是心理学中的互惠关系定律。在他人需要帮助时，不要冷漠地看笑话，而是要伸出援助之手，这样才能够在你陷入尴尬的时候，别人也来帮助你。帮助别人，不仅使交往的两个人关系更加亲近，也能够使帮人的一方精神得到充盈，得到慰藉。

懂得礼尚往来的年轻人，才能够通过与人的交流留住他人的心，才能够为自己编织更大的人脉网络，有人情味的人才会赢得他人的尊重。

看清对方，别对谁都掏心窝子

年轻人没有多少社会经验，接触过的人相对来讲还是有限的，在你没有完全了解一个人的情况下，不要把自己的心里话随便说给对方听。这是人际交往中的大忌，因为也许你在不知不觉中就说了自己或他人的隐私。

当然，对于充满倾诉欲的年轻人来讲，把一个秘密留在自己的心中，甚至连和自己关系最好的人都不能说，这是一种多么难受的心情啊！不能够与人分享一件事，的确是很难受的，既然知道这种感受，就应该明白，如果你对一位朋友说：“我告诉你一个秘密，千万不要讲出去啊。”这对于对方是一件多么残忍的事。当然，他也许会不守承诺，把这个秘密说出去，那就会对你造成很大的伤害，他也会因此而惭愧，但是你们之间的关系也就结束了。

所以，处理这种情况最好的方式就是不随便对人说掏心话，不是因为身边朋友的人格不够可靠，而是因为他们和你的生活或者工作息息相关，起码是有交集，如果这些话通过他们泄露出去，对你的生活和事业影响会很大。反倒是那些无关紧要的人，比如，心理医生，与心理医生谈谈心里话，是不会对生活造成太大影响的。

其实，如果年轻人真不能保证自己不向别人吐露你的一些心里话，那么不如用以下三点来帮助自己。

第一，把自己要说的话讲得有技巧些，既能给别人留下很大的想象空间，又抓不住真正的把柄；既能引起别人的认同，又绝不会减小你的魅力。据心理学家调查，女人比男人更容易泄露秘密，这是她们迅速地和别人打成一片的秘密武器，但是同时，也会让自己的魅力和信用减分。向别人泄露你的隐私，固然能够让你迅速地和别人打成一片，引起别人、至少是女人的认同。但是，相对的，别人对你知道得越多，对你认识得越清晰，就对你越少了想象。留一点儿隐私给自己，也就是留一点儿想象空间给别人，这不但增加了你自己的神秘感和魅力，同时也保全了你的隐私。

第二，写日记。如果觉得某件事给自己造成了很大的压力，如果不倾诉出来就会憋出病来，那么不妨把这些事写成日记，也能够缓和自己内心的一些压力。这虽然不如向别人倾诉来得更放松，但也是一种方式。或者用给自己某个非常信任的人写信的方式表达出来，也是非常好的，想象他就在你身边倾听你的诉说，或者就在另一个地方读这封信，你的心情就会好起来。但最重要的就是，这件事过去以后，别忘了毁尸灭迹，日记要撕掉，信件也要烧掉，不要真的寄出去。要知道这只是一种让自己放松的方式，一种保全自己隐私的方式，如果让别人抓住确凿的证据——有时候笔墨比语言更有说服力——那不是自投罗网吗？要知道，肯定会有人不尊重别人的隐私的，否则怎么会有那么多翻孩子抽屉的家长呢？在你的周围肯定也有这样的人，毁尸灭迹是使用这种方式首先要注意的事。

第三，说秘密的对象换成人。女人喜欢把秘密讲给闺密，男人也喜欢把秘密讲给自己的红颜知己，可是相对于女人来讲，男人是保守秘密更可靠的对象。因为男人不可能轻易地泄密，喜欢嚼别人舌根的男人是很少的，所以，不涉及其他人的秘密，还是“泄露”给男人更可靠。而且，即使男人不小心泄露了你的秘密，也极少会添油加醋，一是因为他们的性格决定他们说话的时候，更像就事论事；再者，一般人的想象力有限，就算添油加醋，也会因为不符合一些人的逻辑思维和行为方式很容易就会被拆穿，到时候直接否认一切就可以了。有谁会相信一个人会对男人倾诉自己的心事呢？大多数人不过认为他在吹嘘罢了。

年轻人在走入社会后，一定要学会为自己保守秘密，当然，方法不一定只有以上三种，只要能保守自己的隐私，又不破坏朋友之间关系的方法就可以。年轻人要慢慢地学会有点心计，职场中竞争激烈，你对别人推心置腹，没准转过脸他就会抓住你的把柄出卖你，不要觉得这是不可能的事情，学会为自己保守秘密，就是对自己的人生负责。

保持一定距离，让彼此都舒适

刚进入社会的年轻人经常会做出一些比较直率的事情，比如，看到不平的事，就喜欢提醒别人，最终却因为自己的直言而得罪了别人。与他人保持适当的距离，才是年轻人要懂得的与人相处之道。

年轻人不能率性而为、无所顾忌，话语出口前，考虑一下别人的感受，这是一种成熟的处世方法。中国人处世常常遵循这样一种原则：以自己为中心，和别人的关系就像是自己走进水里荡出的波纹，以远近分亲疏，越是离自己近的人就越和自己息息相关，越是离自己远的也就越无关痛痒，因此，人们最信任身边的人，讨厌别人的挑拨是非。

有一天夜里下了一场大雨，雨水浸塌一个富人家的墙。富人的儿子说："不修好，一定会有人来偷东西。"隔壁的老头儿也说："不修好，一定会有人来偷东西。"果真就有人来偷东西了。富人觉得自己的儿子有先见之明，而觉得隔壁的老头儿则是心怀不轨。

这便是因为人们都愿意相信和自己比较亲近的人，对于不亲近的人没那么容易产生信任。在人际交往中，年轻人一定要注意自己在别人心目中的地位，不要做出一些交浅言深的事。如果和别人的关系没有达到一定的程度，还是不要乱说话的好，这分为以下三种情况：

1. 对交情浅的人不说深的话

交情浅，难免人微言轻，就算你的意见再好，别人也会不以为然，甚至以为你别有用心，另有企图。所以，对于交情浅的人，我们不但不能透露自己的私人状况，也最好不要提建议和意见。有这样一句话："除非是人命关天或者受人邀请，否则不要随便说出你的建议。"

"逢人只说三分话，不可全抛一片心。"就是要人们说话需看对方是什么人，对方不是可以尽言的人、不是亲近的人，你说三分，已经够多了，更何况是和盘托出？对方倘不是深相知的人，你也畅所欲言、以快一时，对方的反应是如何呢？你说的话是属于你自己的事，对方愿意听你说吗？彼此关系浅薄，你却与之深谈，显出你没有修养。你说的话是关于对方的，你不是他的挚友，不配与他深谈，忠言逆耳，却显出你的冒昧。所以说，和别人交浅言深是一件很没礼貌的事，和别人交情浅的时候，很多话就不必说。

2. 不要说得太透彻、太露骨，不要凡事如实相告

不要以为凡事如实相告，别人就会感激你，在说之前不妨想一想别人听了这件事，是什么感受，然后再决定说不说。就像很多婚变，往往是别人道出了真情，致使妻子下不来台，所以才导致家庭破裂。不要以为凡事只有你最清楚，要知道日日夜夜待在一起的两个人，对方有什么变化，有什么不对劲，当事人永远是最先知道、最先感受到的那个人，问题是，当事人是否愿意拆穿，是否愿意计较。所以，那些所谓的闺密，小心翼翼地告诉朋友："我看到你老公……"完全是自作多情，使别人没面子，不闹开都不可能了。如果别人不提，她完全可以装作被蒙在鼓里，等待对方的回心转意；一说破，则没有了回旋的余地。凡事不要说破，说破则让对方没有了退路，甚至会记恨你。再者，如果对方不知道，你不免被认为是挑拨离间之徒。

3. 不要掺和别人的家事

有一句话叫作"清官难断家务事"，何况是朋友？今天，她在你面前狠狠地说老公不体贴、婆婆偏心眼、妯娌自私、儿子不听话，这些只不过是一时气愤的话，他们照样是一家人。所以，在别人说气话的时候，不要附

和她，更不要帮着出主意，否则你就会变得里外不是人。和别人交往就是这样，尤其和女人交往，能不涉及家事就不要涉及家事，否则就真的变成了“三姑六婆”。

年轻人在与别人交往的时候，要清楚别人之间相处的事情是容不得你插手的，尤其是当你和这个人的关系比另一个人疏远时，更是如此，要知道疏不间亲。这种规则在中国已经流传了几千年，还要不断地流传下去，想要自己过得好，就要远离是非，遵守规则。与他人能保持恰当的距离，不只是对方，自己也会感到轻松自然得多。

甘当配角，把主动权让给他人

人生的舞台上不都是主角，总有一些人要做一阵子绿叶。作为年轻人，你不会一步入社会就成为红花，一定要先从绿叶做起，这样你才有成功的机会。总是把自己放在第一位，不顾他人感受的人，永远抓不到成功的手。

在相声的舞台上，有捧哏和逗哏之分，在生活中也需要一些“捧哏”。在老板、上司风光的背后，少不了默默耕作、配合他工作的人。这样的人得不到众多的羡慕，但他的贡献不可缺少。在工作中，我们有时是主角，有时却要配合别人的工作。在职场上有时我们升职了、加薪了，会受到别人的祝贺；有时我们却要在别人升职加薪时学会“捧哏”，祝贺别人。“花花轿子人抬人”，我们不但要学会坐轿，更要学会适时地“抬轿”。

与人相处，年轻人总要学会这点，你捧别人，别人才会捧你。每个人都不能事事以自己为中心，在适当的时候我们也要学会配合别人，让别人当主角。

曾经在学校里，我们可能是公认的好学生；在家里又是被爸妈捧在手里的珍宝；在以前的单位可能有过那么一两回出色的表现。但是，与人交往的时候，时刻要记得你们是平等的，不要总把自己当初的成功拿出来显摆，在别人成功的时候，适当地为他喝上一声彩，真心地恭喜他，是必须的。只有学会诚心诚意地为别人喝彩，恭喜别人，才能赢得众人的尊敬。

人际关系就是从这些点滴的小细节中体现出来的，为别人喝彩助威，配合别人工作并不等于贬低了自己，相反是成全了自己。每一位成功的人都曾经是成功的人的助手。每一个接受别人恭贺的人，都曾经恭贺过别人。锦上添花是一种大胸怀。善于在别人胜利时为他摇旗呐喊，会得到更多人的尊敬，不嫉妒别人而真心地恭贺别人的人，不仅是君子，更是圣人。一个人成功了，恭喜他的人多，攻击他的人更多，而疏远他的人是恭喜之人和攻击之人的几倍。更多的人喜欢雪中送炭，而不是锦上添花。因为雪中送炭更能显示一个人的优势，而锦上添花往往使自己更失落。有几个人是为别人的胜利真心高兴的呢？做别人做不到的，就是对我们人格魅力的一种磨炼。

那么，年轻人如何在与人相处的过程中做好绿叶呢？

1. 平和的心态

那些对于别人的成就眼红嫉妒的人是做不好绿叶的，无论是对别人工作的配合，还是对别人功成名就的恭贺，没有平和的心态绝对做不好。朱时茂和陈佩斯的小品《主角和配角》中，因为配角嫉妒主角赢得的掌声和观众的目光，不喜欢当配角，一再地抢戏，导致本来好好的一幕戏，拍了几遍都不成功，这就是不好的心态带来的后果。在现实中，往往也有些人不甘心配合别人的工作，在私底下捣乱，或纠结众人聚众闹事，致使上司的工作做不好；或者采取“非暴力不合作”的态度，对工作不冷不热，不积极主动地配合领导，也会在上司的心中留下不好的印象。当你意识到自己是绿叶时，就要用平和的心态去看待这件事，无论你捧的这个人能力是好还是坏，比你是高还是低，都有他的道理。既然你是配角，就要用配角的心态来做事，如果不能好好地配合别人，又怎能委你以大任呢？

2. 不要夺了别人的光彩

当绿叶的目的就是为了突出当红花的人，你见过伴娘抢了新娘的风头的吗？如果有，肯定会被新娘记恨。奥斯卡有最佳男女配角奖，但最佳的配角正是能最好地突出主角的人，而不是埋没了主角的光彩，抢夺了主角戏份的人。在相声中，好的捧哏能让逗哏的人说得更加精彩，不好的捧哏能让逗哏的人张口无言。原因就是他们往往忘了自己配角的身份，夺了别人的光彩，堵住了别人的出路。工作做不好，有时候不仅仅是因为主角的能力差，往往是因为配角不配合。下属常常分不清谁重谁轻，要听谁的吩咐，有了分歧以谁的意见为准，所以工作往往做不好。而有些场合明明别人才是主角，他偏偏打扮得光彩照人，说话谈吐也抢在前面，所以往往使人误解，引起主角的不快。试想，如果一个记者采访明星，明星不说话，而他的经纪人则喋喋不休，是不是会引得大家都不愉快？所以当绿叶者要注意自己的身份，切忌抢夺别人的光彩。

相声中，一般逗哏的人会得到观众更多的掌声，更受观众的喜爱，然而没有捧哏的在旁边配合、敲边鼓，逗哏的人无论多么能“忽悠”，观众也不会自己笑起来。捧哏通常说一些哼哼哈哈、无关紧要的话，但这些无关紧要的话恰恰也是观众内心想要知道的事，所以捧哏至关重要，人生中也缺少不了这个角色。年轻的绿叶们就像相声中的捧哏者，你也是生活中不可或缺的部分。

绿叶不一定只能躲在红花后面，它们也有可能因为长得茂盛儿遮住红花的光芒。年轻人要向着这一目标努力，塌下心来做你的绿叶，一个成功的绿叶也会让他人觉得你的高大。把自己从中心的位置拿下来，你会发现你可以看到更多面的生活。

诚信为先，人际交往的前提是信任

诚信，是人与人交往的必要前提。作为年轻人就是要学会信任他人，这个信任自然不能是盲目地信任。信任是讲诚信的表现，是我们对自己信誉的要求。如果想要他人信任自己，那么，就要求我们先学会信任别人，这样我们才能在交往中赢得他人的欢迎。

盲目地信任他人很可能导致受骗，尤其是对于那些来历不明的陌生人，我们更要保持警惕，但是对于我们身边的熟人，选择信任他们会让他们感到感激。在这个信任危机的时代，任何一种盲目的信任都要付出代价，而任何一种对于交往对象的猜疑，都会使人受到伤害。我们有辨别是非的能力，就要睁大双眼，辨别那些值得我们信任的人，给他们以安全感和可靠感。信任他们，认可他们，才会得到他们的赞同。尔虞我诈的欺骗和虚伪的敷衍是对人际关系的亵渎，任何人都不会无缘无故地喜欢、认同一个人，他们的喜欢、认同都是建立在我们对他的信任、认同之上的。所以，真诚地对待一个人、相信一个人，才可以让别人产生敬佩、赞同的感情。

当然和信任截然相反的就是多疑和猜忌，很多人都有猜忌他人的坏习惯，这固然与一个人的心胸有关，同时也是一个人不自信的表现。一个喜欢猜忌他人的人，通常有着很深的自卑心理，导致他不能客观地对待别人，总是以先入为主的偏见对待他人。

有个人丢失了一把斧子，他怀疑是邻居偷了。因此留心观察邻居的所作所为，觉得邻居走路、说话、神态都像是偷了他的斧子，他肯定邻居就是那个小偷。不久，他在自家的地里找到了斧子，再观察邻居，这时觉得邻居说话、走路、神态全然不像小偷的样子了。

同样的一个人，只是因为你看他的心理发生了变化，才会对这个人有不一样的结论。猜忌正是一种主观想象和推测，不以事实为根据。你遇没遇到过类似的情况？总以为谁在背后说你的坏话，总以为别人聚在一起是在取笑你，总以为有人在你背后陷害你，结果事实上根本没有那回事。事实上，每个人都有他猜忌多疑的一面，越是遇到和自己亲密的人，和自己敌对的人，猜忌心理越是严重。

《红楼梦》中的林黛玉便是非常爱猜疑的人，史湘云不过说了一句她像戏子，她就大哭大闹，认为湘云看不起她。薛宝钗不过劝贾宝玉酒要温过再喝，她就怀疑薛宝钗喜欢她的宝哥哥，结果草木皆兵，到处树敌，动不动就流泪伤情，被人看作第一小心眼的人。虽然谨慎行事是很有必要的，但是谨慎不能和猜疑画等号。猜疑只会让我们一事无成，只有真诚地信任他人，才可以让你的人际关系更加和谐。

信任他人能看出一个人的品质，一个人的修养，它就像你的一个习惯，能帮你提升礼仪，提高教养，戒掉猜疑别人的毛病，相信他人的善意会让你更从容。任何人际关系都是建立在相互往来的基础之上的，如果你不信任别人，猜忌别人，就很可能招来别人的怀疑。想要信任一个人，首先要从相信他所说的话开始。如果你觉得他说话谨慎，不夸口、不张扬，这样的人，一定值得你信任。相反，通常说得天花乱坠的人，他的话的可信度就要打个折扣。

人们对一个人的信任，通常有一个循序渐进的过程。首先是相信他的话语、态度，然后相信他的能力，最后相信他的人品。信任他人，就是信任自己的眼光，而怀疑别人的态度，也是对自己的眼光和生活态度审视、怀疑的态度。相信别人就要相信他的能力，一个人的能力得到他人的认同和信任时，就会把对方当作知遇之人。给一个年轻人一项大任，他通常会赋予100%的热情与精力而不求任何回报。在语言上表示对他人的认同，不如以实际行动来表达更好。面对他人的请求，迟疑的态度无疑会刺伤对方的自尊心，这时，绝对的信任才会激发一个人的热情。

年轻人在与人交往的过程中，要用善意的眼光看待他，不要因为一些小事就对对方起了猜疑之心。善良、公正的人才会赢得他人的好感。信任是种礼貌，是种尊重，它会对你今后的人生发展都有重要的帮助。

乐于分享，就会获得人心

年轻人在与人相处的时候，要懂得和他人分享。许多年轻人不懂得分享的好处，喜欢一个人享受成功的喜悦、劳动的果实，其实这从很大程度上来说，是我们这一代人的缺陷，因为我们大多数都是独生子女，从小不懂得和别人分享。但我们已经长大了，我们要善于同别人分享我们所拥有的，才可能得到大家的认可，才会使大家更愿意和你交往。

对于刚工作的年轻人来讲，分享就是让同事成为自己的合作伙伴；对于参加聚会的年轻人来讲，分享就是赢得人心的最好方法。能够赢得人脉的人都是有共同点的，最重要的一点就是与人分享。因此，要做一个善于同别人分享的人，大家交往的目的就是要共同分享某些信息。

有位母亲曾经告诉自己的孩子，他们小时候有七个兄弟姐妹，嘴甜的就会得到父母更多的疼爱，但嘴甜的这个有东西也会分给大家吃，不会独吞的，大家才会愿意跟他玩，奉他为老大。所以他们几乎一生下来就在用心地经营人际关系，跟父母、跟兄妹之间。不像我们，直到碰得头破血流才懂得人际关系的重要性。亲生父母之间尚且有偏爱，亲兄妹之间尚且有亲疏，何况是没有任何血缘关系的人之间呢？

年轻人只有学会真心地对待他人才能获得真正的友情，善于分享的人，更容易赢得那些利益关系的人脉。无论与人合作，还是为人工作，甚至是别人为你工作，善于同别人分享劳动果实，才能得到更多的支持与信任，得到别人的尊重，才能积累更多的人脉。“同利”的朋友只有在互利、有用的时候才能相处得很好，这种友情是建立在利害关系上的，只有善于与人分享其中的利益，不伤害彼此的利益，这种关系才能够牢固。你才能赢得更多的这种“同利”关系。如果你只想到自己的利益，不太愿意和别人分享，一旦伤害了别人的利益，就会伤害你们之间的关系，也会让那些想要与你建立“互利”关系的人止步，这对经营人脉是极其有害的。

很多高瞻远瞩的企业家并不把企业当成自己家族的财产，而是以企业能够获得更好的发展，能够为社会做出贡献为原则，并不把财富和事业留给自己的家族，而是和所有有能力的员工一起分享自己的企业。

微软的CEO（首席执行官）史蒂夫是一个善于和员工分享激情的人，他总是在每次的会议上用不同的方式喊出“I love this company（我爱这个公司）”，他希望所有的员工和他一起分享对产品和服务的热情，让所有的员工分享他对微软的激情。虽然大家没有分享到实质的东西，但大家都分享到了他对工作的激情，这对大家起到了激励作用，大家都很喜欢他们这个激情的CEO（首席执行官）。

善于与别人分享是感恩的一种表现。如果别人给了你帮助，你不但在口头上表示感谢，而且在他需要帮助的时候，与他共同分享信息、资源，也就等于帮助了他、回报了他，就能够赢得他的好感，增加你们关系的深厚度，想必他下一次更愿意帮助你。

东晋时期，有一名和尚希望得到大书法家王羲之的字，他知道王羲之喜欢鹅，就养了一群鹅，在王羲之平时散步的小河边放牧，等到王羲之向他求鹅时，他才向王羲之提出要字的要求，王羲之欣喜地答应了。

善于与别人分享，意味着你将拥有更多的机遇与别人交往，与有资本的人分享你的创意，你就多了一个合作伙伴；与同事分享你的成功，你就多了一个朋友；与老板分享你的策略，你就多了一份机遇，就可能多了一个欣赏你的“伯乐”；与员工分享，你就获得了“人气”，就有更多的人才愿意为你服务。所以，善于与人分享，是拓展人脉的关键。

想要分享别人的社交圈子，就要向别人敞开你的社交圈；想要别人向你提供信息，你就要提供他们需要的信息给他们。这就是资源共享，只有这样，才能实现双赢、多赢。

年轻人要善于与他人分享彼此拥有的东西，互利互惠才是现代人与你分享的真正原因。和别人分享一份快乐，快乐就变成了两份；和别人分享一份忧伤，忧伤就只剩下一半。分享不一定是物质性的分配，还有可能是你奋进的态度、你工作的激情、你与众不同的感染力。无论怎样，年轻人要善于分享，互相帮助，才会交到更多对你有帮助的人士，才会为自己带来更多的人脉资源。

第08章

结交朋友，朋友多了路好走

大方主动，内敛含蓄别人记不住你

年轻人在为人处世的时候，总以低调作为既尊重对方又保全自己的良策。但是，我们身处竞争激烈的社会，你总是保持低调就不会有出头的一天。该出手时就出手，争取自己的未来没有什么好低调的。当我们面对机遇时，一定要主动出击，别因为你的低调，你的含蓄，把机会“让”给别人。

年轻人无论是为别人打工还是自己创业，我们都应该学会主动做事、主动思考、主动交际，而不是听从别人的吩咐。积极主动地做事，会赢来上司的欣赏，把未知的祸患消灭在初级阶段，更是一个人聪明智慧的表现。我们一定要学会主动思考、主动做事，这不仅是一个人对生活积极主动的态度，更反映了一个人的主人翁意识和主动的心态。听从别人的吩咐做事和主动做事的心理绝对是不一样的，而事情的结果也会不一样。

我们在做事情的时候总是带有一定的逆反心理，尤其是在听从别人吩咐做事的时候，总觉得这件事是别人要求的，不是自己的意愿，结果好坏也与自己无关，因此也不会特别努力。做事敷衍别人，结果自然差强人意。而一个人积极主动地要做一件事，通常就对这件事特别上心，亲力亲为，特别仔细、认真。所有的人都有可能敷衍别人，却不会敷衍自己。只要自己立志要做一件事，无论经历怎样的困难，都要把它做好。而如果别人要求你做某件事，你通常会再三推脱，实在推脱不掉，也不会下很大的功夫。

其实，这也完全可以从小孩子的学习看出来。很多小孩对老师留的家庭作业不屑一顾，不是匆匆忙忙地花几分钟做完，就是一拖再拖，等到第二天上学之前，匆忙地把作业做完。而对于他自己主动要求做的事，比如，看童话书、画画、背唐诗、打游戏，甚至是做奥数题、学英语都特别认真，往往一看就是一个小时，还要家长提醒他休息一会儿，他才会休息，不一会儿，又沉浸到里面去了。

当年轻人在工作中遇到难题时，可以主动请缨，在此之中我们必定会查阅很多的资料，付出很多的时间，但是，当我们把难题圆满解决的时候，那种成就感就会将这些冲淡，甚至我们可以为此心甘情愿地免费加班。做完自己主动要求做的事，之后的心情也绝对是不一样的，我们通常都会有特别满足的感觉，很有成就感。这和听从别人的吩咐做事也是绝对不一样的。如果我们常常自己主动找一些感兴趣的事来做，我们就会感到满足，有成功的感觉。如果我们连续地在同一个领域主动思考和做事，我们就会在这个领域取得不小的成就。

所以，年轻人要培养自己主动交际、主动做事的品质，这样才有利于你在与他人交往中占据主导位置。从简单一点的角度来讲，主动做事，主动交际，通常就是所谓的"攻"。"先发制人，后发制于人"，主动交际的人本来就比人先发一步，当然更容易成功。积极主动的心态是所有成功人士必须具备的，要想不吃剩渣滓，要想做领头羊，就要先发一步，主动做事，主动交际，才可能处在领先地位。

如果我们想要获得人生的成功，不妨先看看成功人士的做法。一个人之所以能成功，首先是他积极主动地想要干出一番事业。如果一个人没有这样的意愿，即使你把全天下的好运送到他面前，他也不会有多大出息的。所以，我们更应该积极行动，要培养自己这种积极的心态，才能够在未来担当大任。

有三个人在砌墙，有一个商人模样的人问他们："你们在干什么？"第一个人打量了他一番，就转头继续砌墙。第二个人头也没回地说道："我在盖房子。"第三个人则转头微笑着对他答道："您看不出来吗？我在建造我们的城市……"并给商人讲了他们这个工程的整体规划。

结果20年后，第一个人仍然在砌墙，不过他已经变成了指挥者；第二个人成了建筑工程师，所有的建筑都是由他设计的；第三个人由于和商人聊了很多他对这个工程的看法，商人觉得他很有想法，就把他招到自己的建筑公司，就这样，他已经变成了整个城市的规划师，在哪里建什么建筑物，都要由他来决定。

这就是年轻人要学会的主动交际，在该主动的时候一定不能含蓄，就像第三个砌墙工一样，就因为他的主动，他才为自己迎来了比前两个人更重要的工作。

年轻人就是要学会主动出击，这样在人际交往，或者做人做事上才能占据主动位置。主动思考自己的人生，既体现了主人翁的意识，又体现了你积极的态度，只有这样，你才会取得更大的成就。

融洽氛围，年轻人别四处树敌

年轻人都知道，要想在社会中站稳脚跟就不能让自己的生活四处树敌，与其多个敌人，不如多个朋友的道理，我想年轻人都了解。为此我们就要避免因为自身的原因给自己的生活带来的不顺心，巧妙地化解误会和仇恨，才能让我们的生活氛围变得融洽。

一个聪明的年轻人与他人相处的过程中总是保持温和的态度，合理的距离，让他人有温暖又不过分亲密的感觉，从不把自己骄傲、强势的一面展现在大家面前。而且总是会面带微笑地要求你的帮助，对于麻烦你，她总会感到歉意，让你不忍心拒绝，即使你再辛苦，也会被她的一个感激的微笑、一个真诚的眼神、一句温暖的话、一杯热咖啡融化掉；聪明的人会用最富有智慧的、幽默诙谐的语言解除你的尴尬，让你感激她；会用自己独特的魅力把整个办公室的气氛调节得融洽而和谐；会把自己的办公桌收拾得整洁而有情趣。

那么，什么样的年轻人容易给自己树敌呢？要知道其真正的原因才能在生活中为自己多找几个朋友。

1. 高傲

高傲的年轻人容易伤害别人的自尊心，使别人被他的骄傲所伤。高傲的人一般都比较优秀，优秀又不加掩饰，最容易成为众矢之的，处处树敌。高傲的人通常“鼻孔朝天”，不但得罪同事，在上司面前也不会讨巧，不但同事嫉妒他，上司也会认为他自视清高，高攀不起而不敢结交，这样优秀而高傲的人最容易错过良机。所以，越是优秀有才华的人，越要学会随和，学会亲切。

2. 冷漠

冷漠的人表面上看起来并不骄傲，但是他的内心比谁都骄傲，他会笑嘻嘻地和每个人保持一定的距离，看起来很亲切，实际上却是遥不可及。当你走近他时，他会用冷漠、疏离提醒你，从来不向你提及工作以外的事，遇到事情则“事不关己，高高挂起”，和所有的人谈论都很谨慎，等等。这样的人虽然不会闯什么大祸，但是和同事们也不会相处得很好，不会和所有人打成一片，甚至对公司也没有归属感。这样的年轻人不会被领导器重，也不会很快得到升职，所以，人们虽然不敌视他，但对他也没多少好感。

3. 自私刻薄

自私的人只顾自己的利益，不顾别人的感受，最容易因为利益关系和竞争对手树敌。只要他们稍微顾及一下别人的感受，就能够做一个“不讨人厌的利己主义者”。刻薄的人通常喜欢以犀利的语言嘲笑或者捉弄别人，重要的是他们喜欢“哪壶不开提哪壶”，所以会到处树敌。《红楼梦》中的王熙凤、林黛玉就是典型刻薄人的例子，所以，她们两个的人缘都不是很好。

4. 强势

强势的人会让人感到威胁，他们的我行我素和不容他人质疑会让许多人受不了。因此，尽管只是工作意见上的不同，他们也会拼命地维护自己的观点，因此和许多人结怨，更不用说许多其他方面的争执了。他们让女人感到害怕，让男人感到有压力，让有资历的人感到有威胁。而如果他只是一个微不足道的岗位上的小角色，就会让所有的人联合起来封杀他，这是最不聪明的做法。

年轻人只有知道了应该注意的地方，才能“化戾气为祥和”，化敌为友，为自己的人脉网再添一笔。一个真正聪明的人会让自己到处都是好朋友，到处都有人愿意帮助他；而一个自以为是的人，才会成为众人的“公敌”，让自己陷入“四面楚歌”的困境，甚至不得不牺牲掉一份本来很好的工作或机会，而且他的“聪明”会让他自己和别人过得都不好，尤其是让自己陷入“两难”的境地。

所以，现在的年轻人一定要改掉自认为高人一等的骄傲，让自己放松下来。只有你心平气和地接受他人，他人才不会和你竖起那道鸿沟。年轻人要学着处理和周围人的人际关系，才能让自己在事业上进行得更顺利。

待人宽容，方能广交好友

宽容的人往往有更多的朋友，宽容的人往往生活得更快乐。宽容是中国的传统美德，只有内心宽广豁达的人，才会宽容他人；也只有善于宽容他人的人，才能得到别人的尊敬。年轻人要学会宽容，要试着宽容，只有宽容才能给你带来更多的朋友，也只有宽容才能带你走上成功之路。

宽容对方也是善待自己的表现，只有心底无私的人才会宽容别人。也许我们还不太懂得宽容的好处，但我们起码要明白宽容一个敌人，你就少了一个敌人，多了一个朋友；宽容一个朋友犯的错误，你就多了一个手足，你们的关系就会更亲密。

从前有一个小孩对着山谷喊话，他说：“你是一个坏小孩！”于是回音回答他：“你是一个坏小孩！”他不断地重复这句话，于是回音也不断地重复这句话。孩子气哭了，回去找他的妈妈，告诉妈妈山谷里有一个坏小孩，总是重复他的话，总是骂他。妈妈告诉他，你要好声好气地对待他，他才会好好地对你。于是，孩子回到了山谷边，冲着山谷大喊：“我原谅你了，我不再骂你了，你是一个好孩子，咱们一起玩，好不好？”结果山谷中也传来了“你是一个好孩子！”的回音。

宽容就像这个山谷的回音，你对生活笑，它就会对你笑；你对生活哭，它就会对你哭。你对着他人笑，他人也会对着你笑；你对着他人怒骂，他人也会对着你怒骂。俗话说："伸手不打笑脸人。"如果面对曾经的敌人、对手，你原谅了他，宽容地对他笑一笑，想必他也不会继续对你怒目相视，反而会融化在你的微笑里，折服于你的宽容大度。"相逢一笑泯恩仇"是一种大智慧，唯有心胸宽阔的人才能做到。

如果一个人知道某人做了对自己不利的事情，即使胸怀多么宽广，也难免怀恨在心。在面对这个人时，恐怕就做不到神色如常，不免会露出厌恶的神情来，心胸狭窄者甚至会报复对方。其实，对此更好的办法就是装糊涂，对一些事情视而不见，可以避免自己陷入仇恨、狭隘之中。而宽容的最高境界就是对某些事情、某些话语视而不见、听而不闻。

楚庄王在一次战役中取得了胜利，于是大宴群臣，并命自己的宠姬在旁服侍。群臣喝得大醉，忽然一阵风吹灭了蜡烛。整个宴会厅陷入黑暗和混乱之中。其中一名大将趁机摸了宠姬一把，宠姬随手悄悄地拔掉了他的帽缨，并告诉了楚庄王。楚庄王立即让内侍不要点灯，让大家都拔下帽缨继续宴饮。其中一名大将拔自己的帽缨时冒了一身虚汗，明白是楚庄王大度，饶了自己一命。一年以后，楚庄王大败，全凭大将唐狡拼死护驾才逃得性命，楚庄王问及原因，才知他就是自己一时心慈、放掉的那名大将。

如果现在的年轻人知道某个人做了对不起自己的事，即使决定要宽容他，往往也心存芥蒂，做不到完全忘情。人人都是平凡人，与其勉强自己用宽广的心胸原谅别人，不如选择视而不见，目下无凡尘，反而是一种更宽广的境界。那么我们最好的做法就是不去知道，看不见，也就不会记得向谁复仇或者记恨谁，这就是更高一层的境界。在康熙王朝中，某大臣奉命禁海，迁渔民入内陆，结果众人挖了他的祖坟，官兵去追击那些渔民。他却说："你们走吧，不要让我看见你们，以免我知道是谁挖了我的祖坟，心存怨恨。"如果我们做不到彻底地原谅他人，倒不如索性不让自己明白到底谁是我们的敌人。

六祖慧能的师兄神秀说："身如菩提树，心如明镜台。时时勤拂拭，勿使惹尘埃。"此言的目的就是要我们日日反省自己性情上的缺点，把心灵上的灰尘扫去。对于宽容来说，就是要我们不时地检查我们的内心，原谅那些得罪我们的人。而禅宗六祖惠能则悟道："菩提本无树，明镜亦非台。本来无一物，何处惹尘埃？"据说正是因为禅宗六祖有了这样的领悟，才继承了师父的衣钵。

对于年轻人来讲，当面的饶恕可以显示一个人的胸怀，但那往往是做给众人看的，真正的心胸宽广是对手没在人前犯错误，因此根本没有冒犯与饶恕，这才是人生的大境界。在日常交往中，年轻人常会因为言辞轻率而不免与人产生些许摩擦与不快，每当这个时候，我们面对问题的态度，就往往体现了自己的心胸与度量。斤斤计较固然不足取，知道了就不免记恨，如果我们不经意地知晓了内情，我们就只好选择用宽容包容过去，而最好的选择就是我们并不知道谁得罪了我们，并不觉得哪种行为称得上是冒犯，那才是真正的心胸宽广的人。

虽然年轻人可能做不到完全宽容对手，但是我们可以视而不见，慢慢地，我们会体会到宽容他人的重要性。只有宽容的心才能为你迎来更多的人脉资源，才能让别人更加尊重你，在成功的路上才会有更多人愿意为你伸出援助之手。

具备包容心，别强求朋友都志同道合

年轻人的朋友圈不能只局限于和自己谈得来的人，我们要扩大自己的人脉圈，就要先从对朋友的选择上做出改变。当然，和自己趣味相投的人，我们总是有聊不完的话题，但是，这其中又有几个人能对你的事业有所帮助呢？在朋友的选择上，不要用自己的喜好作为标准，要想获得人生的成功，就要多结交各种各样的朋友。

有些人天生内向，不善于和人交往；有些人因为年轻，人际关系尚不广泛；有些人希望广结善缘，却不知从何下手。其实，只要在生活中用心，善于关心他人，就能够很快地和许多人成为朋友。年轻的时候正是为自己拓宽人脉网的最好时机，一定要掌握一些有用的小技巧才能够事半功倍，轻轻松松地与人交往，否则就会不知所措，欲速则不达，让人际关系陷入僵局。

对于那些和我们没有太多的共同点，却又不得不结交的人，年轻人要学会用以下几种方式和对方建立友情。

1. 记住每一个要交往对象的名字

记住别人的名字，是对别人最基本的尊重。如果你经常张冠李戴，把别人的名字叫错，你就要好好地反思自己了。尽量记住你遇到的每一个人的基本特征和他的名字，以备再见面时能一眼认出。如果你能一眼认出一个不久前刚刚认识的一个人，并准确地叫出他的名字，就会给对方被重视的感觉。作为回报，对方同样也会重视你，记住你，把你当成他的朋友。这样你就完成了拓展人脉的第一步。

2. 善于倾听别人的讲话

上帝给了我们两只眼睛，两只耳朵，两只手，一张嘴，就是要我们多看，多听，多做，少说。所以，我们一定要学会察言观色，学会倾听别人讲话。这给人注意他们、重视他们的感觉。当人们谈到他们对某件事的做法和看法时，微笑着注意倾听就会给他们带来认同的感觉。他们就会认为找到了知音，这时如果不失时机地插一两句表示认同的话，就会让人很容易认同你，信任你，愿意和你交往。

3. 学会赞美他人

赞美能给人认同的感觉，作为回报，他也会赞同你。一个人的赞美可以给人鼓励和快乐，让对方觉得你是他的知己，他的人生价值就得到了承认。所以他也愿意付出他所拥有的东西。恰当的赞扬可以拉近人们彼此的距离，让别人对你充满好感，充满信任。所以，从现在开始，你就可以试着给别人一个恰当的赞美，比如，赞美一下女同事今天的着装，对完成工作的同事说一声“你做得棒极了”，你会收到意想不到的交际效果。

4. 学会表达你的感谢之情

表达感谢也是人们加强交往的一种方式，如果不失时机地对帮助过你的人表达一下感激之情，你们的友情也会在这次感激中升华。没有谁的帮助是理所当然的，表达感激之情，也就是对人帮助你的价值的一种肯定。这是达到彼此交流的一种有效手段。二十几岁的年轻人要学会表达感激之情，更要知恩图报，帮助那些需要你帮助的人。心理学家认为，人际关系中存在“互酬互动效应”，即你如何对别人，别人也会以同样的方式予以回报。看似平常的一声“谢谢”，却能引起人际关系的良性互动，成为交际成功的促进剂。

5. 保全他人面子，学会接触尴尬

说话、做事给他人留一定的余地，给他人留面子，也就是给自己留有余地。如果你乐意给别人留足面子，别人也不会给你难堪，而且还会感激你。不揭人隐私，不触犯别人的敏感区域，不伤害别人的自尊，也就是“打人不打脸，骂人不揭短”，只要你给别人留了面子，即使是批评的话，说得委婉，尽量不伤人，对方也能接受，也愿意和你成为朋友。拓展人脉，要学会为人解围，解除别人的尴尬境地，为别人保全颜面，他也会感激你，愿意和你进行更深层次的交往。

6. 注意细节上的问题

记得同事的生日，并适时地送上一份他喜欢的礼物。记得他的兴趣爱好，在方便之余帮助他，这比请他吃饭、喝酒更能获得他的好感和感动。有一次运动会，适逢某运动员生日，结果就有细心的啦啦队员想起，高声齐呼着祝他生日快乐、旗开得胜，结果此运动员激动不已，跑出了比平时更好的成绩。在细微之处下功夫，更能彰显出你对他人的关心，如果连细微的东西都注意到了，对人有多关心就不言而喻了。细节更能帮助你拓展人际关系。

7. 给你的朋友归归类

在档案簿上记下那些有一面或几面之缘的人，那些在应酬场合认识，只交换名片，谈不上交情的“朋友”。这种“朋友”各种行业各个阶层都会有。你不可以把这些名片丢掉，应该在名片中尽量记下这些人的特征，名片带回家，要依姓氏或专长、行业分类保存下来。你不必刻意地去结交他们，但可以借机在电话里向他们请教一两个专业问题，话里自然要提一下你们碰面的场合，以唤起他对你的印象。有过“请教”的历史，他对你的印象也会深刻些。这样，你的人脉也能够得到拓展。人不仅要拥有至交好友，还要有些浅交和利益朋友，这样交到的朋友也许就有你未来的合作伙伴。

8. 热情是一切交往的前提

培养人脉是一个长期的事情，20多岁的年轻人不应当过于急功近利。有许多机遇是在交往中实现的，而在初步交往中，人们很可能没有看到这种机遇，在这个时候，不要因为没有看到交往的价值，就冷淡这种交往。在无数次新的相识之后，大多数人会随着时间的流逝而被淡忘，只有少数人会留在他们身边，能牢牢地抓住他们，这就是他们的朋友。所以，持续的热情交往，往往会得到人们的好感，在别人落魄之时还和他维持良好的人际关系，就会有更多的人信任你。

年轻人要了解人脉的重要性，要知道一切交往的技巧、拓展人脉的窍门都要建立在真诚的基础上，以真心换真心才是最有效的与人交往的技巧。尝试着扩大自己的人脉圈，你的机会才会随之而来。

稳固朋友，聪明的年轻人懂得维护情义

朋友对于现在人来讲不只是点头之交便算认识，年轻人还需要学会维护朋友资源。现在有很多年轻人对友谊很功利，很现实，但是，人走茶凉的交友态度是不足取的。我们可以回避无价值的人际关系，但没有必要因为他的权力、地位和财富回避一个人，无论从功利角度，还是从友情角度来看，这都是不明智的。

大多数年轻人已经了解了朋友资源的重要性，也没有必要进行一再的论证，我们要做的就是编织好自己的人际网络。当然，在朋友中有些人是需要我们回避的，这些关系必然是给自己的精神和生活带来了不便和负累，使自己觉得压抑、疲惫，对于这样的朋友，我们一定要回避。比如，不思进取、一味玩乐的朋友、悲观的朋友、爱抱怨的朋友。跟这样的朋友在一起，你会感觉很没意思，身心俱疲。这样的心态会感染你，让你变得灰心。我们一定要和那些成功的人在一起，感染他们的快乐、自信，积极分享他们在各自专业中的先进信息。他们会让你觉得这个世界是美好的、光明的，你的成功就在眼前。

那么，年轻人要从何下手才能为自己编织稳固长久的朋友网呢？

第一，我们身边肯定有不少于五个的朋友、亲人或者同事，这就是你最

需要维护的关系，他们可以说是你生活中最重要的人际关系。我们要做的就是要得到他们的帮助，并且回报他们；或者先去帮助其他人，在这个过程中巩固你们之间的关系。

然后，进入他们的圈子。利用朋友宴会、生日会、受到邀请的机会，认识他的其他朋友，进入他的社交圈子。如果他不是一个很封闭的人，不过分狭隘，相信他的朋友中就有值得你交往的。抓住机会认识他们，倾听他们谈话，并发表自己的意见，给对方留下好印象。和他做愉快的交谈，留下各自的联系方式，这样当你再与他见面、打电话联系或者请求帮助时才不至于显得唐突。

间隔一段时间之后，主动地和他联系，请他帮一个小忙，比如，他的专业能够帮到你的地方，但不要太困难或者太麻烦。这样你们的关系又得到了巩固，当然，最重要的是不间断地和他沟通有助于你们最终成为朋友。

然后开始新一轮的网络编织。当然，这样的朋友一般是有局限性的，在私人的问题上，或者技术问题方面，他很可能帮助你，而在公事上，他可能并不愿意和你有交集，因为容易让人觉得你在利用他。一旦这样的感觉变得强烈，你也有可能失去这个朋友。

第二，对于那些对你有利的朋友，要积极地维护和他们的关系。比如，你的客户，这样的朋友往往乐意在公事上帮助你，因为他们对你也有同样的要求。积极地跟自己的客户沟通，并时不时地借机送件小礼物、请吃顿饭等，这样的感情投资，对于我们是有很大的好处的。当然，这样的朋友也有局限性，比如，我们最好不要通过这样的朋友结交类似的朋友，也不要和他们发生实质性的利益关系。帮人情忙就已经不错了，帮金钱忙就是奢望。

第三，对待和自己有合作关系的人，我们也要与其保持良好的关系。对于这样的朋友，我们一定要秉持一定的观点，比如，“没有永远的朋友，也没有永远的敌人，只有永远的利益”或者“亲兄弟，明算账”，无论在怎样的状况下，先做小人后做君子，才可能和这样的朋友进行长久的交往和合作，而不会被友情所伤。

被你选入人际网的人同样也会把你作为对方人际网中的一员。对待有利益关系的朋友，我们不必因此感到被利用，也不必感到羞愧。交往有利益关系的朋友，首先选择的标准反而是道德，一个道德败坏的人随时都会在攀着你爬上去以后，一脚把你踢下去。当然，我们编织自己的人际网络之时，也被其他人编织着，这是我们一刻也不能忘记的。私人感情上的朋友，即使伤害到你，也不会伤筋动骨，因为你的利益和他没关系，他并不明白你在经济上的软肋。所以，交朋友也要公私分明，公事上的朋友，最好不要涉及彼此的私事；感情上的朋友，最好也不要涉及金钱利益。否则，就会把所有的软肋暴露在同一个人面前，这是很危险的。

年轻人不仅要懂得结交朋友，更要懂得维护朋友，宽广而又稳定的朋友圈才是能帮助到我们的资源。只有不断地积累朋友资源，才可能尽快地获得成功。只有不被自己编织的人际关系网绊倒，才是一个明智的织网人。

经常交往，结交友谊需要一点一滴的积累

年轻人要知道扩大自己的人际交往圈不是一天两天就可以做到的，它需要人们不断地积累。要想在今后形成一张属于自己的大朋友网，就要从现在开始结识新的小朋友圈，真心对待小圈子里的每一个人，他们终将成为你大朋友网中的一员。

年轻人想要积累朋友，就要先从维持并开发小朋友圈开始，维持和朋友间的友谊，他们才会将新鲜的血液注入你的朋友圈。我们也许每天都会认识各种不同的人，然而如果我们没有足够的时间和精力去维护这份友谊，那么感情就会淡去，你最终将失去的不只是一些朋友，而是你大人脉网的一部分。

对于我们的生活来讲，维持好友谊，不但能够让我们与朋友的关系更加牢固，而且可以增加我们的新朋友。想必每一个朋友都有自己独特的社交圈子，如果和朋友的友谊程度还不足以让我们走进他们的社交圈子就以疏远告终了，那么，我们将失去一个怎样大的社交面积？我们交往的每一个人，都不要单纯地看成是和他本人建立关系，还包括和他的社会关系、社会地位、他周围的社交环境和社交圈子，这是一个延伸的范围，但只要你足够用心，

就能够把别人的社交圈变成你的，并能像滚雪球一样扩大你的朋友资源。

比如，你认识了一个新朋友，通过这个朋友，最终你能够认识并结交到另外五个朋友，通过这五个人，你分别能够认识并结交到三个朋友。那么，通过这个朋友，我们一共可以结交到二十个朋友。因为朋友有晕轮效应，往往我们直接认识并结交到的朋友，友谊更为牢固，通过他介绍的朋友也更多、更有效，而第二个层次的朋友，关系就不如和他牢固，第三个层次更是如此。就像在水中投下了一粒石子，第一层的波纹最清晰，越远处的越模糊一样。人际圈子也有这样的效应，所以，你直接结交的那些朋友虽然很少，但是最精华，如果你想让其他朋友，比如，第二层次的朋友，与你的关系更密切的话，就要花费更大的精力。但是，如果其中有一个人是对你的人生有很大影响的"大人物"，那么，无论花费多少精力都是值得的。我们应该致力于和第一层次的朋友维持好友谊，并寻找和交往更多的第一层次朋友。因为第一层次的朋友往往更加纯粹，更容易维持友谊，关系更牢固，也更有效。

年轻人要想更好地利用自己的朋友关系，就应该不仅致力于拓展朋友，还应该把更多的精力放在让自己的朋友更加牢固的事情上。而不能结交到了很多新朋友，但同时和自己的老朋友的友谊也很淡了，于是又回头去维持旧的友谊，等关系维护好了，新交的朋友已经走掉了一半，如果进入了这样的循环怪圈，则说明你的交际技巧有待改进。

我们应该做到兼顾新老朋友，这就要求我们不要太自私，交往的目的就是为了"利用"别人，有时，你还要被别人"利用"一下。比如，通过聚会，把自己新结识的朋友介绍给你的社交圈以及你的老朋友，这样更有利于维持你们的友谊。因为别人和你交往的目的，也不只是你本人，还包括你的社交圈子、你代表的社会地位。让你的朋友们相互认识，并不会给你带来什么损失，相反，你会通过他们的相互交流，使自己和他们的关系更加牢固、更加亲密。因为只有有了一定的亲密程度，你才可能把一个人带进你的社交圈。当然，作为回报，他们也同样会这样做。

年轻人的朋友不应只有自己身边的好友，还应该有更多的朋友，他们不作为一种知心好友的形式出现，但他们是你的事业上不可缺少的伙伴、生活中帮助你的朋友。他们可能是你的同事、合作伙伴、客户、上司，甚至是欣赏你的对手，只要是可能有用的人，我们就应该和他们好好交往，发展出友谊。

总之，年轻人应该像滚雪球一样扩大你的人际交往圈，其目的不仅限于别人帮助你的事业，同时也会有成全自己的作用。对待朋友，应该采其长补己短，以弥补你的缺陷。从这方面来说，我们应该多结交一些异性朋友，因为男人的大度正可以弥补女人的小心眼，男人的理智可以牵制女人的感性放纵，男人的率直可以防止女人的猜忌；女人的细腻可以弥补男人的大意，女人的温柔可以弥补男人的刚硬，女人的魅力可以弥补男人的低调。和一个风度翩翩的男人在一起，女人会不自觉地变得温柔。这不仅是性格上的互补在起作用，而且因为在异性面前，大家都会不自觉地收敛起自己性格中的弱点，表现自己最完美的一面。所以说，应该多结交异性朋友，作为自己性格上的互补。

除此之外，我们还要交往很多优势互补的朋友。比如，单纯的人要向那些处世圆滑的人请教；圆滑的人要交往单纯的人来净化自己的心灵，以便你会有一些轻松的相处时间；粗心的人要向细心的人学习；敏感细腻的人要学得心胸宽广一些；性格极端的人要向温和的人学习等。每个人的性格中都有一些缺陷，我们要找到能够平衡自己性格的那个人，向他们学习，取长补短。即使短时间内不能够改变你性格中的缺陷，也能够让你在潜移默化之下，削弱你的性格缺点，达到平衡的目的。

我们还要和那些与自己所学专业不同的人交往。俗话说：“术业有专攻。”你善于策划，不一定善于宣传、善于组织，不一定善于执行、善于决策，更不一定善于交往，每个人都有自己不擅长的地方。我们要多多交往和自己从事不同职位甚至不同行业的人，外行往往更能提出有建设性的意见，因为他们在思想上没有行业的束缚，提出的方案更有可能突破陈旧的思想。

总之，年轻人要多多交往和自己互补的朋友，进步的方式有两种，即突出优点和弥补缺陷，前者要求我们和比自己优秀的朋友交往，后者要求我们多交一些优势互补的朋友，这样我们的生活和事业才能够达到巅峰，接近完美。

第09章

财富眼光，别让属于你的“财”溜走

转换思维，才能赢得财富

年轻人在社会上苦苦打拼的目的都是为了实现自己的价值，而衡量自己的价值最直白的标尺就是拥有的财富。年轻人想要从前人走过的路上获得财富是非常困难的，那么，我们就需要改变自己的思想，创造一条新的道路，这样，我们才能获得更多的财富。

中规中矩，照别人的老路生活不代表不会获得财富，而是时间上可能会慢一些，财富的数量上可能会少一些。年轻人想要有所作为，想要通过自己的努力获取财富，就要学会打破常规，以反常的方式取胜。这是由我们自身的条件决定的。和年龄长我们的一些人比，我们在经验和人脉方面都落后了一大截，所以，如果我们仅仅在传统的寻常道路上走，要想取得财富是不太现实的。虽然和他们相比我们也有自己的优势，比如，精力充沛、没有家庭负累、脑筋灵活、信息广泛等，这是我们最大的优势，如果运用得好，我们也能取得不小的成绩。而对于同龄人来说，这是大家共同的优势，如果想在同龄人中间脱颖而出，我们还要有更大的优势，这时，只有剑走偏锋，我们才可能超越同龄人，获得更多的财富。

美国大富翁亚墨尔在17岁那年加入了淘金者的行列。但因为淘金的山谷气候干燥，水源缺乏，寻找金矿的人要承受很大的痛苦。最痛苦的就是很难买到水喝，甚至有人说："谁能给我一瓶凉水，我宁愿给他一块金币。"

说者无意，听者有心。亚墨尔放弃了徒劳无益的淘金梦，开始寻找水源，挖掘水渠，并挖好了一个大水池。此后，他干起了担水桶提壶卖水的活，淘金的人们看到水比看到黄金还高兴，于是一块块金币落入了亚墨尔的口袋。黄金渐渐地难以找到了，很多淘金者失望而去，淘金热潮退去了，而"不务正业"卖水的亚墨尔却得到了大笔的黄金。

赚钱的方法有很多，淘金是一种，卖水又是一种，不是说前者因为淘的是金子，就赚得比后者多，比后者体面。有的人存在着世俗的看法，认为只有体面、正统的道路才是赚钱的正路，是正确的方法。其实，方法没有好坏，重要的是能够达到赚钱的目的。"黑猫白猫，捉到耗子的就是好猫。"只要是方法合法，能够让我们获得财富，我们就应该采用它。无论这种方法看起来多么可笑或者不能被他人理解。

事实上，年轻人也并非不愿意走传统的赚钱道路，只因为有些方法确实不适合年轻人。比如，要动用大笔资金，而回报期很长的项目，即使我们能够通过借贷和风险投资获得大笔的流动资金，如果未支撑到项目赚钱而资金告罄，就是一个危险的信号。再者，传统项目风险虽然不大，但是竞争者很多，利润空间也是有限的，传统市场发展已经非常成熟，在这样的状况下，想要拥有一处立足之地是非常不容易的。

即便我们拥有了一份这样的事业，可是成熟期后接下来的就是落寞。投资一份"夕阳"项目，显然不是我们所愿。要想赚取财富，在人生的道路上领先一步，首先就要有不落俗套的想法和观念，否则就会被传统的观念束缚了手脚，有再高的财商也必毁于一旦。

泡泡网的首席执行官李想，就经过了这样的与传统思想观念斗争的阶段。李想出生于1981年，在上高中时，就迷上了网站，为了办好自己的网站，他甚至主动放弃了高考。

在我们很多人的眼中，放弃高考就等于放弃了希望，放弃了未来。李想的家人对他唯一的希望也是好好学习。但他却不这样想，他坚持自己的主张，他认为，当时正处于网站建立的关键时刻，他除了吃饭睡觉，都在为这个网站工作，如果自己参加高考，上大学，起码要砍掉一半的时间，就无法全身心地投入网站的建设中，网站也就死了，而通过它赚钱的途径也将被堵死。

后来他的家人终于被他的坚持打动，他开始了自己的创业计划，2000年，李想创办了自己的公司。2005年，利润达到了1000万元，2006年利润更是达到了4000万元，市场价值2亿元。

李想就是这样一位坚持自己不一样想法的年轻人，当同龄的人们还在为学历苦读，为找工作挣扎，为糊口奔波时，他通过自己的努力赚取了大量的财富。设想一下，如果当初他畏惧社会的评价，放弃了网站事业而读取大学学位，如今他在干什么？也许和我们一样正在为糊口奔波，为上司的命令不合自己的心意苦恼吧。

年轻人要想超越其他人，就要让自己有超前的眼光和坚定的决心，才能在一条不寻常的路上，找到属于自己的成功。“人之熙熙，皆为利来；人之攘攘，皆为利往”，但在人群熙熙攘攘处皆是蝇头小利，且竞争者甚多。看看那些在市区繁华地段的店铺吧，他们的消费者大多是一些平民，或者有钱的“穷人”，真正的富人会有专门的衣橱顾问和代买服饰者，每一季都会有新款的名牌服装送货上门。所以，熙熙攘攘处注定收获甚微；冷清的道路上，反而可能有意想不到的收获。

年轻人如果自己能领悟到这一点，就会让自己在拼搏的道路上省下很多精力和时间。与众不同的方式才能够脱颖而出，鲜为人知的赚钱道路才能够获取更多的财富。年轻人要从自己的观念上发现与众不同的想法，从生活中看到可以发展的商机，才能在现实与理想中闯出自己的天地，从而获取更多的财富。

站在巨人的肩膀上，借前辈的眼光

无论从哪个角度来说，年轻人都会和成功人士有一定的差距。想要消除这种差距是不可能的，毕竟成功人士比我们多打拼了那么多年，社会经验、人脉资源都比我们丰富，他们那独到的眼光、敏锐的洞察力都是长年累月积累的结果。这些虽不是我们一朝一夕就能学会的，但是，我们可以多多借鉴成功人士的思考角度，当我们习惯了像成功人士那样思考问题时，你就会发现那对你来讲也是一笔巨大的财富。

人们成功与否的根源就来自于思考角度的不同。今天我们可以一无所有，但一定要有学习的勇气和自觉；今天我们可以没有眼光，但一定要知道哪些人有眼光，能够跟着他们的眼光走；今天我们可以没有智慧，我们却要有分辨智慧的能力，才能用别人的智慧武装自己；今天我们的头脑可能还不够敏锐，不够发达，但我们一定要有自知之明。思考支配决定，决定影响行动，行动造就结果，也就是说，有怎样的思考，最终就会有怎样的结果。今天贫困的结局，就是因为过去错误的思考模式造成的。

年轻人要趁着现在我们的思维方式还在不断变化的时候，多借鉴成功人士的思维方式，如果我们不能有一种新的正确的思考模式供我们做判断，那么，明天我们将继续过贫穷的日子。所以，没钱的时候更要学会像富人一样思考，这样才能纠正我们的思考模式，才能让我们的决定、行动都朝着正确的方向前进，我们才能够逐渐地脱离贫困，成为有钱人。

那么，对于年轻人来讲，我们要学会几种思考方式。

1. 我们要有正确的金钱观

金钱并不等同于财富，它只是一种观念。一个人只有拥有了支配金钱的力量，才能变得富有。如果你对金钱有依赖感，你对物质的需求永远大于你可能获得的财富，你赚钱的力量就会变小。金钱只是一种交换媒介，它本身并没有用，它能够为你交换来的物品、服务才是有用的。所以，如果一个人的安全感、依赖感全部来自于金钱或者为你提供金钱的工作时，你就会变得离不开钱或工作，你就会为钱工作，这就陷入了穷人的思维模式。我们要学会的恰恰是要拥有控制金钱的力量，我们越需要钱，就越缺乏这种力量。如果你意识到“我本身就是有力量的，我的思想观念就是有价值的，即使我变得分文全无，我的身体和思想也能够给我带来足够的财富”，你就拥有了控制金钱的力量，你就能够学会让钱为你赚钱，让观念为你赚钱。即使你目前还处于一穷二白当中，你也会有力量感和满足感，这些就是一生使用不尽的财富。

一个想要变富的人一定要常常说“我需要控制金钱的力量”，而不是说

“我需要钱”。正如你需要的不是金子，而是点石成金的方法。

2. 我们要学会积极又理智的思考方式

每一件事物都有它的两面性，我们要学会从它的积极一面思索，又要尽量避开或者减弱它消极的影响。对于获取财富来说，机会往往都是伴着风险的，穷人通常只看到其中存在的风险或者蕴藏的巨大利益而忘了它的另一面，因此，他们不是因为恐惧不敢行动，就是因为盲目乐观忘了避祸或中了圈套，被套牢或被欺骗。有钱人对于机会是很看重的，但他们同时也在算计可能的利益值不值得冒风险，并在确定行动之后，设法把风险排除掉或者减弱。

1992年在西班牙巴塞罗那举行了第25届奥运会，一家电器商店在奥运会举办前贴出告示：“如果西班牙在本次奥运会上的金牌总数超过10枚，那么顾客在奥运会期间购买的所有电器都会得到全额退款。”

这个消息一下子在巴塞罗那市造成了轰动，人们纷纷从这家商店购买电器，因为这相当于赢得了一次可以免费获得电器的机会。而如果西班牙没有赢得10枚以上的金牌，一个家庭也总会需要电器的，在哪买价钱都差不多。

在奥运会刚刚进行的前几天，西班牙就取得了10金1银的好成绩，人们更是纷纷涌进了这家商店，很多人以为这次这家店一定赔光了。其实，老板早已看到了这次生意蕴藏的巨大机会，但也预料到了这次生意可能遭遇到的巨大风险，因此，他早在贴出告示之前就去保险公司投了专项保险。

所以，无论西班牙运动员的表现如何，这家店都稳赚不赔。大胆地放出了投资，却小心翼翼地为投资上了保险，这就是作为一个有钱人最典型的对待机遇和风险的态度。积极地看待机遇的同时，理智地规避风险就是一个有钱人要做到的事。

3. 我们要正确地理解金钱的价值

同一笔钱，让它发挥的作用越大，用途越广，它能够为你创造的价值就越多。在穷人的观念里，一笔钱只能做一件事，而在富人的观念里，一笔钱，甚至一笔目前还不属于自己的钱就能够为自己做不少的事。

美国船王丹尼尔·洛维格开始创业时一无所有，但他想出了一个借鸡生蛋的好方法。他先向银行贷款买下一艘货船，然后改装成一艘油轮，再把油轮租给一家有信用的石油公司来赚钱。但他在贷款时遇到了难题，银行需要抵押物。丹尼尔和盘托出了自己的计划，并把改装后的油轮租契交给银行，银行只要直接向石油公司收租金就可以了。这样尽管没有抵押物，但银行也没有任何风险，因为改装后的油轮租给的石油公司是极可靠、有信誉的。考虑再三，银行把钱贷给了他，丹尼尔又买下了一艘旧货轮，并成功地改装成了一艘油轮。在这之后，他并没有等待，而是又用这艘船作为抵押，贷款买下另一艘船，进行改装。这样循环往复，当一艘船的租金付清了银行贷款后，以后的租金就归丹尼尔所有了。

在这个例子中，丹尼尔仅仅用了一张租契，就盘活了一笔资金，在油轮运行的同时，又变成了抵押物，油轮不仅仅为自己挣钱，还为自己盘活了资金。这种一物多用、一钱多用的方式为他创造了价值。如果我们也拥有了这种观念，我们就能够运用仅有的资金和资产创造更大的价值。

年轻的我们现在虽然不可能拥有巨额的财富，但我们可以学着像富人一样思考，无论是获取金钱还是投资运用金钱，我们都要试着用他们的方法为自己创造财富。我们的路还很长，还会碰到很多的问题，同一个问题在每个人面前都会有不同的解决方法，年轻人如果学会了成功人士的思考方式，那么，所有的问题都会完美地解决。

锻炼眼光，及时抓住机遇

年轻人常常抱怨机会总是眷恋别人，却从来不会降临在自己的身旁。每个人都希望能有一个展现自己的机会，可是你要知道，如果你没有一双发现机会的眼睛，即使别人把机会放在你面前，你也有可能错过。

我们没能发现机会，就是因为眼光不够准，很多时候眼光就是一切，在赚钱方面更是如此，不要以为我们年轻，还没有一定的资本，更别提社会关系，机遇不会光临我们。这样的想法大错特错，只要我们有一定的眼光，进行一定的投资，就会有意想不到的收获。在有眼光、有财商的人眼中，任何一件事都是可以赚钱的好机遇。

发明迷彩服的大富翁狄奥力·菲勒，他在77岁高龄时，让秘书在媒体上发布了这样一条消息："我快要到天堂去了，乐意为失去亲人的人带口信，每人收费100美元。"虽然此事荒诞不经，但仍有不少人怀揣好奇之心，前后有一千多个人付给他款项，托他捎口信。同时他的遗嘱也与众不同，同样是让秘书登广告："我是一位绅士，愿意同有教养的女士同享一块墓地。"结果，果真有一位贵妇人同意资助5万美元，伴他长眠于地下。

在菲勒看来，所有的事情都是获取财富的机会，即使一件平凡无奇的事，一件废弃的东西，在他的调度之下，也会成为赚取财富的资本。有了这样的眼光，所有的事都会成为他变得更加富有的机遇。

无论何时，一个人都可能遇到自己梦寐以求的机会，只是我们很难发现它。对于刚刚步入社会的我们来说，我们自然还不具备这样的"财富眼"，但我们要学会锻炼自己的财商，正如一个人的智商可以通过学习和锻炼得到提高一样，一个人的财商、眼光也是需要锻炼的。这样的锻炼，往往需要我们付出更大的代价，甚至暂时牺牲很多本来可以得到的利益，正像俗语所说的一样，"欲想得到，必先舍弃"。我们也要学会丢弃芝麻，才能够捡到西瓜。

小雨是一名送外卖的男孩，他每天要送出600多份外卖，工作非常辛苦，但他却一直没有离开他的工作岗位去寻找更能挣钱的工作。因为他觉得这份工作能够让他更熟悉这个城镇的生意人的生活，也能够让那些老板们更加熟悉和信任他。这份工作他坚持了六年，一直只挣每月三四百元的工资。但是，六年后，小雨成立了自己的家政公司，在这个小城，家政公司很多，竞争异常激烈。但自他开业后，生意一直爆满，因为六年来，小雨熟悉了数千位生意人的生活，熟悉了他们的需要，而且他们也熟悉、信任这个男孩子。

于是，一个名不见经传的小男孩，就这样在城市闯下了一条道路。他凭借的仅仅是一个送外卖的机遇而已。

年轻的我们也许正在做着微不足道的工作，但只要我们把每一份工作当作一次机遇，从每一件平凡的事情中锻炼自己的眼光，就能够很快地发现机遇，获得财富。

我们不能总是看着别人获得机会的时候，也要看到他为了获得这个机会所付出的努力和艰辛。没有发现机遇的眼光，即使机会就在面前，我们也会视而不见；而目光短浅，只看到眼前的利益，却会让我们失去成就大业的机会。有多少人转战职场，只为了多一点点薪水，却把在原单位的人脉丢掉？有多少人只为了眼前和某个人的争斗，只为斗气，而错失了自己发展的良机？有多少人为了抓紧眼前得到的东西，而不舍得放手去搏更大的利益，最终失去了本该得到的东西？

年轻人请把眼光放长远，否则你将会陷入不得不工作的困境，忙碌了半天也抓不住成就自己的机会。请把羡慕的目光从别人的身上移开，多看看你身边的环境，关注你身边的东西，你才会发现它们对你的重要性，你才会积极地做好准备，随时迎接机会的挑战。

没有机遇，也要制造机遇

古人云："千里马常有，而伯乐不常有。"年轻人就如同千里马，每个人都有自己的与众不同之处，也都有自己高人一等的优势，只是缺少一位能发掘我们潜能的伯乐。在这样的情况下，年轻人是想要一直等能发掘自己的伯乐出现，还是主动为自己创造一些机会，让伯乐注意到自己呢？

我想大多数人都会选择后者，年轻人还是要为自己的成功梦多做一些努力，主动出击总比被动等待要积极得多。现在是一个开放的时代，所有的千里马都有机会展示自己，而不用靠一个人的施舍、赏识，才有机会。年轻人要学会做自己的伯乐，适时地把自己推出去。主动寻找机遇，才是一个新时代的年轻人首先要学会的事。

在《马说》中，韩愈认为，千里马被埋没的原因有三：一是没有伯乐的赏识，辱于奴隶人之手；二是千里马一顿要吃一石粟，饲养的人不知道，千里马吃不饱，力气弱，能力特长也施展不出来；三是驭马时，不能按照规律，不明白马的哀鸣的意思，所以，最终名马被埋没，甚至死掉。对于人才来说，被埋没的理由按照《马说》的比喻也有以下几个：一是遇不到好上司，在上司手下工作，自己的特长无法发挥；二是待遇不好，或者职位不合适，发挥不出自己的能力；三是世人不能明白自己的志向，上司不知道自己叹息中的寓意，事情不能按照自己说的做和发展，因此往往事与愿违。所以，机会常常从自己的身边溜走，自己也总是怀才不遇。

每一个想在社会中有所作为的年轻人都不想做怀才不遇的千里马，然而，常常叹息自己怀才不遇的人，总是难展抱负。即使有绝好的机会在自己的面前也会悄悄地溜走。

那么，通常叹息自己怀才不遇的都是哪些人呢？他们很有才情，但情绪外露，也就是所谓的“愤青”。一个连自己的情绪都控制不好的人，喜怒形于色，常常悲观愤怒，这样的人，任何一个有理智的上级都不敢招惹，更不会赏识。所以说，这样的千里马不是没有伯乐赏识，而是根本不可能被任何伯乐赏识。想一想自己提拔一个“怀才不遇”的千里马可能引起的后果吧，也许因为他的愤怒、他的多嘴多舌会引起同事的不满；也许因为他的不知轻重，给自己得罪了不少人；也许因为他的自视过高，使工作各方不能协调，工作不能顺利进展，所以还是不要赏识，不要提拔他比较好。

如果你不是这类怀才不遇的人，只是因为企业的用人制度有问题，或者真的遇到了嫉贤妒能、能力低下，还喜欢争功诿过的上司，那就不如换个工作。尽管每个公司都有自己的缺陷，找到自己能够接受公司的缺陷，公司也能够接受你的缺陷的企业，是可遇而不可求的，能找到一个可以展现自己的舞台，是一种运气，但做适合自己做的事，我们才能尽快地怀才“而”遇。只有在擅长熟悉的领域做事，才可以让你拥有更多的机遇。

大部分怀才不遇的人都自视清高，因为他知道自己有一技之长，于是就喜欢在关键时刻吊别人的胃口，最终导致别人都不愿意与自己共事的下场，也就导致了自己怀才不遇。也许在关键时刻吊别人胃口是他想吸引别人注意的一个手段，但是这就成为了他职场生涯中的绊脚石。

韩总在一次私人聚会上认识了一位在国企IT（信息技术）部门上班，已年过四十的清华毕业生。经过一段时间的沟通了解，韩总发现此人很有能力，尤其对计算机非常精通，而且雄心勃勃，从对话中也感觉不出此人有什么品质问题。

韩总认为这位有才之士发挥不出才能可能是体制的原因。所以就想借用一下这位怀才不遇者的计算机才华，于是便和他沟通，准备让其做一些具体工作。随后韩总发现这位怀才不遇者思路敏捷清晰，并且做了一整套工作规划，还附带有时间进度表，非常专业，此时韩总感觉此人真是位难得的人才！于是就决定让他兼职独立开发一套对企业来说不是十分紧迫但比较重要的数据库系统。

工程初期，工作进展迅速，韩总十分高兴。但是随着项目的推进，开发速度渐渐慢下来了。这位怀才不遇者开始推托说是工作忙，顾不过来，之后工作速度越来越慢，最后在韩总的催促下，这位仁兄提出了采用最新设备，需要衍生出大批的维护费用等，结果，八九个月过去了，这套数据库系统始终没有完成。而且因为没有设计任何输出端口，最初谈定的应该把密码告知韩总，然而这位怀才不遇者自始至终都找各种借口搪塞，就是不吐一字。

最终韩总只好就此放弃这套数据库系统。就这样前前后后折腾了一年多，费用花费了不少。没有干成任何事情。韩总自嘲："我算是被这位怀才不遇者套住了，关键的时候卡我脖子！所以，我还是尽快止损，让他套点利算了。"同时庆幸，"幸亏当初没有把此人正式调过来，要不然还要付出更多的成本。"

这位技术人才的专业技能让人们钦佩，但是他却有着一部分技术人员的通病，喜欢在关键时刻吊老板的胃口，他不直接说自己想要什么，只是一味地拖着，那么还有哪个老板愿意继续为你投资呢？这也就是为什么这位高才生没能在自己的企业有所成就的原因。

有这种习惯或者想法的人，不但在职场上不能发挥出自己的优势，反而会被领导抑制你的发展。即使是自己做事业，也会因为他的贪婪无度，在关键时刻卡别人而使自己的事业无法维系。想一想，谁想和以自己的优势卡别人的人合作呢？

年轻人一定不能因为内因和外因的影响而抑制自己的发展，不要让自己的"才"埋没。如果我们想要让自己的事业发展得更加顺利，就要从自身找到"怀才不遇"的原因。一个人应该重视自己的承诺，如果你不满意自己的待遇，就尽量在做完一阶段工作后再提出，也强过在关键时刻"卡别人的脖子"，这很不道德。你要知道其实这就是你展现自己的最好时机，千万别让自己毁在自己的手里。

年轻的我们在成功的路上总会被一些原因阻碍，只要你有真本事，你就有发光的一天。趁着我们还年轻，不要等待机会的降临，要用自己的优势去吸引别人的眼球，为自己创造机会，终有一天我们会实现自己的真正价值。

风险和阻碍一般与机遇并存

年轻的时候是人们面临最多机遇和挑战的时候，年轻人若能把握得好，那么你成功的概率也会随之增加。这些机遇和挑战往往需要年轻人有一定的冒险精神，因为它们的背后可能存在着不小的风险，但是我们知道风险越大，也就代表着成功后你的成就越大。年轻人要看到风险背后的大好时机。

年轻人面对生活中的冒险就像是勇敢地跳下悬崖，在下坠的过程中不断地为自己编织翅膀，振翅高飞。每个年轻人都面临着这样的冒险，没有冒险，生命怎能充满激情与繁华，又有哪个人愿意谨谨慎慎地过一生呢？勇于冒险能为你的人生带来意外的惊喜，就像秋天清晨的路边，能赫然看到沾着露水的花朵，你的心神便可以随它清新绽放。

如果我们有梦想，那就要努力实现；如果我们有想去的地方，那就不能坐着不动，一定要有所行动才行；如果你不愿意自己从温室里探出头来，就不会有所成长。年轻时不冒险，就不会有收获。每当你与别人分享内心最深处的情感时，就要冒被别人背叛的风险；每当你把自己投入互动的人际关系中时，就要冒被拒绝的风险；每当你要表达自己的见解时，就得冒被批评的风险。每一个人都必须借着桥，才能走到另一岸的陆地，所以，人只有不断地冒险，努力地跨越障碍，才能走上专为你准备的康庄大道。假如你一直避免去冒险，那就只好过着次等的生活，并且这也会限制你的成长。你会发现，冒险会为你的生命带来前所未有的富足和充裕，正所谓“自古富贵险中求”就是这个道理。

当我们谈起美洲的时候，总会想到第一个登上美洲大陆的哥伦布，正因为哥伦布勇于冒险，才发现了这里。

1492年8月3日清晨，年轻的哥伦布带领着87名水手，驾驶着3艘帆船，离开了西班牙的巴罗斯港，开始了人类历史上第一次横渡大西洋的壮举。在海上航行了两个月零9天之后，哥伦布他们终于到达美洲巴哈马群岛的华特林岛。哥伦布把这个岛命名为“圣萨尔瓦多”，意即“救世主”。

哥伦布踏上了他当时误认为是“印度群岛”和“日本”的新大陆，并在美洲游历了一番，而后返回了西班牙的巴罗斯港。

回来以后，年轻的他顿时成了英雄，受到西班牙国王和王后的隆重接待。在一次庆功宴会上，有人高声说道：“我看这件事不值得这样庆祝。大陆是原有的，并非哥伦布所创造。只要坐船一直向西航行，谁都会有这项发现。”

这时，哥伦布笑着说：“你讲得似乎很对，其实不然，我们不妨一试。”说着，他顺手抓起桌上放着的熟鸡蛋，接着说：“各位试试看，谁能使熟鸡蛋的小头朝下，在桌上立起来？”大家纷纷拿起面前的熟鸡蛋试着，但谁也没能把它立起来。

于是那位绅士得意扬扬地说：“既然哥伦布提出了这个问题，那就让他自己试试吧。”

全场的眼光都朝哥伦布看过来，只见他手握鸡蛋，小头朝下，“啪”的一声敲在桌上，手一松，那蛋就牢牢地立在桌上了。

那人高叫起来：“这不能算，你把蛋壳摔破，当然可以站住。”

这时，哥伦布正色地说道：“对！你和我的差别就在这里，你是不敢冒险、不敢摔，而我是敢冒险、敢摔。”

一枚小小的鸡蛋也能体现出冒险的力量。如果哥伦布没有冒险精神，那么他就不会被世人铭记。他当时出航的结果只有两个：一个是死在不知名的地方；另一个就是名留青史。然而正是因为他敢于选择，他才在世界历史的长河中留下了重要的一笔。

年轻人要有远见，要能透过眼前的危险看到成功的未来，敢于冒险的年轻人的脚程总是比别人快一步，能主动寻找所有可以突破的机会。他们像登山者、冲浪者，而且攀登的不只是外在的喜马拉雅山，而是在探索内心最高处的山峰；冲浪的范围不只是外面的海洋，还有自己内心最深处的海洋。

涉世之初的年轻人要勇于冒险，勇往直前。要冲击、要冒险，要闯出一条自己的光明大道，从风霜雨雪到枪林弹雨。对于年轻人而言，没有什么是无法克服的困难，没有什么是无法超越的现实。勇于冒险的人天生就是一个胜利者。

年轻人不要把冒险看得过于消极，的确，有成功就会有失败，但是你也要清楚，只有在危险背后才有一跃而起的大好时机。人生就是一艘游荡在生命长河中的帆船，会经受风雨洗礼，也会享受艳阳高照。千万别错过冒险的机会，这是唯一能保证你真正闯下一片天、拥有辉煌未来的方法。

人们在年轻的时候总会经受汹涌的风浪，但是风浪过后，你总会看到绚烂多彩的彩虹。年轻人的命运掌握在自己的手中，珍惜每一次危急时刻，用自己的智慧和勇气度过一次次风险，在风雨中锻炼自己，你才会茁壮成长。

敢于冒险，年轻就是要大胆

具有创造力的青年时期是人一生之中最好的阶段，既不像儿时那样天马行空，又不像中年后那样保守沉闷。年轻人在有了自己的想法后，就要有敢于实现它的勇气，只有把你的理想付之于行动，你才会获得属于自己的成功。

对于年轻人来讲，每个人都有不同的想法和创造力，但我们总被自己胆怯的心理所阻碍，总觉得自己的想法可能在现实中不会成功，可能会遭到领导的批评，与此同时，你也要看清另一面，如果你没有将你的创造力付之于行动的冒险精神，你就不会有一鸣惊人的本事。康德曾说过：“人的心中有一种追求无限和永恒的倾向。”这种倾向最直观的表现就是冒险。年轻人必须历练自己的冒险精神，这样你才会有实现自己价值的机会。

当同龄人还在苦苦等待机会来临的时候，我们要学会为自己创造机会。比尔·盖茨说：“所谓机会，就是去尝试新的、没做过的事。可惜在微软神话下，许多人要做的，仅仅是去重复微软的一切。这些不敢创新、不敢冒险的人，要不了多久就会丧失竞争力，又哪来成功的机会呢？”微软素来以只青睐具有冒险精神的员工而闻名。它们宁愿冒失败的危险选用曾经失败过的员工，也不愿意录用一个处处谨慎却毫无建树的员工。在微软，大家的共识是：最好去尝试机会，即使失败，也比不尝试任何机会好得多。可见，一个人光有创造力是不够的，你还要有敢于冒险的精神，只有在冒险的过程中，你才能为自己带来机会。

对于那些害怕危险的人来说，危险无处不在，坐吃山空是他们未来注定的结局。

美国人派吉曾经说过：“只为今天，我要用三件事来锻造我的灵魂：我要为别人做一件好事，我还要做一件我并不想做的事，更重要的是我要做一件我不敢做的事。”金学圭就是做了一件别人不敢做的事。他的Q版游戏成功击败了被大众普遍看好的3D游戏，这靠的不仅是他的创造力，更是他勇于冒险的精神，才铸就了他的成功。

有些年轻人不敢去冒险是因为畏惧困难，一件件难事要自己去摆平、一个个痛苦要自己来承受，想起来就心惊胆战，于是他们便将所有的事一股脑儿地推给了别人，不管是有意义还是无意义的事，但当别人历尽千险得到掌声和鲜花后，他们又后悔当初不该将机会拱手相让；有些年轻人不敢冒险是因为总担心失败，怕失败后连现在拥有的东西都要失去，他们总会找出各种各样的理由来使自己不去冒险，最后，他们一事无成，只能羡慕地望着别人，看着别人在勇敢冒险之后过着富足的生活，而自己却在思前想后中安安稳稳地毫无突破，仍在原地踏步；还有些年轻人害怕去冒风险是因为他们习惯了安逸，他们总躺在幸福的港湾里风平浪静，无比留恋已经占有的舒适而因此感到满足。毕竟冒险常常是失败的导火索，常常意味着放弃到手的一切，意味着要面对无尽的风风雨雨。

生活中的很多事情都比我们想象中的要容易很多，有些时候难就难在我们害怕走出这第一步。威廉·丹弗斯曾说：“你之所以不是自己想要成为的那样的人，唯一的原因就是你不敢成为那样的人，一旦你有了这种胆量，一旦你不再随波逐流，而是勇敢地面对生活，你的生活将从一个崭新的阶段开始，你将发现自己的体内充满了新的力量。”我们因为不敢迈出第一步，就失去了很多锻炼自己、提高自己的良机。只有敢于冒险的年轻人才能成为这个世界的强者，才能在历史的画卷上抹上浓墨重彩的一笔。

人类的好奇，产生冒险的冲动，人类的冒险，点燃了文明的火炬。人类在探索宇宙、探索自然的过程中，如果没有一代又一代的先驱冒着失去生命的危险，以英雄般悲壮的精神，毅然坚决地向未知探索，人类探索未知世界的步伐能持续多久？正是因为人类的血液中沉淀着勇于冒险、敢于奉献的精神，才能不断地鼓舞着后人继往开来，人类的文明才能持续繁荣，一个个伟大的人物才得以横空出世。李时珍为了写一本最全面的草药书籍，走遍名川大山，冒险尝尽百草，才有了《本草纲目》的诞生。

所以，年轻人不要浪费你的创造力，拿出你的冒险精神，为自己开辟一条崭新的道路。当你勇敢地迈出第一步时，你的人生已经向着成功的方向迈出了一大步。鼓起你的勇气，为自己的梦想去冒一次险，不能让你的创造力埋没在自己的胆怯之中，你要学会为你的人生负责。

财富基础需要你不断积累智慧资本

年轻人在走向成功的过程中，资金是不可或缺的要素。没有人能离开金钱生活，更没有人的成功能离开金钱的投入。所谓“一分钱难倒英雄汉”，尽管你有再高的本事，再大的学问，没有资金的支持，你也干不出一番事业。年轻人刚步入社会没多久，可怜的工资能保证自己的正常开销就不错了，还有多少富裕能为自己的今后储备起来呢？其实，只要你肯动用自己的智慧，就能为你的成功打下坚实的基础。

最适合年轻人积累资金的方法就是传统的储蓄，把每个月剩下来的钱做个定期存款，这样就能保证你有一部分小的资金积累，但是光凭这些肯定是不够的，我们可以凭借着我们的智慧，为节省下来的金钱进行小额投资，直到你的资金达到一定数目。而20世纪80年代以后出生的年轻人，大部分都是超前消费者，月光族已经是普遍的了，很少人有存钱的观念。我们一定要明白，如果吃掉了资本，就会终身受穷。如果你没有一定的储蓄来应付创业中的风险，如果你没有办法在创业的同时维持你的基本生活，如果你没有足够的创业资金，那么你只好一辈子都陷在为别人打工的境地之中。有一天不工作，你就会没饭吃；一个月不工作，你就会感到恐慌，如果你已经陷入了这个陷阱，建议你还是积累一点资金，为将来做准备吧。

那么对于“月光族”来讲，首先要从思想上让自己对金钱有正确的认识，摆脱对金钱的依赖感。当然，这只是理性上的认识，最好的具体实施方式，就是强迫自己在每月月初存下十分之一的钱，最好是存在存折里而不是卡里，因为卡里的钱可以随时消费、随时提取，而存折里的钱无论发生任何事，都不可以动用。30个月以后，我们就会养成这样的好习惯。如果年轻人刚参加工作不久，或者工资不高，不妨这样强迫自己养成定期储蓄的好习惯。

古巴比伦最富有的阿卡德，他致富的秘诀就是“当你收入10个金币时，最后，只花掉九个”，他认为“在赚的钱里，一定要存下一部分，财富的增长就像树的增长，最先是一粒很小的种子在发芽，第一笔存下的钱就像是财富成长的种子，一开始，不管赚多赚少，至少要存下十分之一的钱来。”因为这不仅使你的钱包变得膨胀，你的内心也会产生一种满足感，赚钱也比以前容易得多，而且你的发财欲望也会滋长。而如果一个人总是把赚到的钱花光，他就会产生一种赚钱的恐慌，会继续拼命地工作赚钱。为了弥补这种拼命产生的疲惫和心理饥渴，他又会把赚到的钱全部花光，甚至负债累累。最后，他就会陷入这样的循环怪圈而不自知。

对于现在的年轻人，我们要做的除了每个月存一定量的钱以外，还要审核自己每个月的消费单，把可有可无的部分划去，保持理性的消费观念，把钱花在该花的地方，省下的就是赚到的。很多人之所以穷，并不是因为挣得少，而是花得太多，社会上有不少人就属于这样有钱的穷人。

控制自己的消费是比较艰难的一步，也是很有必要的一步。当我们积累够了一定金额的资金以后，就要把这些资金当成“钱种”，用它来投资生钱。如何正确地播种“钱种”呢？首先就需要我们把钱交在熟悉的行业中，或者熟悉某个行业的人手中。比如，炒股的人会把钱交到“操盘手”的手中，而不是凭着自己瞎碰运气，或者把钱交在“投资人”“理财师”的手里。只有傻瓜才会把钱交给不熟悉行业的人，比如，把钱交给砖瓦匠去买珠宝，把钱交给公务员去办教育等。

年轻人其实就是缺乏理财观念，只有合理理财，才能够加速财富的运转。钱是在使用的过程中体现它的价值的，也是在流通当中增值的，我们只有加速金钱的流通，才可能得到它的附加值。关键是我们要有积极健康的理财观念，只要观念正确，我们就能迎来胜利。

聪明的你一定深知资金对自己成功的重要性，所以，动用你全部的智慧，让小钱生大钱，为自己的未来积累资金。健康的消费观和合理的理财观，才会让我们看到自己一步步接近成功的努力，才会给我们的成功之路打下坚实的基石。

第10章

认知财富，君子爱财取之有道

君子爱财，更要学会理财

年轻人对于金钱有一定的欲望，我们可以热爱金钱、尊重金钱，但一定不能拜金。年轻人要清楚，金钱不是你生活的全部，不能因为金钱影响到自己的正常生活。我们要掌握自己的财政大权，合理地分配自己的金钱。

金钱可以提高我们的生活质量，如果缺少金钱，那么我们就连生存的保障都没有。年轻人要尊重金钱，金钱才会爱你，才会进入你的钱袋，离开热爱而提赚钱，那是不可能的。既然金钱可以买到这世上大部分物质的东西，既然我们需要物质，为什么不让自己多拥有一些呢？承认自己热爱金钱又有什么错误？“金钱不是万能的，没有金钱却万万不能。”这句话说得多好啊！

热爱金钱固然没错，但年轻人不能被金钱牵着走，你如果因为钱迷失了自己的方向，那么后果会是非常严重的。

不能用金钱买到的东西有很多，比如，爱情、亲情，但是缺少了财富，人们可能会有什么结果呢？在一定程度上，贫穷真的让人缺乏尊严，通常人们的金钱纠葛不仅仅是因为分配不公，而是因为财富不足。

再说说生命，金钱的确买不到生命，多少钱也买不到一个人死而复生，但缺乏金钱，我们却可能死在疾病之间。有更多的钱就意味着可能得到更先进的医疗手段，有更好的卫生条件，甚至如果你喜欢还可以有家庭医生，随时为你的健康负责，你生病的概率就会降低很多，在这个意义上，金钱是不是可以买到生命呢？

年轻人要知道，金钱绝不是丑恶的，它代表的不过是一个交换媒介，一种流通手段，对金钱的使用才产生了金钱的善恶，它不是万恶之源，更不能丑化人性。金钱使我们的生活更加便捷，使我们生活得更舒适，更愉快，使女人更有魅力，使人们的心情更好，我们有什么理由不热爱它呢？

年轻人就是要做一个爱金的人，只有热爱金钱，它才会跟你亲密，如果你对金钱的态度是冷漠或者蔑视的，那么，它就会背叛你，寻找另外的主人。金钱只会依附在热爱它、善待它的人的身边。

“君子爱财，取之有道”，年轻人对金钱要热爱但不要狂热，不因为金钱可以带来更多方便就唯利是图，甚至触犯法律。我们要学会坦诚地面对金钱，爱金钱并没有错，只要你的方法得当你就能很好地支配金钱，将它的效用发挥到最大。

别做金钱的奴隶，让财富更有价值

年轻人在进入社会后要学会做金钱的主人，而不是它的奴隶，你要带领它走，而不是任由它牵着你的鼻子走。金钱是很听话的奴隶，只要你懂得它的特性，善待它，善于利用它，它就会给你带来源源不断的财富，而如果你不善于支配它，那你一辈子就只能被它所奴役。

在这个竞争激烈的社会中，有多少人苦苦地劳动着，却只能维持温饱；有多少人整日没有休息的时间，却只是为了增加金钱的数量；又有多少人工作目的明确，却只为了金钱享受。他们都是金钱的奴隶。

要懂得做金钱的主人就要了解金钱的特性，它只为懂得它、熟悉它的人赚取利润，还要清楚你的财务状况，如果连你自己都不清楚，就做不了一个好的主人，最后，就是决定用你挣到的钱去做什么，如果你把这个问题很好地解决了，你就容易变得富有，你就能掌握和控制金钱，让它做你的奴隶，为你带来财富。

那么，年轻人就具体地了解一下如何做金钱的主人吧。

1. 对于年轻人你要知道金钱是什么

金钱是交换的媒介，是流通的一种工具。它的交换媒介的特性决定了你为它工作，还是它为你工作。你能够用它交换到更多的价值，还是更少的价值。每个人都有一段为金钱工作的岁月，否则就不可能积累足够的资本。你要用自己的劳动获取更多的交换价值，包括金钱和经验。这些金钱除了维持你的日常所需，必须还要有一定的节余，否则你就是在做亏本生意，你的劳动换取的价值越少，你的亏损越大。生意的基本原则就是低买高卖，如果你用劳动交换的价值尚且不足够维持你的基本生活所需，你的亏损就会越来越大，现代社会基本不会出现这种状况。

在为金钱工作的日子里，你最主要的目的不是满足自己的消费欲望，而应该是积攒剩余金钱和经验，所以，这一阶段最主要的就是要理性消费，留够“下蛋的鸡”。

金钱的另一个特性就是流通工具，在流通中它才会为你带来更多的金钱，所以仅仅做一个守财奴是远远不够的。只有让你的金钱尽快地加入流通领域，才能够为你带来更多的财富。有时候，储蓄不但不能让你的剩余价值增值，还会有亏损，尤其是三年以上的储蓄。

2. 年轻人要了解自己的财务状况

不仅仅是你手里目前有多少存款、多少债务那么简单，还要记下自己的每一笔金钱的来源和去向，这样才能明确你的金钱流向，你在某段时间是亏损还是有收益，而且这些还能告诉你哪笔钱花的是值得的、哪笔钱是在自掘陷阱，为你以后增加财富提供一个明确的值得借鉴的资料。所以，每一个人都一定要学会记账。年轻人常常觉得记账既麻烦又约束生活，喜欢大手大脚地花钱，这样往往入不敷出，甚至是月月花光。要想制止这种情况，就要学会记账，然后在账单上看出不合理、不理智的消费项，才能避免盲目地消费，又能够为你以后的事业做一个有力的参考和佐证。

3. 年轻人要清楚自己挣钱要做什么

或者说剩余的钱去做什么，这是让一个人越来越贫穷还是越来越富有的根本。穷人常常把剩余的钱用来消费或者储蓄，所以，他们会越来越穷；富人则用自己剩余的金钱投资或者去建立资产，为自己的资产增值等，于是这些钱成为资本，为他们带来更多的剩余价值。

年轻人只有了解到金钱的特性，才能把握好金钱，才能做金钱的主人，才能把握住自己的钱口袋，才能把握自己的人生，才能真正地用金钱来享受生活。

财富需要积累，节俭是一种智慧

年轻人要知道，现在世界上的亿万富翁们，他们之所以拥有巨大的财富，不仅来源于他们的投资技巧，抓住时机的眼光，更大一部分原因是他们会“省”。既会赚钱，又会省钱的人才能更快速地拥有巨额的财富。

当然，这个“省”钱不代表着抠门、不代表着节俭，而是要花钱有道。比如，能够掌握物品的性价比，用最低的价钱买到最有价值的物品。而物品更不仅是单纯的物品，还包括它的隐性价值，比如，带给你的羡慕的目光和对你自信的影响等，都要算计到位。做到这一切，才能算是会花钱。

年轻人一定要会花钱，会花才能会省，开源节流，不做月光族。那么，怎么花钱才算是会花呢?

1. 理性消费

不要有事没事就买一大堆用不到的物品回家，只为自己高兴，要买必需品。年轻人需要装饰品，但不能太多，只要精致即可。年轻人买衣服，会永远觉得少一件，所以要让自己的衣橱丰富起来，绝不是买回更多的衣服，而是扔掉：更多的一年穿不了几次的衣服，当年为图便宜买的衣服，自己觉得不是百分之百满意的衣服，把它们从你的衣柜清除出来。以后选择衣物的时候，一定要多看、多试、少买，凭一种感觉就是第一眼就觉得“这件衣服简直就是给我定做的”，买自己百分之百满意而又绝不会后悔的衣物。不要总是买最时尚的款，最时尚的款式就代表最快过时，而中庸的大众款则代表永不流行、永不过时。

不要买打折的东西。打折就意味着过季，款式过时，这些东西买回去也只能穿一两次，多数时候就是在衣柜里放着。所以，不要一看到商场打折，血气上涌，就买一堆东西回家。逛街时，尽量一个人去，最多不要超过三个，否则，自己就会根据别人的喜好盲目地消费，买回很多不适合自己的东西。

不要持有过多的年卡、季卡、月卡。这些东西你通常用不到，办卡的时候你也许觉得很划算，兴致勃勃地就办了，但是消费的时候，你就会觉得这是一个巨大的陷阱，因为你根本抽不出这么多的时间去用它，总不能为了不浪费钱而请假去休闲吧。

不要买廉价的衣服。廉价的衣服不仅会浪费金钱，还会有损你的体面和自信，让你成为一个笑柄。更重要的是，服装往往是一个人社会地位的象征，除非你的形象已经不需要服装来提升和标志。男人不注重形象最多不过是不修边幅、浪荡不羁，女人不注意形象可就是邋遢了。不要因为贪便宜而自毁形象，廉价的衣服带给你的损失可不是金钱价值能够衡量的。

也不要买世界名牌服装，因为那是我们不能负担的。不到一定的社会地位，不到一定的年龄，通常都穿不出名牌服装的味道。更何况青春就是最好的装饰，用过多的名牌服饰和华贵奢侈的装饰，只能让你的青春、美丽打折。

2. 钱要花在刀刃上

不要总是为那些可有可无、无关紧要的东西付费，要选择最适合自己的消费方式。比如，许多年轻人为了方便会选择无限时包月上网，而他们一个月最多有20个小时用到网络上，完全可以选择限时包月的方式，选择自己最适合的付费方式。有时候看起来划算的东西，不一定对你合适。

花钱不一定是为了消费，有时也可以是一种投资方式。年轻人一般没有投资的概念，认为那只是有钱人的游戏。事实上，年轻人也可以学着投资，学着理财，比如，每个月强制自己节省一笔钱用来入保险，也是一种强制自己节约的方式。基金定投的产品对于年轻人也是比较适合的，事实上，对于一个白领来说，一个月节省四五百块钱，只是少买一件衣服而已，而长期下来，自己真的可能会获得一笔可观的收益。

投资有更大收益的项目，而不是把金钱平均分配进行投资。如果一个项目能够带给你20%的收益，另一个只能达到5%的收益，并且都比较稳健，那么你应该知道怎么选择。除非是真的有急用，否则就不要轻易地动固定的储存。

买一根人参的钱可以买一车萝卜，但聪明人都会选择买一根人参，而不是一车萝卜，因为到紧要时刻，一根人参的价值顶得上一飞机的萝卜。道理是一样的，与其为了很多无足轻重的事情消费，不如把钱花在有用的地方。事实证明，请别人吃几顿饭远远不如在特别的日子送上一件他喜欢的礼物，更能赢得一个人的好感。为了达到同一个目的，我们要用最小的花销达到最有效的效果，这才是钱要花在刀刃上的秘诀，这也才是节俭的真正意义。

3. 健康是一切的前提

用金钱换取更有价值的东西，健康绝对是其中一种。年轻人常常为了事业拼搏，而不顾惜自己的身体，为了潇洒大方而不顾惜健康，甚至过着一种不规律、不健康的生活。30岁以后，你的身体就会频频找你的麻烦。与其用金钱来买那些不重要的东西，不如做健康投资，买一些保健品，要知道再怎么打扮也比不过好的气色，身体健康的人才能在人生路上走得更久。

年轻人要将钱花得合理，不能只懂得赚钱，不懂得花钱，只有合理地分配才能为你“省”出巨大的财富。

珍视并正视财富，才会有更多财富

年轻人既不能做对于财富不屑一顾的人，也不能当对财富一刻不肯撒手的守财奴。美国哈佛大学商学院教授理查德·泰德罗倡导尊重金钱，提出“金钱是最没有偏见的”观念。其实，所有的一切都来源于你对金钱的态度。觉得自己辛辛苦苦，并不比老板得到更多的金钱，觉得目前的分配制度是不公平的人，只能眼睁睁地看着金钱从你的眼前溜走。

无论是生活还是财富，幸福最终只会被执着于它的人得到。在我们还没有拥有金钱的时候，我们一定要学会像拥有财富的人一样思考问题，财富才会向我们蜂拥而来。年轻人一定要知道，金钱的流通是有一定的规律的，我们只有掌握了这种规律，才能够保证金钱会向着我们的口袋流过来。这种规律，穷人没有掌握，因为他们做事杂乱无章或者逆规律行事，所以会越变越穷。而这种规律，学校并不教给我们，所以我们也不能从学校教育中得到。学校只教给我们为别人工作的本领，从不教给我们让钱为我们工作的本事，这是目前的教育不可避免的。而我们要得到这种规律，只有从富人的一言一行、思考方式方面去揣摩。

想要赚钱的年轻人，思想一定要先于行动，我们一定要学会像富人一样思考，才会像富人一样做事，最终才能跟他们一样拥有财富。富人和穷人之间最大的区别，不是简单的资金和资产上的悬殊，而是观念和思维方式的不同。在这方面，富人的子女和亲人能够通过他们的日常行为和思想受到潜移默化的影响。而穷人的孩子则有了这方面的限制，他们从小接受的就是穷人的观念，他们甚至很少知道财富的价值，思想的重要性，改变起来自然艰难。

记得彩票刚刚发行不久，几个哥们儿聊天的话题是“中了五百万元干什么”，他们中间有说买房的，有说买车的，有说先去旅游的，也有的说要投资。有一位智者说得好：“如果你给他十元钱，他就会考虑吃一顿好饭；如果你给他一百元，他就会给自己置一套不错的行头；如果你给他一千元，他就会考虑出去旅游一次。这样的人，你奢望他能拿什么致富？”极端地讲，穷人的消费观就是这样，当然他们的其他观念也好不到哪里去。见识的有限限制了穷人们的想象力，所以我们安贫乐道，只会安分守己地工作—赚钱—花掉—工作，从来没有想过其他的可能。

刚步入社会的年轻人，撇开家庭因素来讲，我们中的大多数都生活在穷人中间，久而久之，就形成了穷人的心态，思维变成了穷人的思维，行为模式也是典型的穷人模式。就算有一天我们遇到了飞来的横财，我们也只会按照我们认定的方式去处理钱财，结果导致财富的缩水，甚至被骗。没有赚取财富的头脑和眼光，没有辨别真假赚钱之道的慧眼，再多的资产对于我们来说也不过是一笔死钱，他永远不能够通过一定的手段给我们带来更多的财富。

为什么会有风险投资？为什么有些人持有着大把资金找人合作？或者只

求一个好点子？为什么有人投资失败，一夜之间会一无所有，几年之间又会从负债几个亿变成身价几亿的富翁？而为什么另一些人的生活就会像古井一样千年无波？真的是命运如此吗？其实，富人有自己信奉的一套哲学，有自己独到的眼光和观念，所以，他们会越来越富有。而穷人信奉知足常乐，信任一切稳妥可靠的东西，宁愿一辈子打工。所以，无论挣多少钱，如果没有自己的事业，没有自己独到的观念，那么，他就是一个穷人。就像一个笑话说的：一个人说 “等我们有钱了，豆浆买两碗，喝一碗倒一碗；等我们有钱了，保镖请两队，一队背着一队走。”有人学习怎样投资，他成了老板；有人学习怎样管理，他成了经理；有人学习怎样把别人吩咐的事做好，怎样分析老板的脸色做事，怎样要求加薪，他成了一名打工仔。学习的东西不同，让我们成为不同的人。有人说，办公桌前面的人永远不知道桌子后面的人在忙些什么，所以，他会变得贫穷，如果一个人想要富有，就要向办公桌后面的人学习。首先就是要学习他们的思维模式。比如，把所有的挑战、障碍都看作机遇；把所有看起来没有价值的东西，找到它可能附加的价值；热爱一切新鲜的事物，并把它们和财富联系在一起；尊重金钱，享受财富。

年轻人若想今后成为富人行列中的一员，就要对自己有一个清醒的认识。如果你的观念现在已经跟不上富裕的脚步，那你就将变成一个穷人。让自己拥有富人的思想，比拥有财富更刻不容缓。学会像有钱人一样思考，是一个年轻人在没有成熟的阶段就要拥有的本事，否则，一旦你的财富观念定了性，是很难改变的。所以，趁现在你对金钱还没有一个正确成熟的观念，马上学一学有钱人的金钱观吧！

每一个创意思维都是财富的源泉

年轻人在刚进入社会时，总是有很多的想法，他们的这种想法大多数是富有新意，富有创造力的，如果稍加改良，一定可以为自己带来可观的收入。就像女人有很多浪漫、唯美的奇思妙想，这些想法男人往往不屑一顾，而正是这些奇妙的想法，才帮女人走向了成功之路。

我们只有相信自己的直觉，相信你的奇思妙想，才能够拥有财富。年轻人要大胆地把自己的奇思妙想变成实际行动，才能够赚更多的钱。事实证明，年轻人在胆识、魄力、合理性思维方面，的确不如在社会闯荡多年的人，但是他们也有优势，比如，灵活、敏锐、心思缜密、想法奇妙等。年轻人天生对新鲜事物比较敏感，天生有超强的直觉，这些都可以作为年轻人创富的起点。

比如，许多女孩子都羡慕过动漫里漂亮的衣服，但是，你想过把漫画中的奇装异服变成漫画爱好者们的服装吗？有的女孩子就想过，不但想，还进行了实施。她们把漫画中的人物造型拍下来，让熟悉服装设计的人根据那些立体的图片做出设计图纸，再找裁缝店或者小型工厂进行加工，就制造出了一大批漂亮的漫画服装，这些东西在现实中不实用，但是在动漫爱好者的眼里或者热衷于游戏的人眼里，却无比珍贵。哪个动漫爱好者不想拥有一套自己崇拜的人物的衣服？哪个游戏爱好者不想自己穿着游戏中的服装过一把瘾？商机就这样被一个小女孩发现了。

年轻人创业，必须要有新鲜的项目，那些传统大众化的利润大的项目，不但前期投入大，而且竞争激烈，市场基本上被那些商业大佬们占据着，年轻人不可能在那里占有一席之地。在高科技的信息产业，也被大部分有商业优势的人占据了，年轻人只有依靠自己敏锐的观察力和直觉，在新生事物上占有一席之地，才可能赚到更多的钱。DIY（亲力亲为，靠自己）就是这样应运而生了，DIY蛋糕、DIY巧克力、DIY服装，甚至是布艺，都是年轻人赚钱的好方法。

小方是一个还没毕业的大学生，他在大学附近的鲜花店旁边开了一家巧克力DIY店，顾客可以用自己亲手做的巧克力再加上一束鲜花对爱人表明自己的心意，多浪漫。

学校的很多情侣都用自己的双手亲自为对方做一个有特色的巧克力，无论是表白，还是庆祝生日。这个充满新意的小店在校园里的名声渐渐传开，在成全了无数情侣对浪漫的追求的同时，这个项目更是为小方赚到了大把大把的钱。

灵活的头脑，新鲜的创意，是年轻人最大的资本，喜欢奇思妙想的人们，只要勇敢地把自己的想法付诸实践，并加上财商的辅助、合理的管理，就能够赚到大钱。一个奇妙的点子能创造出人们巨大的需求，而有需求的地方，必定有大量的财富流动着，只要你善于抓住时机，利用好自己手中的资金和脑中的智慧，再加上妥善的管理，必然能够变成一个“小富翁”。

社会中没有一家用人单位不希望自己的员工有创新精神，只有不断创新，才能为企业带来源源不断的财富。创新是一种美丽的奇迹，是最轻巧的财富杠杆。有了创新，年轻人才能够在竞争越来越激烈的商场占有一席之地。靠着我们的奇思妙想，很多奇妙、浪漫的东西就这样被发明出来了。

广州有一个喜欢浪漫的女孩，曾经突发奇想地做了一个“吻”送给自己的热恋男友。她先在唇部涂好口红，然后印在一张白纸上，再把唇印扫描下来保存到电脑中，用彩色打印机打印出来，一个漂亮的“吻”便做出来了。她又细心地在纸上做了一圈花边，写下两行字：把我的吻给你，把我的心给你。永远爱你！最后把这张纸塑封后送给男朋友。后来就是靠着这一点创意，她开了一间叫作“浪漫吻唇”的个性小店，专门为女孩子做“吻唇”送给男朋友，或者把这些唇印，做成装饰画、中国结，或者是做成挂在房间里、汽车里的小挂件。通过出售别人的“香吻”，她成了有名的小百万富翁。

年轻人不要被世俗束缚住自己的思想，你要知道年轻人就是有很多新奇的想法的，而我们的财富就在于此，我们要勇于创新，用我们的想法去改变我们的人生。

不要怕穷，不要害怕没有启动资金，一切需要准备的东西都在你的智慧中。只要你有足够的智慧和勇气，就能够赚到大钱，为你解决金钱问题的困扰。年轻人要学会多动脑，只有将自己新奇的想法和实际行动联系到一起，才能为我们带来更多的财富。

禁得住财富的诱惑，别迷失自我

年轻的女人在进入社会后，要经受各方的诱惑和考验。年轻的女人喜欢帅气大方、风度翩翩的异性本没有错，错就错在一个女人不应该为了帅气的男友，而放弃自己的事业或者是更好的婚姻或者是本有的物质上的享受，而去牺牲自己来成全男人。要知道优秀的男人从来不会让女人来成全，感情这种东西，如果遇不上一个好男人还不如金钱来得可靠。

女人在选择婚姻的交往对象时，一定要考虑经济因素。一个女人看一个男人主要看什么呢？要从哪里了解起呢？感情是能够培养的，条件则需要更多的机会和时间来培养。这些我们早就说过，一个女人看一个结婚对象，无非是从年龄、相貌、健康状况、家庭背景、社会地位等考查起。不要看不起一些很俗的东西，生活本来就是世俗的，平凡女人的幸福也是很世俗的，千万不要做为了男人不顾一切的女孩子，否则迟早会后悔的。

有一则笑话，说“有一个人，二十几岁的女人会下意识地问：他帅吗？三十几岁的女人会问：他有钱吗？而四十几岁的女人会问：他健康吗？他在哪？”这些问题一个比一个更实际，一个比一个更靠近生活的本质。二十多岁的女孩子选择自己的另一半也一定要让自己更成熟、更能把握生活的本质，而不要做一些盲目牺牲的傻事。

年轻的女人在社会中最经受不住的就是男人的甜言蜜语。男人通常都说“爱江山更爱美人”，但有多少男人能够为了美人而舍弃到手的江山呢？太少太少了，理智的人更喜欢实际的江山，为了更高的社会地位而舍弃女友的男人太多了。而女人还死守着牺牲、忍耐，岂不是太傻？要相信爱情是美好的，但也要相信爱情不可能离开面包而存在。世界上有多少情侣是因为经济因素而分手的？难道你还要做盲目牺牲的傻女孩吗？何况，优秀的男人不可能接受这种牺牲、这种高攀。不要和比你社会地位低太多、经济条件差太多的人谈恋爱，那是不可靠的，这会让你们彼此都有压力。

在社会舆论中，女人选择比自己社会地位高、优秀的男人交往结婚是可以被人接受的；而和一个比自己社会地位差得多的人结婚，你们两个都必须有更多的勇气来面对压力，有更好的心态来面对感情，女人固然不能摆出一副施舍的嘴脸，男人的自尊心也不能够太强，不能有被可怜的感觉，否则也会造成悲剧。为了维护这一切，甚至要花费比恋爱更多的精力，彼此都要活得小心翼翼，何必呢？

还有一些“傻”姑娘要记住，不要用盲目地牺牲来支持一个男人。当你成就了这个男人，你将会失去所有，你以为可以赢得他的心，但其实故事的结局往往都是女人最不想看到的。你要在维持自己的生活水平和工作环境不会改变太大的基础上来帮助男人。社会上有多少女人为了支持男人的发展而舍弃了自己的未来，一心一意地来帮助丈夫，可是男人发达了，却忘记了背后默默支持的妻子。盲目地牺牲自己的事业，最终换来的只能是自己的思想追不上他的后果，甚至会被抛弃。女人认为给男人花钱、支持他是爱的表现，男人却会认为这是一种施舍，偶尔的小礼物是有必要的，却没有必要因为他而降低自己的生活水平，那种用自己一个月的工资换得男人一条领带的女孩太傻了。

当然，女人从与男人交往的时候就要看好自己的钱包，不要进入婚姻的殿堂才后悔自己的选择。社会上那种靠着和单纯的女孩子交往来骗取钱财的诈骗犯还少吗？看清男人的甜言蜜语，肯为你花钱的男人，比让你给他花钱的男人更值得信赖，也更值得珍惜。一个男人如果爱一个女人，就会想要她分享他的劳动成果，而一个女人爱一个男人，就会觉得花他的钱是一种幸福。

年轻的女人不要被男人的谎言欺骗，在对待男人和金钱的问题上要让自己冷静、理智一些。好男人是不会指着你的钱创造“你们”的未来的。对待金钱只有像对待男人一样用心，才不会同时遭到背叛。

善用金钱，财富的价值才能显现

年轻人常常因为缺少资金，就为了眼前的蝇头小利而失去信用，失去人际关系的融洽，这对自己未来的发展是极其不利的。人们往往喜欢实在、重义气的人，往往喜欢和有信誉的人做生意。重利益并没有错，有错的是你因为自己的利益而侵犯了别人的利益，有错的是你计较的这点小利，正是他人维持生存的唯一希望，这时候重视小利，就会在你成功的路上布满荆棘。

年轻人要明白财富就像滚雪球，我们要正确地对待利益在我们生活中扮演的角色，也要正视对于利益的竞争，做到公平竞争，利益共享，才能够达成双赢。很多人都认为要达成双赢是不可能的事，认为共同的利益面前只有竞争，没有双赢，这样的观念是错误的。

我们要学会以长远的眼光来看待财富，我们要做的是把一张“饼”烙大，而不是分到一张饼中较大的一部分。很多人在合作的时候，只考虑眼前的利益，而不考虑长远的合作，这样就容易为了小利而失去长久的利益。我们必须把自己的利益缩小，这样，我们才可能赢得更多的合作者，变成一头对多头。有了选择的余地，我们就会有更多的盈利点，建立长期的利益互补关系，我们才能够在合作中成为胜利者。

只有让雪球滚起来，它才会变大。就像作为供求双方，我们可以向对方让一点利，但要求对方在下一次合作项目中要优先考虑我们；或者以此为条件要求对方在我方购买他们需要的东西；或者以让利为条件，要求对方介绍他的第三方客户给我们认识，和第三方达成供求关系等。这种与直接利益没有关系，也不存在冲突的方式，往往不会招致对方的反感，同时也能够实现双赢，给我们带来更大的利益。

图德拉是委内瑞拉的一位工程师，他从来没有做过石油生意，但他从朋友处获悉阿根廷需要价值2000万美元的石油，同时，阿根廷的牛肉过剩。西班牙需要进口一批牛肉，但他们的造船业很繁盛，正为订单发愁。然后，他又在中东地区找到一家炼油厂，对方可以提供2000万美元的石油，条件是租用他的油轮。

就这样，他把阿根廷过剩的牛肉，卖到了西班牙，又把西班牙过剩的油轮租给了中东地区，同时，把中东地区过剩的石油，卖给了需要石油的阿根廷。就这样，他没有花费很大的力气，只是把货物卖给了需要的地方，就实现了三方的共赢。同时，他也取得了一大笔中间费用。事实上，这才是买卖的真正作用。

做生意就是要实现共赢，而不是只追求那微薄的利润。我们应该得到的利益，的确应该争取，但也要视情况而定，有时，我们过分地执着于利益，就会为未来的发展带来障碍。比如，在一个企业的发展初期，经常会有一段困难时期，如果我们与之合作时执着于利益，就会给企业的发展带来不利，这样在企业发展壮大以后，通常会因为你的不义之举而不再和你合作。如果你肯在这个阶段，让一点利给对方，或者允许他的赊欠行为，让企业渡过难关，他想必也会对你的行为心存感激。当企业渡过了难关，也许会为了感激你而决定和你长期合作，尽管你的产品要比别人的昂贵一些。这样，你们双方都会从合作中获益。重要的是，你获得的长期利益，远比你获得的暂时利益多得多。当然，这只是显性收益，还有长期的隐性收益，比如，讲信誉、重仁义的好名声；比如，通过这个企业你可以认识到的其他客户；比如，你所代表的品牌形象等，这些无形收益更是一笔无法计算的财富。

年轻人不要为了争夺小利而损害人际关系，让周围的人对你有意见，有看法。人际关系受到损害势必会影响你在重大利益上的得失。这样一进一出，最后就不划算了。

比如一位同事，他为人非常精细，精细到了一丝一毫都不肯吃亏的程度。大家都熟悉他的性子。有一次春节假期结束开始上班时，免不了要大扫除，包括帮女同事搬搬桌椅、电脑等东西，结果单位所有的男女都到了，就这位仁兄居然晚了一天才上班。虽然大家都没说什么，但大家都认为是他有意不来的。就是这样一个事事都讲究省力、不肯吃亏的人，每年的升迁都没他的事，追求女朋友也屡屡受挫，提及原因，大家都说："一点点亏都不肯吃的人，能指望他成什么大气候。"

年轻人在面对金钱的诱惑时还要注意，有一些小利是我们争不得的，就是和那些把这些小利看作命根子的人。我们就没有必要和他们争，不妨把小利让给那些为了这些小利奋斗了很久的人，因为你眼中的一点小利有可能是人家长久以来的奋斗目标，这时我们不妨"让一步海阔天空"。

我们要看清什么才是你想要得到的真正的财富，过于执着小利，就会影响你对大利益的追求。所以，我们要放弃一些自己并不迫切需要的小利益，才能够得到更多的人脉和信誉资源，这样，你的财富才会像雪球一样越滚越大，我们才会离自己的目标越来越近。

第11章

踏入婚姻，就是踏入新的历程

爱的味道，年轻人要学会经营婚姻

当女人走进婚姻的殿堂时，就意味着她结束了一个人的生活，与相爱的人开始了一段新生活。在这种新的关系中，年轻的女人要学会承担责任，你嫁给的并不单是一个男人，而是你们的家庭，你们的未来。婚姻生活中不全都是浪漫的爱情，更多的是生活中的琐碎。所以，选择一个适合自己的爱人，选择一段适合自己的婚姻，那带给女人的将是轻松、幸福的未来。

年轻的女人在结婚之前就要明白，你不能将未来的赌注全都压在婚姻上。两个人从不同的家庭中走到一起，在生活习惯、思考方式、性格、处事方式等方面都会有所不同。爱情不是婚姻生活中的一切，在爱情中我们总是会选择性地闭上自己的一只眼，认为对方的所有一切都是好的，是自己喜欢的。为了博取对方的喜欢，女人又会把自己不堪的一面深深地隐藏起来，伪装出对方喜欢的样子。尽管这种伪装有时候并不是我们有意的，而是下意识的动作。在爱情中，我们不用承担责任，所以男女双方都认为对方很好，而当我们结婚后，就会需要一定的适应期。

选择婚姻只需要一瞬间，结婚只需要一天，经营婚姻却需要一辈子。有人说，一个女人一生要结三次婚：第一次是在神父的见证下，在大家的祝福中与一个她喜欢的整洁、帅气的男人结婚；第二次是在柴米油盐的生活考验下，和一个或者懒散或者邋遢的有瑕疵的男人结婚，这才是真正的她本人和他本人的生活；第三次是和他的父母朋友、他的社会关系结婚，只有经过了这三次考验，我们的婚姻生活才能长久。

所以说，女人结婚嫁的不仅是一个男人、一段爱情，而是一种新的生活方式。带着彼此不同的烙印，加上对于分担家务事、家庭费用的承担等琐事，折磨着每一个人。所以，新婚的夫妇最幸福，而一旦过了蜜月期，双方就会彼此审视、怀疑，就会产生争执，而两个价值观有冲突的人会有更大的冲突和摩擦，严重者甚至会导致离婚。如果我们不想有这样的结局，就必须在结婚之前，慎重地考虑结婚对象。当然，这种考虑不仅仅是以他本人为基础，而是对他本人的性格、他的家庭、他的社会地位和社会关系等一切进行综合考虑，如果适合你，才可以进行进一步的考验。

女人在结婚之前还要认清自己是喜欢哪种生活方式，喜欢过怎样的生活，就选择那个能与你有共同目标的结婚对象。

你喜欢轻松的生活，就不应该和严肃谨慎的人生活在一起；你喜欢流浪式的生活，就要找一个像荷西那样宽容乐观的人；你喜欢积极上进的生活，就不应该和意志消沉、庸庸碌碌的人一起生活，不管他是多么富有或者有地位。

一个足够成熟的女人只有弄清楚了自己的生活目标，以及对过什么样的生活有一种向往和追求，才能够更加准确地选择自己的婚姻。“嫁给一种生活”不仅是一种严肃的婚姻态度，也是一种严肃的生活态度，是对自己人生最大的负责。

婚姻是每一个女人的转折点，如果你嫁给一个农夫，就要习惯农妇的生活；如果你嫁给一个浪荡公子，就要学会照顾他的狐朋狗友们；如果你向往过独立、与世无争的小日子，就要嫁给社会关系简单的人；如果你喜欢热热闹闹的生活，就不妨嫁给大家族的儿子。

无论你嫁的是谁，女人在面对婚姻的选择上一定要慎重，尤其是年轻的女人，你要知道，和你结婚的这个人可能就是陪你走过后半生的人，先想好自己要追求哪种生活，再去选择结婚的对象。如果只是因为一时的冲动就嫁给了一个不适合你的人，那么后悔的只有你自己。

相互包容，婚姻才能长久

每个走进婚姻的人，都希望自己的婚姻能够幸福长久。在婚姻里，并不是只需要柴米油盐就能够拥有幸福的，也不是单纯地靠男人或者女人的热情就能够保持幸福的。一个巴掌拍不响，在婚姻中，若想有幸福甜蜜的生活，就需要双方共同的经营和保护，才能让你们的爱情历久弥新。

年轻的女人在婚姻中应该掌握好男女之间相处的技巧，懂得以柔克刚，要明白绝大部分人是吃软不吃硬的。女人无论是在恋爱中还是在婚姻中，都要学会“退让”，学会“示弱”，如果暂时的“示弱”能够换来男朋友、丈夫的妥协、疼爱，又何乐而不为呢？总是和男人争吵对女人是没有好处的，最终失败的必然是女人自己。

现在的年轻女性大多在事业上都有一定的成就，但是在家庭中就扮演不好男人心中温柔贤淑的妻子。这是因为女人知道自己不是生活中的弱者，在事业上表现出来的强势角色，走进家门也转换不过来。过于争强好胜的她们，忘了一个小女人应有的温柔和宽容，往往用咄咄逼人的态度去处理婚姻中出现的问题，反而使自己的婚姻和丈夫受到更多的伤害。太聪明太独立的女人，往往让男人感觉不到温暖，感觉不到被需要，男人很难和这样的女人来分享浪漫。女强人更要学会在家中收敛自己过强的上进心和自尊心。越是独立的女人，越要在家里让男人帮你分担一些事情。比如，电灯坏了让他来修，东西太重了让他来帮你扛，千万不要太过独立。

婚姻中不需要硬碰硬的较量，年轻的女人要学会“示弱”艺术，有些时候故意表现出自己有些事情做不好，需要对方的帮忙，也是示弱的一种方式。这种示弱不妨用撒娇的语言表示出来，娇滴滴地说一句：“老公，咱家洗衣机不转了，你快来看看。”就能够达到需要对方、向对方示弱的目的。所以说，示弱是很简单的事，并不需要你抛弃自我，对男人言听计从，完全在男人的眼色下行事。只要你稍稍表露出自己的软肋，就能唤醒男人被需要的情结，满足男人的自尊心。要知道，女人过分要强则显不出男人的重要性，和这样的女人相处，男人会有很大的压力。

但是，在婚姻中女人的“示弱”也是讲究技巧的。哭着流泪并不是示弱；咬着下唇，眼泪在眼眶里打转，然后背过身去，留给他一个哭泣的背影，这才叫示弱。女人要做的，不是和他争吵后的号啕大哭，而是要么退让不和他争论，要么在争论过后轻轻地啜泣，以此表达你的委屈、你的悲伤。“示弱”不是真正的软弱，不是委曲求全、忍辱负重，更不是忍受不公平的待遇；而是女人处理婚姻问题的一种手段和智慧，婚姻中没有谁对谁错，更没有谁输谁赢。保全自己婚姻的稳定和幸福，那就是赢了，示弱是对宽容和力量最好的演绎。懂得示弱的女人更容易得到婚姻的幸福，更能让丈夫对家产生依恋，也更能激发丈夫优秀的潜质。

所以，在两个人相处的过程中，女人要多运用一些小技巧，比如，学会用温柔的语言表达你的不满、你的需要，而不是用强硬的态度或者让男人猜来猜去的方式来表达。大多数男人对弱小的事物都有保护和迁就的心理，没有哪个男人能抗拒得了弱柳扶风的柔媚、梨花带雨的楚楚，更没有哪个男人能抗拒娇妻的柔柔爱语。女人要明白这一点，才能够做得更好。

年轻的女人不要把自己的不顺心、不满意都挂在脸上，要把你的不满说出来，很多时候，男人不会知道女人为什么不满，他们只是觉得自己工作一天已经很累了，不想再回到家就看女人的脸色。女人要学会用温柔的语言表达出自己的不满和需要，有时候，女人板着脸只是为了得到男人的爱或者只是轻轻地安慰，摸一摸自己的头发。

在两性中，女人需要更多的爱的表达，哪怕男人只是用甜言蜜语哄哄女人，也会让她们感到很幸福。而男人是不懂得这些的，与其摆脸色给他看，不如讲出来，哀怨委屈地说一句“你就不会抱抱人家啊”会比“真是个不解风情的木头”效果要好得多。自然也就享受到了两性之间的温存感觉，这种享受当然不是你单方面的，你的老公也会享受到，同样也会因此更加爱你。

在历史的长河中，有很多实力不俗的男人都是被女人打败的，女人们依靠的绝不是自己的力量，而是以柔克刚的智慧。在两个人相互磨合的婚姻中，免不了出现一些矛盾，如果面对矛盾，全部针锋相对，凡事都以实力去评价对错胜负，那生活要过得多么疲倦啊。作为女人应该明白，和男人硬碰硬，只能让事情变得更糟糕。事实上，女人只要得到丈夫的专一和疼爱就是最大的幸福了，何必事事都要分个胜败、论个输赢呢？即使你赢了争吵，又有什么好处呢？只能让丈夫离你越来越远罢了。换个角度去想，女人若是肯退一步，男人就算嘴上不说，心里也会充满感激的，他会因为你的宽容和示弱而更加爱你。

由此可见，年轻的女人在婚姻生活中扮演新的人生角色，要学会与男人相处的技巧，懂得向男人示弱，这样，才能让你的婚姻生活充满新鲜的味道，这才是两性之间相处最融洽、最和谐的方式。

婚姻的路很长，经得起平淡的流年

在爱情的初期，激情也许占了很大的一部分，但是一旦激情消退，女人就应该学会用智慧来维护你们之间的感情和婚姻。不要因为激情消退而让彼此间的爱逐渐消失，最后让本来相爱的两个人越走越远，最终成为陌路。

女人要学会用智慧来维护感情，当爱情渐渐地变成温情时，你们才不会因此变得陌生，最终导致分开。在男女情感中，女人是最不想提到“分开”二字的人，她们会因为一段感情的终结而受到最终的伤害，所以，女人更要学会用智慧去维护爱情。

爱情、婚姻就像房子，经过了几年的风风雨雨，如果你不懂得去经营它、修补它，它就会漏雨。在爱情的世界里，也许因为你的不懂经营，不懂维护，而让你们的婚姻出现危机。爱情最初靠的是异性的吸引力，靠的是新鲜、激情，渐渐地，爱情会消失，会变得平淡。这时候男人会变得不再那么热情，而是充满了理智与自制力，逐渐变得挑剔、苛刻，这时候，女人要用自己的智慧和宽容来守护好你们得之不易的感情，不能让冷漠与任性破坏了这份爱情，让曾经相爱的两个人陷入痛苦之中。只有最愚蠢的女人才会在失去以后抱怨，而聪明的女人则懂得防患于未然的道理，懂得在平日的相处中用智慧为两个人的感情增温，来抵消长期相处的那种疲倦和平淡的感觉。

当激情消退时，女人要让自己的智慧及时地跟进，才能够让你们的关系越来越好。为此，你必须要谨守一个原则：永远最爱自己。你可以爱别人，可以给他更多的关怀和爱，但一定要记得最爱自己。想要给予爱，首先要懂得爱、要拥有爱，爱不是无止境的纵容，而是有限度的包容，最爱自己会让你的爱情和婚姻都更幸福。不要爱得忘我，越喜欢对方，越要清醒地认识到，如果你不爱自己，别人也就不会爱你。在这个原则之下，你可以用一切方法来维护你们的婚姻和爱情，用一切女人的智慧来维护你们之间的感情。

女人要学会制造浪漫，一切的情趣和浪漫都能够制造出来，一切温馨的感觉都能够通过刻意的营造而变成真实。感觉是最不可靠的东西，它能够通过任何一种方式营造出那种热恋的幻觉。女人可以通过一切感官的刺激来唤起他的热情，比如，换一种服装造型，让自己变得热情洋溢，显得更青春、更火辣等；也可以借助旅游、一起看星星等方式唤醒热恋时的记忆。当然，这些只能是暂时地让他迷惑，频繁地这样地刺激则会让男人产生疲倦的感觉，手段应该利用，但不应该过于重复和频繁。

学会用自己的智慧，帮助男人制造机会，以及规划他的人生，和他共同奋斗，并一起分享成功的快乐。奥巴马的红衣女郎米歇尔站在他的身旁毫不失色，聪明的米歇尔总是能运用她的智慧来帮助丈夫。在她和奥巴马一起领取诺贝尔和平奖时，丈夫在获奖感言中曾经提到了44次战争、33次和平，引起了一阵争议。但她的那套环保的黄绿色调的Calvin Klein（美国一个时装品牌）连衣裙以另一种方式为她的丈夫补回了一些分数。事实上，无论是在奥巴马竞选期间还是在入主白宫之后，米歇尔都用她的智慧无数次地帮助了奥巴马。她曾经说过这样一段话，非常值得女性借鉴和思索：“在漫长的大选过程中，我们一直携手向前，这让我们之间的关系更加紧密。当两个人携手完成一项很困难的任务，然后分享胜利的喜悦时，两个人一定会更好。你会意识到你多幸运，你们多么深爱彼此。”从这一番话里，你是否能够感觉到另一种维护感情的方式？和对方风雨同舟、相濡以沫，能够增加你们之间的感情。

让宽容成为你们之间最牢固的牵系。爱情是两个人的事，两个人的事就应该由两个人来做，两个人来做就难免有分歧，只有学会彼此宽容，才能生活得更加轻松自在。女人天生就应该比男人拥有更多的宽容之心，男人天生就像任性的孩子，女人要学会让着他、宽容他，你们之间才有可能走得更远，感情更深。当然，宽容并不等于纵容，要有限度，在非原则的问题上要彼此相让。

总之，当两个人之间最初的激情退却之后，彼此都要学会用智慧去维护婚姻，去经营婚姻。只要你们彼此是相爱的，就不要任由两个人走到相看两厌或者相看两倦的境地。

禁忌言辞，婚姻中有些话不能说

聪明的女孩一定要知道一些婚姻中不能说的话，试着不要说，否则无论多么幸福美满的婚姻，都会被破坏；无论多么温顺的男人都会被你伤害惹恼。婚姻不幸福，事业就会不顺利，那我们的损失就大了。

20多岁的女孩往往说话不经过大脑，只图一时痛快，而伤害了对方。婚姻就会在这种不经意中渐渐地毁掉了，不要不在意，这是很严重的问题。1485年，著名的英国国王查理三世和伯爵亨利之间的战争就是因为国王的马蹄上少了一个小小的马蹄铁钉，而导致战马摔倒，国王被俘，战争遭遇了失败。有诗人写道："丢失一个钉子，坏了一只蹄铁；坏了一只蹄铁，折了一匹战马；折了一匹战马，伤了一位骑士；伤了一位骑士，输了一场战斗；输了一场战斗，亡了一个帝国。"所以说一个国家尚且可能失败在一个小小的铁钉上，何况是我们的婚姻呢？难道就不会失败在我们不经意的几句话上吗？

聪明的女孩一定要懂得婚姻中的"禁语"才能防止我们的婚姻从自己的手中烂掉。这几句话是我们经常不经意地说出来的，却严重地伤害了人的自尊心和感情，我们一定要尽力戒掉说这种话的坏习惯，才能够使家庭更和谐，婚姻更幸福。

无论爱情还是婚姻，都需要经营。年轻的女孩尤其要明白这一点，爱其实很简单，有时只是举手之劳，有时却显得微不足道，但在婚姻中，爱他就是要在一切细节上下功夫，比如，不说容易惹恼他的一些“婚姻禁语”，给他足够的关注等，只要我们做得好，就能够使我们的婚姻更甜蜜。女人的一生，事业、婚姻就是一切，我们要用足够的精力去经营、去呵护。

第12章

持家有道，幸福生活用心打理和营造

幸福需要经营，家庭需要呵护

孩子之于父母，不仅是爱情的结晶，更是婚姻道路上一同前进的新伙伴。

拥有一个幸福美满的家庭，是每个人的愿望。女人对于家庭来说，不单单是妻子，也是母亲，是孩子心中的神，女人在紧紧地守护着自己爱人的同时，对于孩子也要有足够的重视，做一个能够守卫家庭幸福的好管家。

当被问到“你认为什么能使家庭幸福”时，有1500个孩子写信回答：“一起活动。”社会学家分析说，其实我们和家人一起做了些什么并不重要，重要的是，我们一起度过的是一段美好、快乐、放松的时间。这样的时间越多，我们的家庭就会越幸福。然而很多家庭往往忽略了这一点，以为只要让孩子吃饱穿暖，学习成绩搞上去就算是功德圆满了，其实不然。

一位母亲这样提到自己寻求了解女儿的心路历程：

女儿曼蒂约14岁时，开始对我们十分不尊重，经常出言讽刺、语气轻蔑，她的行为也开始影响了她的弟弟和妹妹。

我一直没采取行动，直到某天晚上，丈夫、我及曼蒂在我们的寝室里，曼蒂脱口说出了一些很不当的话。我觉得她实在闹得不像话，于是大声呵斥道：“曼蒂，你听好了，让我告诉你我们家的规矩！”

我道貌岸然地开始长篇大论一番，以为能让她信服，知道该尊敬爸妈。我提到最近她生日我们为她做的一切，还提醒她，我们如何协助她考取驾照，还让她开自己的车。我滔滔不绝地举出了不少丰功伟绩。说完后，我以为曼蒂大概会对我们叩拜一番，感激涕零，可是，她竟有些挑衅地说："那又怎么样？"

我气炸了，愤怒地说："你给我回房间去，我们真是不想再管你了。"曼蒂冲出去，摔上自己的房门。我气得在房里踱步。

然而，冷静之后我突然想到，我并没试着去了解曼蒂，我虽无意打击她，但是只站在了自己的立场上。这份觉悟扭转了我的想法和对曼蒂的感觉。

半小时后，我来到女儿的房间，第一件事就是为自己的行为道歉，我并未为她的行为开脱罪名，仅就自己粗鲁的举止致歉。

"我知道你心里有事，可是我不知道是什么。"我让她知道，我真的想了解她，最后，我终于营造出让她愿意跟我分享她内心不快的气氛。

曼蒂有些迟疑地谈到她的感受：身为初中生，不但要把书念好，而且还要交到新朋友；她害怕自己开车，因为这是全新的经验，她会担心自己的安全；她刚接触一份兼职工作，不知老板对她有何看法；她在上钢琴课，生活相当忙碌。

最后我说："曼蒂，你觉得不知所措吧!"问题找到了，万岁！曼蒂觉得有人了解她了。在面对这些挑战时，她觉得手足无措，所以对家人颇多怨责，因为她渴望家人的关注，其实，她真正想说的是："拜托谁来听我说说话吧!"

因此我告诉她："所以当我要求你尊重我们时，你觉得又多了一件事。"

"就是嘛！"她说，"又多了一件事！我连眼前的事都应接不暇了。"

我把丈夫拉来，三个人坐下来慢慢地细谈，设法让曼蒂简化自己的生活。最后她决定不去上钢琴课，也不教钢琴了。她觉得很棒。接下来的几个星期，曼蒂就像是换了个人似的。

从那次经验后，曼蒂对自己选择生活的能力更具信心。她知道父母了解她，也支持她。不久，曼蒂决定辞去工作，因为工作不符合她的理想，她在别处又找到了一份极好的工作。

母亲和子女的沟通在一个家庭中尤为重要。女人在忙碌的工作和琐碎的家务中往往忘记了对孩子的关爱，也很少能够抽出时间来了解他们现在的所作所为。孩子与父母的争执往往只是一种表象，父母学着重视子女，尊重子女，孩子们也会体谅父母。女人，身为一个家庭的管家，每一个家庭成员都要照顾到，不能因为子女是小孩子就忽视了交流和沟通。聪明的女人，不会让孩子成为自己头痛的问题。

在一个幸福的家庭中，孩子往往还充当着感情的纽带。在夫妻吵架拌嘴，不想和对方说话时，孩子就成了最好的传话筒；家里气氛沉闷，孩子的一句玩笑话就能够让大家都开心起来；孩子之于父母，不仅是爱情的结晶，更是婚姻道路上一同前进的新伙伴。

维克是个事业有成的工程师，他曾经疯狂地追求现在的妻子，并且与之共结连理，还生了一个可爱的男孩。然而他们婚后的前五年是不幸和失败的。后来有一天，他跟妻子吵了一架，4岁的儿子问他："爸爸，你难道不喜欢妈妈？我觉得她是个好妈妈。"维克突然明白原来自己是个笨蛋。"我其实真心真意地爱着'孩子的母亲'。"他说，"既爱她这个人，又爱她能为我做的一切。在她的精心照顾下，我们的儿子长得健康可爱。我一直没承担起做父亲和丈夫的责任。我活该受到惩罚，但我决心尽力挽回。我找到我太太，希望她能帮我成为一个称职的丈夫和父亲。感谢上帝，她成功了。现在，我们过上了真正意义上的婚姻生活，一种建立在互爱互敬的基础上的婚姻生活。她又为我们生了一个女儿，我们的幸福价值千金。我的孩子没再问过我为什么不喜欢他们的妈妈了！"

父母是孩子模仿的榜样。因此为人父母应该努力做到谦虚谨慎、不骄不躁、尊重自己、尊重他人，坚强有毅力、乐观开朗，这样的话，孩子也会模仿父母成为一个具有良好性格的人。家庭是社会的基本群体和基本单位，家庭是孩子最早接受教育的场所。从某种意义上来说，孩子最早的老师是父母，父母是最初的启蒙教育老师，父母的一举一动、一言一行对孩子都有潜移默化、耳濡目染的影响。对幸福的感觉也一样，如果父母双方为孩子营造了一个幸福温馨的家庭环境，孩子对幸福的感知能力就强。

对幸福的家庭来说，责任和忠诚是紧密相连的，家庭成功的关键是时间、精力、精神和感情的投入，这种投入也叫责任心。家庭高于一切。每个家庭成员都致力于增进彼此的幸福和快乐，家庭的幸福才能够长久。

孝敬老人，做个维护家庭和谐的好媳妇

百善孝为先，孝敬老人，做个好媳妇，是中国传统的美德，你对丈夫的母亲好，他也会加倍地对你好。

自古“婆媳关系”就是一个家庭最头痛的问题。古代的媳妇碍于婆婆在家中的权威地位，往往要忍气吞声，而现代家庭中女子的地位上升，媳妇也都不示弱，大有翻身做主人的架势。媳妇和婆婆因为同一个人走到一起，成为一家人，本应是互相爱护的，但是由于女人天生好嫉妒，看不得自己的东西被别人霸占，所以这婆媳间的大战就一而再，再而三地开始了。

有这样一个关于木碗的故事，或许你曾经听说过：

从前有个很老很老的老人，眼睛花，耳朵也背，双膝还止不住地发抖。每当她坐在餐桌前吃饭时，汤匙也握不稳，常常把菜汤洒在桌布上，汤还会从嘴边流出来。儿子和儿媳妇都嫌弃她，老人只好躲到灶后的角落里吃饭。他们给她一只瓦盆，把饭菜盛到里面给她吃，而且每顿饭都不给老人吃饱。老人很伤心，常常眼泪汪汪地看着桌子。

有一天，老人的手颤抖得连那只瓦盆都端不稳了，瓦盆掉到地上打碎了。儿媳妇没完没了地训斥她，老人一声不吭，只是不住地叹气。他们于是花了几分钱买来一只木碗给老人吃饭用。

后来有一天，老人的儿子和儿媳妇正坐在那儿吃饭，4岁的小孙子把地上的碎木片拾掇到一起。

“你这是干什么呢？”父亲问。

“我要做一只木碗，等我长大了，让爸爸妈妈用它吃饭。”

孩子的妈妈听了，愣在那里半天说不出话来，她一下子醒悟了，连忙拿起木碗往地上一扔，那木碗摔成两半。随后，那媳妇拉着孩子的手，一起把

婆婆接到里屋住。从此，儿媳妇对婆婆孝敬有加。

婆媳之间的关系不仅仅是两个人的问题，更是关系到你的丈夫和孩子的大问题。像这个用木碗的老人，含辛茹苦地把儿子养大成人，怎么也不能想到儿子会嫌弃自己。其实儿子不一定是从心里嫌弃自己的母亲，俗话说："儿不嫌母丑，狗不嫌家贫。"母亲再不好也是母亲。一般儿子都是碍于妻子的管制，从而做出对长辈不孝顺的行为，而自己的这种行为又在自己的孩子的心里深深扎根，所谓"上行下效"，自己种的果将来就要自己吃，不管是苦是甜。

现代的婆媳关系，不仅仅是因为婆婆身体不好、自理能力差，而更多的是因为婆婆对儿子过分地爱护。所以，在与婆婆相处时，最好能注意以下几点：

1. 别当着婆婆的面数落丈夫

当你们和公婆住在一起时，最好不要当着婆婆的面数落丈夫。即便真的是丈夫有错，也不要在婆婆面前发生争执，否则婆婆一定会给你脸色看。当然你千万不要认为婆婆是在和你过不去，她只是在为自己的"教育成品"做辩护，所有的母亲都会袒护自己的儿子。重新打造丈夫的工程只有在两人世界里进行，而不要对婆婆寄予厚望。如果你想要让婆婆与你一起对丈夫再教育，这真是有些苛求了！因为这无疑是在证实婆婆教育方式的失败，你在数落丈夫的同时，就是在说婆婆的教育方式不对，所以，她的脸色会好看吗？

2. 学会顺着婆婆

有些女性非常害怕与婆婆发生矛盾，经常采取我行我素的方式，其实这种态度本身就是个错误。因为儿媳妇的这种行为方式，会让婆婆感到很不舒服。丈夫因此也会对你有意见，觉得你看不起她的母亲。

你可以试着改变战术，婆婆做任何事都不要表现出不满的态度，要站在婆婆一边。比如，你可以经常当着家里人的面，称赞婆婆菜烧得好并向她求教，称赞她新买的衣服好漂亮、好得体。她会觉得和你的心理距离拉近了。而且儿媳如果这样作，那么在孩子小的时候，婆婆很愿意帮着带孩子，婆婆一方面对带孩子有经验，另一方面也省去了你很多的麻烦，这时候要多多地感谢婆婆才是呢！

3. 学会向婆婆道歉

很多人都有这样的体验，在公交车上或是购物的时候不小心碰到别人，一句“对不起”“不好意思”“抱歉”等很容易就说出口了，而面对至亲的家人，却很难开口。其实，家人是你最亲的人呢，即使你不道歉，大家也会原谅你。只是面对婆婆，一句“对不起”绝对可以化干戈为玉帛，让大家和平相处。

4. 别在婆婆面前和丈夫过分亲热

与丈夫的恩爱，随时随地都可以表现出来，但是在婆婆面前还是规矩点好。婆婆不是不希望你们恩爱，只是她在的时候，也希望能成为你们爱的一员，所以这个时候不妨多谈谈你们小家庭的情况，让婆婆参与其中，这样婆婆才能放心地让你们过自在的生活。

5. 送点小礼物给婆婆

俗话说：“礼轻情意重。”对婆婆来讲也是如此，一件衣服，一份补品，或是一个小小的首饰都能够表达你对她的一份心意，至少她会觉得你把她放在心上了。

虽然大家都说“婆媳自古是冤家”，但是只要做媳妇的有心，让着老人一些，做到自己该做的，相信婆婆也会像对待自己的亲生女儿一样对你的。

退一步讲，即使婆婆是个难相处的人，但是她生养了你爱的人，她为了你的丈夫付出了很多艰辛，为了表达你对她的敬意和谢意，你也应该做个孝顺的好媳妇！

百善孝为先，孝敬老人，做个好媳妇，是中国的传统美德。为了家庭的幸福温暖，在与婆婆相处上面多花些心思，多忍让一些，做个孝顺的好媳妇吧！

踏实下来，用心操持一个家

现代女性的生活，大多数还是尊崇着儒家的思想。不仅白天要忙着上班，下班还要买菜回家做饭，劳累的生活使某些女人完全失去了自我，曾经的梦想和追求也早已抛诸脑后。

在《仪礼·丧服·子夏传》中有这样一段话："妇人有三从之义，无专用之道。故未嫁从父，既嫁从夫，夫死从子。"《周礼·天官·九嫔》："九嫔掌妇学之法，以九教御：妇德、妇言、妇容、妇功。"这就是中国古代女子讲究的"三从四德"。"三从四德"是为了适应父权制家庭稳定、维护父权—夫权家庭（族）利益需要，根据"内外有别""男尊女卑"的原则，由儒家礼教对妇女的一生在道德、行为、修养上进行的规范要求。古代女性没有外出工作的权利，也没有养家糊口的能力，一辈子就是围着锅台转，相夫教子，缝缝补补。作为现代社会的女性，一定为过去的女人觉得惋惜，可是反过来看看男女权利平等的世界，女人又是如何生活的呢？

在一部热播的电视剧《中国式离婚》中，女人对婚姻都有一种莫名的恐惧：一个女人结婚后的全部时间都用来为这个家操持，每天被大大小小琐碎的事情搞得人不像人、鬼不像鬼。可是自己得到的不是生活的幸福，而是一双不再柔嫩的手，为了几角钱和市场小贩的争执，甚至为了照顾丈夫和孩子不得不放弃自己喜欢的工作。

这就是现代女性的生活。很多女人想摆脱这种境况却又无力去做些什么，中国这千年的传统并不是一朝一夕就能改变的。因为有"家"，就要有为"家"而操持的人，这个人只能是温柔、细心而又拥有母爱的女性。

经常听到女人这样抱怨："我为了这个家，为了孩子，更为了留住我曾经深爱过的男人，我把自己的底线一降再降，从年轻的女孩变成现在的黄脸婆，最后还是免不了分手的后果！"女人往往把男人看成是自己的全部，结婚后更是眼里只有丈夫和孩子，工资不比男人少拿一分，吃喝拉撒睡每件事，事事都要过问，男人还可以大言不惭地说你乐意！男人出轨，最受伤的还是女人，伤心流泪，最后甚至成为怨妇，女人真该为自己活一回。不管何时都应该善待自己，无论什么时候都要自己爱自己！

要做一个成功的女性，不仅财务上要独立，更要多给自己一些照顾，运用下面这些小妙法，可以帮助你活得更加开心自在。

第一，写快乐日记。养成每天写日记的习惯，哪怕只是三两句话。记住每天开心的事情，使你快乐的的人、事、物和地点，或者情绪低落的时候给自己一些鼓励。空闲的时候就拿出来重温一下快乐的时光，日子也会变得美好起来。

第二，满足自己的购物欲。女人都喜欢购物，尤其看到喜欢的东西，就会不顾一切地买下来，也不管它对自己有没有用处。所以不妨试试把每周需要的东西罗列下来，到周末的时候一站式购齐，这样能够使你满载而归，有一个富足快乐的好心情。

第三，与流行接轨。作为家庭女性，对潮流和新闻的关注度兴趣不大。但是如果每天能够利用一个小时的时间来浏览一下最新的资讯，可以使自己紧跟时代步伐，给大脑充电的同时也多了几个与人交流的话题。

第四，日行一善。俗话说："勿以善小而不为。"每天做一件好事，即使只是帮同事一点点小忙或是帮邻居扔个垃圾，都可以让你快乐一整天。

第五，给每天取一个名字。聪明的女人可以让每天都过得与众不同。一周的七天，你可以按照自己喜欢的方式给它们命名，比如，打球日、逛街日、学习日、聚会日等，这样变化多姿的生活一定可以带给你无与伦比的快乐。

第六，打扮自己。爱美是女人的天性，千万不要因为工作繁重、家务劳累就忘记了犒劳自己。每天花一个小时做美容，吃些滋补养颜的保健品，让自己随时都处于最佳的精神状态。

第七，享受音乐和艺术。美妙的音乐和高雅的艺术可以陶冶人的情操，在一天的辛苦工作之后，拿出十多分钟二十分钟的时间，听听歌，看看画，不仅能够缓解疲劳，还可以有美的享受，真是一举两得！

第八，让爱情常鲜。工作之余，经常与恋人分享生活中的喜悦，时不时地制造些小惊喜，在对方不开心时给予适当的关怀，或者计划一次两人的远途旅行，既可以使爱情保鲜，也可以丰富自己的人生。

第九，投资自己。在享受生活的同时，不要忘记提高自己，社会在前进，女人也不能停止脚步，抽出点时间上一些自己感兴趣的课程，或者学习一种技术，体验一下不同领域的学习乐趣和成就感。

第十，为自己存钱。很多女性在婚前都很享受，而一旦走入了婚姻便把全部精力都放到了男人和孩子的身上，自己舍不得买衣服，舍不得买化妆品，却给老公孩子穿满身的名牌。其实女人何苦让自己受苦，每个月为自己储存一两百元的"美丽基金"，为自己的美丽埋单，要知道漂亮的妻子和母亲是每个家庭都需要的！

理财有道，让生活更富足

女人喜欢花钱，女人也喜欢精打细算，有些女人能把日子算计得越来越美满，而有些女人算来算去，家里的钱却总是入不敷出。

有人说："男人向女人求婚是对女人最大的赞美。"求婚，代表着一个男人相信一个女人，愿意把"家"交给这个女人打理。而女人如何才能看好这个家，使日子越过越红火呢？

在小说和电影里，挥金如土、大方潇洒的男士总能受到众多女士的追捧，但是在现实生活中，男人若是拿着工薪阶层的工资又喜欢一掷千金，恐怕家里的日子过起来就要困难了。所以这样的男人就需要一个脑筋清楚、勤俭节约的女子来帮自己打理家庭和开支。

所以如果想驾驭金钱，就需要更深一层的知识，同时，把它当成是改善人生的方法，那么也就没有什么问题是复杂和困难的了。理财投资是人人都可以学会，而且人人都应该学会的课程。以为投资只是金融从业人员和有理财头脑的人才能学习的科目，是一种错误的认知。当然在学习理财知识的同时，女人还要改掉一些大大咧咧和顾前不顾后的坏习惯。

李女士从事汽车美容与养护工作，要扩大经营，打算在城郊开设一家汽车修理保养厂。奈何构想虽佳，却无妥善地点，后来想到自己的中学同学宋某手里还有一块闲置的土地在找项目，便和宋某商量，打算承租，宋某欣然应允。李女士和宋某谈租金和租期，宋某说："自己人，随便啦！"李女士便告以心目中的租金和租期，宋某仍回："自己人，随便啦！"于是李女士便雇工前来整地，铺设水泥，并搭上钢架，打算两个月后正式开业。谁知此时宋某来一封律师函，附上租约，上面白纸黑字：租金变成两倍，租期缩为一半，保证金也水涨船高。李女士看了，简直是欲哭无泪……

像李女士这样的女人着实不少，因为对朋友和熟人的相信，所以在金钱往来上也特别放心，但是所谓"害人之心不可有，防人之心不可无"，关于利益上的行为还是要谨慎处理。女人的善良和自尊往往使自己陷入尴尬境地，其实不管是多么亲密的关系，只要放下面子，理智思考，一切困难都可以迎刃而解。女人千万不可为了面子和交情而使自己陷入水深火热之中。

一个家庭，纵然是有金山银山，不懂得做消费计划，也会坐吃山空的。人们常说“少花等于多赚”，事实虽然不是这样，但是省去一些不必要的花费还是可以帮助你积攒一笔丰厚的资金的。俗话说：“由俭入奢易，由奢入俭难。”一个女人的自控力在金钱的消费上能够体现得淋漓尽致。节俭，未必就是节衣缩食，也不是说吃糠咽菜。作为现代女性，最大的节俭莫过于控制自己的心血来潮和无止境的欲望，不要为自己的一时虚荣而挥霍，也不能为了贪便宜就买一些对自己毫无用处的东西，花费的金钱并不少，但也降低了自己的生活质量。

节省生活中不必要的开支，是做好一个家庭管家的重要工作。什么是不必要的开支呢？比如说，你是一个上班族，在挑选衣服的时候就要以上班能穿为准则，尽量购买一些大方得体、穿得出去的衣服，而不是净买些家居服、休闲服之类的，买了之后穿的机会很少，都闲置在柜子里。又或者你为了搭配一件大衣，想买一件白色高领毛衣来搭配，那么就不要被鸡心领的T恤、花边领的衬衫所诱惑。有些女士作为孩子的母亲，非常喜欢给自己的宝贝买各种各样的衣服和玩具，要知道孩子的衣服并不比大人的便宜，而且孩子每年都在长个儿，衣服买完穿一次就变小了，这样要比大人浪费得多。如果每年有计划地购买，衣服够穿就好，不仅可以节省部分开销，也能够防止孩子从小就养成攀比的坏习惯。

而且女人在购买一些日用品时，要选择质量好又环保的健康产品，不要为了图便宜就降低对质量的要求，“一分钱一分货”，你的钱是不会白花的。平时要注意环保和健康，也能省下日后买保健品的钱，这种提前投资还是很划得来的。

现在的年轻人很喜欢过各种节日，并且利用节日来表达自己对爱人的关怀，经常会买一些礼物送给对方。事实上并非每个节日都要如此，有时候精心准备的节日礼物未必有出差或者出外旅游为爱人带回些小的纪念品更有价值，在生活的点点滴滴处都能想到对方，这才是爱的最高境界。

如果你能够像上面所说的既不冲动地相信别人，也能够控制住自己不乱花钱，就可以逐渐地变成一个会持家的好女人了。但是光有这些还是不够，掌握一些专业的理财知识，也是现代女性必不可少的。

在深圳一家进出口公司工作的林凤，年薪十几万元，但是三年下来，她却积欠了20万元左右的信用卡债务。因为她有时接到一张大订单，奖金马上就有几万元。她觉得赚钱很容易，但因为上班的压力大，为了犒劳自己，她会买名牌包包、套装及首饰，信用卡一刷就是几千上万元，但又没有记账，结果每个月赚1万元，却花掉两三万元。再加上有时公司老板计算佣金的方式又有偏颇，得不到自己期望中的报酬，结果三年下来，居然创下了20万元的负债纪录。

31岁的她，不敢随便换工作，男友也受不了她的消费方式，觉得跟她在一起，未来根本没希望，她开始陷入财务和爱情不顺遂的痛苦深渊之中。

林凤的危机告诉我们：钱赚得再多，没有节制地乱花，也会导致负债累累的后果。有些女人，没钱的时候很会节省，从来不会出现没钱花的情况，而一旦工资待遇提高，有了闲钱，反而经常变成月光族。究其原因就是越有钱越懒得计划，觉得钱来得容易，多花一点也没什么关系。实际上这种毫无目的的消费是最容易掏空我们的钱包的。

为了家庭的财产能够稳步增长，为了每一个家庭成员都能够快乐消费，给自己制订一些计划和目标是非常有必要的。预算是一张蓝图、一个经过计划的方法，用以帮助你把你的收入派上更大的用处。正确的预算方式，将会告诉你如何达成目标，你自己的家、小孩子的大学教育费用、养老金、你梦想中的假期……

做好一个家的总管，真的很不容易，女士们千万不要被困难所击倒，为了未来幸福的生活，现在多掌握一些理财知识，做一个会持家的好女人！

健康饮食，让家人吃好

现代女性的生活压力越来越大，工作上激烈的竞争、生活上家务的繁重、持家上理财的烦琐，赡养父母的责任和教育孩子的操劳，让人身心疲惫，没有片刻喘息的机会。身体是革命的本钱，合理膳食、保持环境的清洁，是女主人的责任。家人生病了，照顾病人也是女主人的义务。合理膳食是健康之本，怎样做到合理膳食呢？妻子是关键。在一个家庭里，操纵餐桌大权的往往是主妇，因此膳食的合理与否也就取决于女主人。

在我们的日常生活中，“菜篮子”和“米袋子”是最重要的“进口”工程。而这项工程的检验者和监督者，毫无疑问地要由女人承担起来。在商店的蔬菜柜台前，女人相当认真细致。因为女人们不想让家人的健康受到无谓的牺牲，她们也或多或少地知道由于食用不符合国家食品安全的食物，可以引起大量的疾病。

老人生病了，她们既要悉心照顾，又要懂得病人的饮食知识；丈夫的腰围越来越粗，她们既要想办法让他解馋，又不能让其腰带继续变长；孩子们每日的营养膳食更是让女主人要花费很大精力的事，全家人健康的重任都落在了女主人的身上。

我们都知道现代社会科学发达，然而这也带来了很多负面影响。一方面，蔬菜过多地使用化学肥料，水果上面残留的农药，人工培植的食物天然营养流失等。另一方面，在大家都忙着挣钱养家的时候，很难抽出很多时间来仔细地做一顿饭，往往都是匆匆忙忙地炒个菜，焖点米饭了事。长此以往，身体的健康水平肯定要下降。“食疗”是最好的疗养方式，它比任何药物都对人体更有利，所以，作为家庭的管理者，女人们有必要多掌握一些这方面的知识。

针对一天的三餐来说，必须要均衡饮食，才能达到全面补充营养的目的。有人认为，只要一天三顿饭都有吃，就能吸收足够的营养了。事实上，即使你一天三顿饭都吃不同的食物，也只能提供人体所需营养的60%。在《食物搭配》一书中，作者伊莱恩·麦琪博士指出，其实，人们只要花5分钟对餐桌上的食物做出小小的调整，就可以获得那额外的40%的营养。

1. 早餐

俗话说：“一日之计在于晨。”对于饮食来说也一样，早饭是一天之中最重要的一餐。早餐摄入的能量占全天能量摄入的30%，经过一夜睡眠，身体有十多个小时一直在消耗能量却没有进食，人体需要含丰富碳水化合物的早餐来重新补充、储藏能量。长期不吃或不科学地吃早餐对身体健康有严重的危害，并且不吃早餐对孩子的学习和健康都有很大的影响。

要想早餐吃得有营养，只要给“粥”加点料。像牛奶、红糖、杏仁、花生、草莓、酸奶等都可以加到粥里。粥中本来富含B族维生素，可以帮助人体将蛋白质和糖转化成能量。加点牛奶，可以使蛋白质互补；加入草莓或其他水果，有助于人体吸收更多的钙质；杏仁富含维生素E，可以成为早餐中健康脂肪的重要来源。

因此，营养学家提醒，无论是“上班族”还是为人父母的家长，每天早起一刻钟，给自己和孩子准备一顿良好的早餐，应是每天的“必修”功课。

2. 午餐

很多上班族，午饭就是一份快餐盒饭，盒饭虽然快捷方便，但是含有较多的脂肪、盐、味精，会在体内积存大量的热量。由于体内缺乏维生素、矿物质和植物纤维，令营养摄取不足，又容易发胖。而用餐不定时则会导致消化器官功能紊乱，不利于食物的消化吸收及利用。所以，每天应该补充多种维生素、矿物质和膳食纤维，以保证营养的均衡。

而且不管你的主食是什么，尽量在菜中寻找到下面4样食物的身影——鸡肉、菠菜、番茄和蒜。主食配着菠菜吃，可以使人体轻松地摄入维生素A和维生素K。番茄、鸡肉和菠菜所含的B族维生素恰似一副“三驾马车”，可以帮助制造红细胞，预防心脏病，而蒜则有预防传染病的作用。

3. 晚餐

很多人只关注晚餐吃得少，但是少的应该是数量，而绝不是种类，可以找4~5种蔬菜拌成沙拉，再用豆类、土豆、菌类、肉类炖一个菜，主食中也加点豆。比如说，全麦面条和豆类搭配食用，是一种传统的意大利配餐组合，比单一地吃面条可以摄取更多的植物纤维、蛋白质、铁和钙。

美国当代著名营养学家戴维斯博士认为：“人从出生到死亡，蛋白质是永远不可缺少的。假如食物中各种营养充足，人就可以保持健康与青春……摄取充足的蛋白质，会使一个人年轻美丽、精力充沛、耐力持久、生命充满健康的阳光。”

总的来说一日三餐不需要做到量大，但种类一定要多，这样才能全面地补充营养。这一点的科学性可以从国家领导人的食谱中看出来。

在普通老百姓的眼中，总以为现代的领导人还和从前的皇帝贵族一样，每天山珍海味、大鱼大肉，实则不然。他们经常吃的是一些粗粮，通常少食多餐，崇尚的是健康的饮食方式。

据一些为老首长和领导人配餐的营养专家说，领导人每天要吃够25种食物，有时候多达30种，这一日三餐的食物以“杂”为主。首长们吃“四条腿动物”的肉比较少，从营养上来说，“四条腿（猪、牛、羊）的不如两条腿的（鸡、鹅），两条腿的不如一条腿的（菌类），一条腿的不如没有腿的（鱼）。”

在蔬菜中，根茎类蔬菜如白萝卜、百合、芋头等则适合冬天食用。此外，还要多吃黑色食物，如黑芝麻、黑米、紫菜、木耳等。

做好家庭规划，朝着幸福的方向努力

家，是女人的天堂，是男人的港湾，是孩子的乐园。一个幸福的家庭充满了爱与欢笑，一个希望永远幸福的家庭需要与社会共同进步，家，同样需要成长。我们生活的世界充满了许多无法预测的因素，我们甚至无法弄清明天将会发生一些什么事情。处于这样一个忙碌的世界，很多事情我们都来不及考虑，很多美好被我们一一错过。究其原因，就是我们根本没有弄清自己生活的目的。家是组成了，有爱你的老公，听话的孩子，看起来算是幸福了，然而今天的幸福并不代表明天会快乐，为自己、为家庭将来的美好生活确立一个目标，是身为管家婆的女性们应该及早考虑的。

约翰·高德小时候便是敢于梦想、敢于挑战的人。15岁时，他将他一生想要做的事，列在一张单子上，共有127个他希望达成的目标，其中包括探险尼罗河、攀登珠穆朗玛峰、研究苏丹的原始部落、5分钟跑完1英里、把《圣经》从头到尾读一遍、在海中潜水、用钢琴弹《月光曲》、读完《大英百科全书》、环游世界一周……

如今他已过中年，是目前世界上还活着的最著名的探险家之一。他已完成127个目标中的105个，也完成了许多其他令人兴奋的事。

目标决定着人的行为，人的行为自觉不自觉地受着自己的目标的指引。

只有确立了目标，你才有可能一个一个去实现，也才能够体会到梦想达成的快乐。

哈佛大学曾做过一项跟踪调查，对象是一群智力、学历、环境等条件差不多的年轻人，调查目的是为了测定目标对人生有着怎样的影响。调查结果发现：27%的人没有目标；60%的人目标模糊；10%的人有清晰但比较短期的目标；3%的人有清晰且长远的目标。

确立家庭的目标和个人目标一样，都需要对自己有一个清晰的认识。并且家庭目标制定起来，要比个人目标复杂一些，也有趣一些。一般的家庭目标，可以分为个人目标和集体目标两部分：个人目标就是针对丈夫、孩子和自己每个人的实际情况，制定的关于家庭建设的目标；集体目标就是需要全体家庭成员共同完成的目标。

比如说，家庭会议决定把环保作为近期目标，那么丈夫就要戒烟，妻子做饭时就要采用一些绿色食品，孩子就要不乱扔垃圾等，坚持一段时间后，发现大家都养成好习惯了，就开始下一个目标的制定。比如说，为了锻炼身体，规定每个人每天的运动量和运动方式，达到锻炼身体的目标后，再重新寻找新的目标。在这样不断地完善自我的过程中，家庭成员之间有了更多交流和相处的机会，家庭关系也会更稳固和亲密。

确定目标和完成目标并非像想象中那么容易，它既包含着一些痛苦的自我考验，也包含着家庭成员之间的协调和了解。但无论花费多大的努力，它都是值得的。确定目标并努力去完成它，这其中的最大益处就是潜意识里，你开始遵循一条良性的规律进行生活。这条规律就是：人能想象和相信什么，就能用积极的心态去完成什么。如果你预想出你的目的地，你的潜意识就会受到这种自我暗示的影响。这样一来，你的生活就会变得有乐趣。你也因受到激励而愿意付出代价。你也能够预算好时间和金钱。你愿意研究、思考和设计你的生活目标。你对你的目标思考得越多，你就会越有热情，你的愿望就变得更加强烈。你会对生活更加热情，更加有动力。

那么，在制定目标的时候，需要注意以下几点：

1. 制定长期具体的目标

有人说“我长大要当科学家”“我长大要当老板”，这样的目标太大、太不具体了。你当科学家，是哪个领域的科学家呢？航空航天、化学家、物理学家还是数学家或者生物学家，科学家三个字太笼统了，反而让人更加迷茫，找不到真正适合自己的学科。比如，制定家庭目标，本月以节俭为目的，但是具体要怎样做才算节俭呢？那么规定全家每周上厕所只用一卷纸，电视每天只能看两个小时，屋里没人就关灯，等等。这样因为目标具体，每个人就都能够按部就班地去做，目标就很容易达到了。

目标定下来之后并不是万事大吉了，一定要有恒心、有不怕挫折的勇气，即使制定的目标没有实现也不要灰心，一直坚持做下去，总会成功的。当你体味到成功的喜悦时，继续下一个目标就不再是什么难事了。

2. 行动最重要

每个家庭都可以界定自己的人生目标，认真地制定各个时期的目标，但如果光说不做，还是会一事无成。想到更要做到，只有行动起来，目标才能完成。一个家庭的目标要靠全体家庭成员的配合才能逐步完成，这其中也需要女主人起到监督和督促的作用，只要大家心往一处想，劲往一处使，再大的目标也能够实现。

3. 目标要用书面形式列明

以书面形式写下目标，将可能产生以下四种好处：一是有助于目标内容的清晰；二是正式地写下目标，表示个人在决心上的一种投资。这种投资越多，则投资者对实现目标的承诺将越大；三是书面目标比较不容易遗忘；四是当目标种类较多时，以书面形式写下它们之后，比较容易协调它们之间的潜在矛盾。

4. 目标应该有具体期限，并与其他目标相协调

任何目标都应该标明具体的完成期限，这样才能给自己足够的动力，也不至于因为没有限制就采取拖延的态度。

在同时制定多项目标时，要分清主次，事先把各种问题和矛盾化解，以免在完成目标的过程中发生冲突。

第13章

练就强大内心，充满自信迎接挑战

敢作敢当，任何时候别被现实打倒

年轻人最容易在困境中认命，在自己觉得是低谷的时候就向别人妥协。每个年轻人都有脆弱的时候，也都有遭遇困难的时候，这就要看我们如何看待自己遭遇的困境，如何应付那些不尽如人意的环境。有时候，爱冒险的年轻人成功的概率更大。

年轻人在自己还有精力的时候要学会让自己冒值得冒的险，人生就是一连串的冒险和巧合，想要摆脱困境，冒险不失为一个好的方法。然而，冒险也是有限度的，我们只能冒值得冒、也冒得起的风险。如果明明知道前面是一个别人挖好的陷阱，还义无反顾地跳下去，或者不能肯定自己是否承受得起风险失败后的后果，这样的冒险就是一种愚蠢的行为，而不是为了改变自己的境遇做出的选择。

我们的生命在冒险中会散发出不一样的光彩，这是很多人的共识，却很少得到女人的肯定。很多女人更愿意过平淡的幸福生活，而不想改变自己的境遇，因为太大的冒险刺激会让她们脆弱的心灵难以承受。在等待结果的过程中，一个女人会逐渐憔悴，受到折磨。其实，年轻的女孩子要让自己多经历一些波折，多冒一些险，这样日子才能更丰富多彩。

有波澜的人生，才会给我们留下更多可回忆的东西。平淡不是不好，而是不适合我们年轻的心，我们需要的是丰富而有情致的生活，需要的是不断地积累上进带来的成就感，需要的是活跃明媚的情感。对于每一个年轻人来说，为了改变自己的境遇，要有勇气迎接事情的变化，迎接人生中的冒险。

越是在困难的时候，我们越不能够认命，只要能够摆脱原本的困境，就值得我们去冒险。然而，风险不是随便就可以冒的，我们必须保证自己可以承担后果，而且要确定自己正处在困境和转折当中，冒险可以带给事情以转机，我们才可以选择冒险。否则，我们过着平静富裕的生活，就为了寻找刺激而冒风险，这不是没事找事吗？我们要保证自己的冒险是为了生活得更好，而不是因为无聊。

与其被困在人生的低谷中，不如冒险来改变这种状况。如果冒险能够改变我们的境遇，能够打破目前的僵局，我们就应该予以考虑。毕竟人生就是一场冒险，在人生的每一个转折点，我们都要谨慎考虑清楚，也许在短期内最不冒险的方式，反而在长期内变为冒最大的险。在人生的低谷，我们要懂得冒险冲出去的智慧，反正已经到了低谷，再低也不可能比目前的状况坏多少，倒不如拼一拼冲出去，也许会有更好的出路。

年轻人在适当的时候可以向现实低头，但是如果低头改变不了我们的命运，我们就要学会反抗，学会冒险，让自己扼住命运的喉咙。

由此可见，如果我们不想认命，就必须在困境中冒险，而不是等待上苍的垂怜。老天只助自助者，只有我们愿意冒风险，老天才会帮我们从泥泞中走出来。如果我们自己什么都不做，顺从命运，就失去了对自己命运的把握，就会被别人操纵，也就失去了摆脱困境的可能。

年轻人正处在事业的上升期，我们的家庭、事业还没有稳定，会有很大的改变的机会。如果等到30多岁，我们有了家庭的负担，那时再想冒险改变自己的境遇，不仅失去了很多好的机会，现实的残酷也将不允许我们的生活再起波澜，我们自己的心境也将趋于平静，那时就不是改变自己命运的阶段了。

我们已经经历了冗长的求学生涯，有些不耐烦，甚至会产生一点流浪情结，人生要多一些历练，尤其是在尚且年轻的时候，现在正是一个很适合历练的年纪。也许这正是我们人生的转折点，也许我们将从此走向辉煌呢！为了不向命运低头，年轻的我们去冒险吧！

以退为进，吃点小亏迎来大福

相对于工作需要来说，我们欠缺的东西太多了。这时候，每一份工作对于我们来说，都是一种绝好的历练机会。不管自己的职位有多低，收入有多么微薄，我们都不要小看每一个平凡的工作岗位。因为即使再优秀的人也不可能一步便能走到成功，而绝大多数的成功者都是从平凡的岗位上一步步走来的。只要我们不断地努力，把自己的工作做好，在工作中不断地总结、提升，机会来临只是早晚的事情。

年轻人行走在社会上，一定要学会吃一点亏，不能吃亏的人反而会在今后受到更大的伤害。无论是工作上付出多少努力，索要多少报酬；还是同事间相处，斤斤计较，都会为我们未来的事业带来不良的后果。吃亏不如趁早，越不想吃亏，越会在以后吃大亏。

世界上没有白来的晚餐，也没有天上掉馅饼的事，更不会有白白地让出去的利益。每个人让出了自己的利益，就会在其他方面获得一定的收获和补偿。用“吃亏就是占便宜”的心态做事做人——可以累积你的工作经验，增强你做事的能力，扩张你的人际网络。

对于经验尚浅、能力不够足，更没有卓越成绩的年轻人来讲，在短期内，我们不可能得到一份在各个方面都十分称心如意的工作。所以，在他们看来，工作只是自己前进中的一个跳板，或者只是一种挣钱的手段，又何必那么认真呢？他们这样做，表面上看很聪明，事实上却是聪明反被聪明误。对于大多数人来说，工作的确是一个跳板。随着人才流动的频率加快，人才选择的余地日益丰富，一个人守着铁饭碗的事情，已经是老皇历了。

但我们必须搞清楚一个最关键的问题：这个跳板是让我们越跳越高的，而不是越跳越低的。要想越跳越高，我们就必须保证自己的能力在这个跳板上不断地得到提高。如果面对工作秉持敷衍塞责的态度，我们的能力也不会得到太大的提高。如果没有引起老板注意的出众能力，进不了老板的眼界，所有晋升和加薪的机会都将与我们无缘。即使老板愿意给我们好的机会，我们也很难把握。因此，唯一的结果就是越跳越低。而不肯吃亏的态度，会让我们面对微薄的薪水，忽视工作，敷衍塞责。到最后，吃亏的会是我们自己，我们也会变得平庸，最终庸庸碌碌、窝窝囊囊地度过一生。

五年前，马可在一家公司当速记员。他的顶头上司是一个叫王揽的家伙。他工作懒散，总是把应该自己去做的事顺势交给手下去做。这可苦坏了马可，因为他不得不同时承担起近乎两倍的工作压力，而薪水却并没有丝毫提高。但是，马可并没有对上司的苛刻有丝毫不满，因为他珍惜这个工作的机会，除了把上司交代的事情做好之外，他别无选择。“就当是免费地锻炼自己吧，当我干速记员的时候已经在行使一个经理的职能了。”每当累得喘不过气的时候，马可就这样在心里安慰自己。

有一天，王揽又接到了一个任务：为他们的老板整理一个简明的电报密码本。这只是一件再普通不过的事情，他转手就把这件事交给了马可去办理。几天后，老板拿到了这个电码本。它是用打字机打印出来的，用胶装订好，还特意加了一个结实漂亮的封皮。“这大概不是你做的吧？”老板拿着这个本子翻来覆去地看，爱不释手。“不是。”王揽难为情地回答。“那么，这是谁做的呢？”“是我的速记员。”“你叫他到我这里来。”五分钟后，马可同样莫名其妙地坐在了老板的面前。“年轻人，你怎么会想到把电码本做成这个样子呢？”老板亲切地问道。“我想这样不但好看，而且用起来会更方便些。”“你什么时候做的呢？”“我是晚上在家里做的。”“是吗，非常感谢你，我太喜欢它了。”几天后，马可便拥有了一张更大的办公桌。后来，他就代替了王揽的位置。再后来，他成了这家公司的经理。

乐于吃亏的态度，在和上司、同事间的相处时，也是一样的，它会让我们赢得更好的人缘，如果我们只看重眼前的利益而与上司、同事斤斤计较，不肯退让一步。我们就很可能因为这些得罪人，使我们的人际关系难以展开，在公司高层留下不好的印象。而如果我们肯吃亏，不计代价地去做事，迟早会得到上级的赏识，我们的机遇也就来了。

在职场中，我们独享功劳，就会种下苦果，学会与他人共享利益，皆大欢喜才是正确的做人之道；而给你的主管留一点空间，可以给他一定的安全感，你也会因此得到上司的青睐。收起咄咄逼人、唯恐吃半点亏的性格，让自己的胸怀更宽广，我们会得到更多。

年轻人对于争和忍，应该有更成熟的见解。能吃亏的人，会得到更多。总占小便宜的人会吃大亏，不能忍让，同样会让我们吃大亏。在工作和处事中，有吃亏的精神，会让我们得到更多的回报，就是经验的增长和人际关系的拓展。而这些都是我们从年轻的时候就要开始学会积累的。

强大内心，心态好一切都尽在掌握

年轻人在步入社会后要积累、修炼成功的心态。成功人士之所以能成功的很大一部分原因都是赢在了心态上，健康的心态可以让我们受益良多。但是，在生活中遇到不同的事情，人们总会用不同的心态去面对，那么，怎样的心态才算是健康的心态呢？我们要怎样修炼，才能让自己拥有健康的心态呢？

一个好的心态必然会给我们年轻的人生带来成功的开始，一个好的开始对于我们来说是非常重要的。对于现在的我们来说，在性格方面想要做出改变是很困难的，但是我们可以做到改变自己性格中的缺点，加强自己性格中的弱项，在职业中发挥自己的性格优势。扬长避短，才能制胜。人性中不乏缺点和弱点，这就需要我们做出改变和完善，但是缺点和弱点是不一样的。凡是对于自己有害，对于他人、社会也有妨碍的就属于缺点，这样的缺点我们必须改正，比如，狭隘、自私、贪婪、多疑、不诚实。如果我们的性格中含有这样的缺陷，一定要改掉，因为它不但会害自己，还会害别人。凡是对于自己有害，而对社会危害不大的性格缺陷，应该属于性格弱点，比如，满足、自恋、懒惰、悲观、骄傲、任性等，这些只能属于弱点，而并非缺陷。

对于性格上的弱点，年轻人也不能忽略，不能让他人因为你的一个不足就否定了你整个人，这也会阻碍你走向成功。要知道世界上没有人生下来就是完美的，但每个人都能够通过学习来改变和提高自己。重要的是，我们能够认识自己的缺点，不回避，不讳疾忌医，这样我们才能更清醒地认识自己。更清醒才会更自信，不断地反省自己，认识自己的不足，并努力去改正和弥补，我们才有机会变得更强大，更健康。

你的健康心态，除了自身的性格以外，还有值得注意的就是自身的心理健康。类似于积极、热情、乐观、意志力顽强、勇敢、果断、充满活力等这样的心理，就是健康的。苦心追求成功的年轻人，我们必须要有明确的追求目标。如果一个人没有理想，没有追求，就缺少了成功的动力。如果不知道最终的目的地在哪，即便是千里马又有什么办法呢？而只要有一个既定的方向，有一个目的地，即使是普通的马，甚至驽马，也能够最终到达，只不过是晚点而已。马克思立志要做“最能为人类社会服务的事”，达尔文立志要做自然生物学家，因此，尽管马克思处境窘迫，达尔文懒惰贪睡，最终他们却能够达到自己的人生目标。

也有些心理消极的年轻人，一天到晚游手好闲，他们经常把“无聊”“没意思”挂在嘴边，无精打采，事事被动，从来不积极主动地追求一个目标，也从不热情地期盼某事，因此，他们的日子总是笼罩在灰暗当中。这样的人天生缺少活力和力量，他们的生命力不旺盛，精神力量也不强大。他们对人冷漠，对事敷衍，天生没有投入感，这也是一种心理的不健康。

而那些趾高气扬、自我感觉良好、不把其他人放在眼里的年轻人，一旦遇到困难挫折，则陷入一蹶不振的境地。或者一遇到诱惑，就会不由自主地改变既定方向，不能够坚持下去。这样的人，他们的意志力薄弱，不能经受挫折，对诱惑也无能为力，不能控制好自己的情绪和意志，也是一种软弱无力的心态。遇事优柔寡断，没有足够的勇气和决心的人，遇到困难容易退缩，遇到机遇也容易在犹豫中放弃，这种心态也要不得。

那么，年轻人应该有什么样的心态，才能是一个成功人士必备的心态，才能让我们脱颖而出呢？

对于现在处在激烈竞争中的年轻人，当你站在人生的门槛上时，你应该能清楚地感受到自己的年轻和活力，意识到自己拥有应对一切危机的能力。你就是世界的主宰，虚弱和胆怯从不会出现在你的人生字典中。旺盛的精力、充沛的体力、坚强的意志力，让你拥有战胜一切困难的勇气和决心，能让你周围的人感觉到你旺盛的生命力和强烈的成功欲。这才是年轻人应该有的心态。只要拥有旺盛的生命力和顽强的精神力量，任何时候，我们都能够走向成功。

历数古今中外的成功人士，富兰克林在70岁高龄时还能露营野外；格莱斯顿84岁时每天还能行走数公里，还能紧握船舵，到了85岁时，还能够砍倒大树；拿破仑可以24小时不离马鞍；布瑞汉姆可以狂热地连续工作176个小时，也就是7天7夜零8个小时。这是怎样的一种生命狂热，这样的生命有着怎样的热度、韧性和力量？如果我们用这样的热情度过自己的一生，就没有不成功的可能。成功很多时候不在于努力的程度，而在于热情的程度，足够的热情将融化一切。

年轻人没有丰富的社会经验，没有广阔的人脉资源，我们慢热的性格，使得我们没有真正疯狂地追求过什么，那么让我们从现在开始就设定一个目标，并为之奋斗吧。享受生命的激情，活力四射地做事和积极顽强地追求理想，这样的好心态、好状态才会带我们慢慢地靠近成功。

微笑以对，快乐能融化烦恼

生活就像是一面镜子，你对着它笑，它会回馈给你快乐；你对着它哭泣，它回馈给你的也会是忧伤。年轻人要明白一个道理，在你的生命中，你快乐的时间多一点，那么相对忧伤的时间就会少一点。我们要学会从生活中寻找快乐，并让快乐延续下去。

出入社会的年轻人，当你对一切都不那么熟悉的时候，不妨让自己多微笑，别人会从你的微笑中看到你谦逊的态度。不要让自己沉浸在忧伤、痛苦中不能自拔，就算你再痛苦，对于事情又有什么帮助呢？既然没有帮助，还不如让自己快乐一些来得实际。生活就应该笑着享受，学会在忧伤痛苦中寻找一丝快乐、一丝安慰，这才是真正的智慧。

我们每个人的生活都不可能按照自己想象的路走，总会在前进的道路上遇到一些不顺心的事情。如果只是因为这些你就变得忧伤，那么你很有可能错过更多的好机会。再者来说，年轻人能因为哪些事情忧伤呢？无非是事业上有些不顺心，爱情中有些不甜蜜，或者家庭中有些小分歧，等等。这些其实都可以慢慢地过去，事业上的不顺总会有顺利的一天，爱情中的不甜蜜总会有和好的一天，家庭中的小分歧总会有谈拢的一天，那么，还有什么是真的值得伤心难过的呢？

对于我们来讲，真正的忧愁是不会那么轻易地说出来的痛苦。“少年不识愁滋味，爱上层楼。爱上层楼，为赋新词强说愁。而今识尽愁滋味，欲说还休。欲说还休，却道天凉好个秋！”要知道，如果少年时都如此忧伤，你又怎么能够承受老年的晚景凄凉，怎么能够忍耐年华逝去不复返的无奈呢？

所有的忧愁都是可以解开的，所有的痛苦都是可以释怀的。不要一味地沉浸于自己的忧伤中，好好地享受青春的快乐。你要知道，“花有重开日，人无再少年。休道黄金贵，安乐最值钱。花有重开日，人无再少年。不须长富贵，安乐是神仙。”古人尚有这样的智慧，难道我们会看不开？生命是无法回溯的，如果你此刻悲伤，生命中就少了快乐的一刻，有时候刹那就是永远。在生命中，每一刹那都不会回来，永远不会回来，所以对待一刹那的态度，也就是对待生命的态度。

我们的一生其实很短暂，我们用1/3的时间用来睡觉，1/3的时间用来工作，在餐桌上要度过6年，交谈需要6年——据精确统计，人在一生中花费的时间：做饭560天，感冒500天，充电440天，义务教育405天，洗澡531天，穿衣打扮531天，打电话180天，书报阅览250天，书信来往305天，节日活动、家庭聚会375天，笑的时间仅仅剩下了区区623天，如果你再把笑的时间缩短，那么，你的人生还有什么乐趣呢？

开心能过一天，不开心也能过一天，年轻的你要怎么选择呢？我想我们都会选择前者，谁愿意哭丧着脸过完忙碌的一天呢？忧伤于事无补，快乐的确也不能解决事情，但是它能够让你的心境变得清醒，清醒的心境能够让你想到更多的方法帮你来解除困扰，事情也就间接地解决了。即使快乐不能够让事情得到解决，起码还能够让你拥有一种平和的态度来等待麻烦的落幕，随着时间的流逝，一切都会过去，悲伤和烦恼都会远走，唯有当时快乐的心境能够留在记忆当中。

其实，当你感到忧伤至极的时候，当你觉得无路可走的时候，你不妨想想在这之前，最让你忧伤的一件事是什么，这件忧伤的事在你的心里还留有多少痕迹。你便会惊奇地发现当时令你痛不欲生的事情，在现在想来只能让自己觉得当时好幼稚，那是什么大不了的事，自己当时就觉得天都要塌下来了。你会发现，快乐才是在自己记忆里记得最深的事情。今天发生的事也一样，以后你再回忆，就会笑自己当时真傻，为什么会痛苦成那样？与其在今后笑话自己，不如现在就不要忧伤，好好地享受自己的青春时光才最重要。

年轻人要趁着年轻懂得好好享受自己的青春，而不是在哀怨中度过。不要再因为一些小事莫名其妙地烦恼忧伤，要学会从痛苦中找到快乐。能从生活的各个角落搜集到快乐的人，在人生的路上才会笑到最后。

专注，全力以赴让你的胜算更大

年轻人在工作中最大的困扰就是不能百分之百地投入。大多数年轻人的精力都是分散型的，有些人喜欢一边听音乐一边工作，有的人喜欢一边吃东西一边做事，还有的人喜欢一边想着昨晚看的电影情节一边做事，无论怎样，他们集中全部精力在工作上的时间很少。其实，这也是每个成功人士必须经历的一个过程。

所以，年轻的我们在步入社会后一定要给自己制定一个最高目标。你每天要有一段时间全身心地投入到工作中，就能向你的目标迈进一小步。这样，我们一点点地增加全身心投入工作的时间，用不了多久我们就会在工作中取得一定的成就。

现在很多人在工作上都不够积极，抱着能混一天就混一天的想法，却还在埋怨着多久没有加薪，也没有升职的迹象。其实，这就是因为精力不够集中造成的，我们花费了太多的时间在不必要的事情上。或者我们不够专一，三心二意的人是不能够很快取得成功的。每天只要我们花8小时的正常时间，全身心地投入工作，就足以使我们与众不同。如果我们愿意投入更多的时间和精力做事，我们就会变得更优秀。

布隆伯格每天都很早上班，很晚才下班，通常只比老板工作的时间短一点点，因此，老板们都愿意跟他聊天，或者要求他帮助他们给客户打电话。在他26岁时，他就成了高级合伙人的好朋友。这跟他的投入精神是分不开的。

但布隆伯格从来没有因为自己的工作影响了生活，也不曾因为工作太紧张或者太专注，以致忘记了晚上或周末的娱乐。他跟女孩子约会，去滑雪、跑步、参加聚会，比别人都多，都投入。他只是保证每天工作12个小时，但他取得的成就却远比别人大得多。

他在所有的工作时间里都聚精会神，一心一意，绝不做与工作无关的事；他在玩乐的时候，也绝不会想玩乐以外的事情。所以，他总是显得比别人更快乐，更投入，也更成功。布隆伯格说："要想成功，仅仅喜爱自己的公司和行业是不够的，我们必须每天的每一分钟都沉迷于此。"

我们在工作生活中之所以平凡，很大程度上就是因为我们的精力不够集中。在我们工作的时候，我们总是梦想着下班以后的美好时光，或者回味着昨天有趣的游戏；在我们玩乐的时候，却总想着办公室里没有完成的计划表。我相信大多数人都有过这样的经历，也都为此苦恼过。

李大钊曾经说过："教育子女，学就要认认真真地学，玩就要痛痛快快地玩，绝不能一心二用。"只要我们有过一段全身心投入的经历，这段经历就会始终让我们骄傲，让我们受益匪浅。每当回忆起来，我们都会有非常满足的感觉，有了这种满足感才能激励我们再一次地投入。

对于那些成功人士来讲，他们的成功都是靠全身心地投入。泡泡网的首席执行官李想曾坦言自己有两年的时间除了吃饭睡觉，每天就是在为建立网站工作，甚至因此放弃了上大学。惠普的女总裁费奥瑞娜，更是全身心充满激情地投入自己的工作。她每天工作10个小时，非常卖力地了解客户，了解市场，了解每一桩交易所遵循的手腕和策略。她弄懂了如何把公司哪些不同的服务和产品归拢在一起进行推销；她同时明白了什么样的定价策略和一揽子赊销计划能帮她做成一笔交易，她每天投入尽可能多的精力进行学习和工作，所以才能够成为这个拥有七十多年历史的老牌科技公司的总裁，成为被美国《财富》杂志评价为最有权势的商界女性。

而每当这些成功者谈到自己成功的过程时，他们并不是一味地说自己曾经沉浸在怎样的困苦当中，或者怎样疲惫不堪，而是他们都特别满足自己曾经有那样一段全身心投入的生活。有时候，我们也能感觉到，当你熬夜完成一份计划书，或者状态非常好，在两个小时内，就做完了4个小时的工作，那时的感觉是，自己特别心满意足，特别兴奋，这比无所事事地待一个下午的感觉要好得多。

年轻人要趁现在还没有多少家庭的负担，没有房贷车贷要还，没有水电物业费要你交，也没有孩子要你养的时候，全身心忘我地投入到一段工作中。这时是你最有创造力、最有精力的时候。充分利用现在的时间，你才能在十年甚至五年以后享受属于你的成功。没有百分之百的付出，就得不到百分之百的回报，所以，年轻人，快打起精神，全身心地投入到你热爱的事业中去吧！

自信于心，摆阔气是内心虚弱的表现

现在的花花世界对年轻人的诱惑越来越多，不仅仅是在吃穿住行方面，在薪水、工作、事业等方面的攀比也愈演愈烈。攀比在男人中间还不算明显，即使有也能促使自己朝更高的目标前进，但在女人中间，攀比往往会让女人的情绪受到不好的影响。所以，年轻人应该尽量控制自己的攀比欲望，过好自己的生活，才是获得幸福的根本源泉。

对于大多数年轻女孩来讲，她们都希望自己能高人一等，无论是从吃的、穿的、用的方面，她们总是希望别人能投来羡慕的眼光，以满足自己的虚荣心。虚荣让她们觉得自己的一切都应该是最好的，事业应该比别人更成功，丈夫应该比别人的丈夫更优秀，儿子应该比别人的孩子更聪明。就是这样的攀比，让她们感觉处处不尽如人意，自己的一生也就会过得很痛苦、很纠结、很失败。女人想要获得更多的幸福，就必须要有良好的心态。

随着社会经验的增长，女人也应该逐渐成熟起来，要知道喜欢攀比是人们痛苦的来源，攀比让我们产生了不平衡的心态。我们应该学着去调整自己的心态，让自己生活得更加顺心如意，幸福在于要求的少，而不是得到的多。不满足不等于不满意，对未来我们应有不满足的态度，对现状我们却不能够处处挑剔、处处不满意，否则，我们一生将生活在痛苦之中。

当女人已经为人妻为人母的时候更要学会摆正自己的心态，不要像那些无聊的家庭妇女一样，到处和别人去攀比自己的家庭，尤其是比丈夫。丈夫事业有成的嫌不够体贴，体贴的嫌不够有魄力，有魄力的嫌不够解风情，解风情的又担心太花心，总之，无论如何，自己的丈夫都不如人家的丈夫好，这样的生活又怎么会不累呢？于是天天埋怨，天天唠叨，这样受伤害的不仅仅是你自己，你们两个人的感情也会因此变坏，整个家庭也就蒙上了一层不快乐的阴影。何苦呢？只要自己的日子过得好，何苦去和别人比较？比较会产生不满，不满会产生野心，野心会产生悲剧。

假如世界上只有一个家庭，或者都是平等的家庭状况，即使大家都忍饥挨饿，也不会有更多的痛苦，因为大家是平等的。有一首歌谣讲得好："终日忙忙只为饥，刚得饱来又思衣；衣食俱得双份足，房中缺少美貌妻；有了三妻并四妾，头无纱帽被人欺；七品八品嫌官小，四品三品还觉低；当朝一品做宰相，还想面南称皇帝。"欲望怎么会有满足的时候？只要是和别人比较，哪有满足的时候呢？所以，很大程度上，女人的痛苦来自和别人的攀比，这种痛苦不仅折磨着她自己，同时也折磨着被比较的人，无论是你的男朋友、丈夫，还是孩子，若想停止这种痛苦，就停止你的攀比心理吧。

阿梅是一个攀比心很重的女孩子，在工作时和同事比，结婚后又和朋友比，总是嫌自己的丈夫赚得太少，每次和同伴上街，都羡慕人家开着小车，有一股高贵夫人的气质。于是，阿梅和丈夫离了婚，嫁给了一个有钱人。可是，有钱人太忙碌，她每次独自开车上街的时候，都会看到自己的前夫和他的新婚妻子甜甜蜜蜜地一起去买菜，虽然是走着，但是很幸福，男人会体贴地帮妻子拎东西。于是，阿梅回想起了前夫的一切好，原来她也享有过那样的体贴，只是自己身在福中不知福，将幸福在攀比中错过了。

虽然每个人对幸福的诠释不同，但归根结底还是对自己所拥有的东西的满意度。女人要学会宠爱自己，就要学会不攀比，更不要用攀比的心态去伤害别人，守着自己所拥有的，好好过日子，因为你所拥有的一切就是你选择的，就是你应得的一切。如果你不满足，可以自己去奋斗，却不能因此去苛责别人。幸福不在于你拥有多少，而在于你是否计较，计较得少，拥有再少也是幸福的；计较得多，拥有再多也还是不满足。

幸福其实可以很简单，年轻的女人要想获得幸福，就要清楚自己拥有什么，真正需要的又是什么，不要总是事事都和他人去攀比，你才能感受到真正的快乐。聪明的女人要学会理智、清醒地认识自己的真正需要，而不是被嫉妒和盲目攀比的心态耽误了自己的幸福。学着慢慢地成熟，慢慢地放下不满，用心发现自己所拥有的。只有良好的心态才会让女人获得更多的爱，得到更多的幸福。

第14章

尽显修养，重视细节让你增添魅力

得体的形象，在他人心中留下好印象

年轻人想给他人留下美好的第一印象，就要在细节上多做功课。在与人交往的过程中，大多数人都会先打量一下对方，从对方的穿衣打扮以及对自己细节上的修饰来判断这个人的品质。年轻人要想通过第一面就让对方给自己一个好评价，就要懂得通过细节提升自己的魅力和修养。

在日常生活中，当人们谈论某个人的素养时，最先谈论的一定是见过他之后的第一印象，那就避免不了谈及对方的形象。因为外形对于初次见面的人来说就是留给对方最直观的印象，作为一个初入社会者，你的音容笑貌、举手投足都会在人们的记忆中形成一种印象。这种印象的好坏，决定了你在人们心目中所留下的影响力，而这种影响力的大小，会最终决定你在社会中扮演的角色，最终成就你的社会地位。

由此可见，对于形象的细节之处，年轻人必须要加以重视。对于女人来讲，如果一个女人远看漂亮迷人、姿容美丽，而近看却可以清楚地看到她脸上粗大的毛孔和粗糙的皮肤，你觉得这样的女人是一个美人吗？所以，女人要照顾好自己的皮肤，让它细腻柔滑，嫩得能够掐出水来，而不能让自己的毛孔粗大，更不能油光满面，甚至满脸痘痘，或者出现脱皮的现象。在春秋季，要注意皮肤防干燥；在夏季，一要防晒，二要防出油；在冬季，注意不

要让皮肤冻伤或者皴裂，否则就是美人微瑕，令人遗憾惋惜了。

在举止礼仪方面更要注意，不可以粗鲁，更不可以粗俗不堪。你能想象一个穿着迷你裙的优雅女士，去抬脚踢人吗？奥黛丽·赫本出演的电影《罗马假日》中，影片的一开头，就是作为公主的女人正在一边接见各国使者，一边无聊地脱下鞋，用自己的脚给自己的腿搔痒，这是很失礼的，幸亏所有的一切小动作都隐藏在宽大的裙子里。

在今天的职场上，不再有这种可以隐藏我们小动作的华丽而无用的裙子，取而代之的是职业套装、修身的晚礼服。无论是裤装还是裙装，都会让我们私下的动作一览无余，想要做一个无瑕的美人，就不能随随便便地做出一些粗俗的动作。

然而，对于男人来讲，“面子”问题也是很重要的，不要用一句“人最重要的不是外表，而是内涵”来打发自己，你要知道这已经是一个形象与内涵必须并重的时代了。深具内涵的卓越形象能使男人处处散发卓尔不群的气度，然而在这个时代，眼见为实才是影响力延展的第一步。提升个人形象就等于提高社会竞争力，一个人的着装、举止、谈吐所构成的整体形象，无时无刻不在影响周围的人群，并决定他受认可和尊重的程度，为他的事业发展提供助力。

男人若能根据时间、场合、身份，随时随地地搭配出能体现个人形象、个人品位的服装，才会为自己加分。当你还没有开口说话的时候，衣服就是你的代言人，一个人的外在形象留给大家的潜在印象的差别是不可估量的。如果不想成为同行的笑柄的话，你的服装必须合体；如果不想让同行或客户鄙视的话，你的服装必须庄重；如果不想让人看出你的性格或爱好的话，你的服装必须是保守的、得体的。一位企业家这样说道：“在商界，企业家最初的合作看什么？其实很大成分是看衣着。有一次，我想开发一种新的产品，一位朋友给我介绍了一个合作伙伴。见面的那天，他穿着西装，里面没穿衬衣，只穿了一件圆领衫，手里拎着一个彩色手机。”

“我当时看着就很别扭。你想想，西装是多正式的着装，他弄了件圆领衫来配。典型的暴发户形象，我当时就决定，不与他合作。后来，朋友说，他真的很有钱，而你正缺钱。我说，我缺钱不假，可是合作伙伴这个人才是主要的。出了钱，他就要参与，要管理，要与我共同决策，他的水平直接影响到我的生意，所以我不选择他。”

所以，无论男人女人，想要在事业上有一个好的前程，就要注重自己的每一个小细节，因为你不知道对方看重的是你的哪点。当然，除了对形象上的重视，还要从我们的言谈举止上下点功夫，着装、谈吐、举止是树立一个人形象的较快的方式。

如果年轻的你不想给别人留下不好的第一印象，就从细节之处开始改变自己，先为自己赢得社交之战的第一场胜利，只有拘小节，才能成大器，只有注重细节，才能彰显年轻人的好品质。

妆容得体，可以提升整体形象

对于现代女性来说，化妆是对自己的尊重，更是对他人的尊重。年轻的女孩子天生丽质，不用让自己的妆容太厚，那样反而给人一种轻浮的感觉。怎样的妆才是最恰当的呢？其实，只要画得自然一些，就会为自己的整体形象增色不少，别人也会因为你自然的妆容对你产生好感。

走进社会的年轻女人要学会化妆，尽管古代有素面朝天子的虢国夫人，但并不是所有女人都有不化妆的资格。尤其在庄重的场合，化妆是一种礼仪，不仅表示对别人的尊重，同时也表示对自己的看重。女人的妆容必须要细致，从一些细节方面才能够看出一个女人的细心，才能够让自己变得更靓丽。因为化妆能够使我们打起精神，当我们描上眼线，涂上口红，化上淡淡的妆时，精神肯定为之一振；化妆还可以提高我们的自信，每个人都有一些缺陷，化妆可以把这些缺陷掩盖起来，它能够弥补我们在相貌上的不足，带给我们充足的自信。但是，化妆利用的就是人们的错觉，所以我们要注意自己的妆容，不要因为细节方面的失误，造成了错误的错觉，而导致自己尴尬、别人嘲笑的后果。

当然，也不是所有场合的妆容都是一种画法，也不是所有女人的妆容都是一个模样，我们要根据自己的特点，化出最适合自己的妆容。比如，有的女人明明脸比较宽大，却偏偏要把五官化得非常突出和聚拢，使得那张脸更像一张大饼，这就是错误的化妆。当然，大部分的女孩子不会犯这么低级的错误，她们在化妆时的失误往往只是细节上的失误，然而就是这样，也会造成严重的后果。

那么，年轻的女人到底要注意哪些方面，才会让妆容看起来自然又美丽呢?

1. 颜色的一致性

这里的颜色指的是睫毛、眉毛和头发的颜色应该一致。尤其是当你的头发颜色有些发黄时，千万不要让自己的眉毛和睫毛的颜色比头发的颜色更深，这是极不和谐的；如果你的头发有些偏棕色，那么最好眉毛的颜色也要向发色靠近。

当你的脸涂上粉底时，脸部的颜色会明显比臂部和颈部要白，如果你必须暴露你身体的这些部分，就要让它们的颜色看起来一致。而不是让人看脸是一个水灵灵的美人；看到手臂就觉得打了折扣；再看到颈部，就觉得这个女人至少是半老徐娘了，这种面部和身体的不统一是女人们最容易忽视的地方。

还要注意妆容和发型的和谐统一，不同系列的妆容适合不同的发型。比如，透明的妆容适合微卷的长发；而水果色系的妆容适合清爽的短发或者靓丽的大波浪卷发；而金色调的妆容适合有动感、微卷的短发和长直发。在追求妆容和发型方面，许多女孩子都容易忽略这点，一定要让自己的妆容和发型和谐统一，才会变得更靓丽。

2. 小细节的处理上

（1）粉底：粉底的用量不宜过多，否则会产生太假的感觉。如果需要在阳光下工作或者在炎热的夏天，为了避免把妆花掉或者粉底被汗水冲出一道道沟痕，最好使用定妆液，可以让你的妆容有一个较好的效果。

（2）腮红：腮红应以清淡自然为主，造成自然的娇羞感。如果仅仅用腮红，脸的其他部分会显得单薄，我们还可以在下巴上刷一些亮粉，再由下巴延伸到腮部，这样立体感和层次感自然就出来了，同时也可以让你的腮红显得更加自然。

（3）防水性：无论是眼线液、睫毛膏、口红，这些化妆品都要使用防水的。想一想，如果自己在喝水的杯子上留下两个红红的唇印，这是多么尴尬和失礼的行为。这样你就不会因为图便宜而购买不防水的化妆品了。

无论是眼影还是腮红、唇彩，都必须有一定的范围和准确度，眼线和唇线就是勾画面部器官轮廓的。我们使用好眼线和唇线，可以使自己的轮廓更鲜明、立体，尤其是对于五官不太鲜明的亚洲女性更有必要使用。

3. 整体的和谐度

当我们完成整个妆容时，我们还需注意最重要的一点，就是整体妆容的和谐度。面部轮廓更加鲜明，与服饰相搭更加和谐，和自己的身份更加吻合等。

其实，对于女人来讲，表面的妆容只是初层次的化妆，而深层次的化妆是在精神上的化妆。我们只有让自己的精神和修养，与我们美丽的妆容相匹配，才能让女人显得高贵优雅。步入社会的年轻女性一定不要因为自己还年轻，就忽略了对自己妆容的修饰，要重视你的妆容就像重视你自己一样。

细节彰显品位，提升你的魅力值

品位对于一个人来讲是十分重要的，就像鱼不能没有水，人们不能没有空气一样，想要成功就必须提升自己的品位。品位是打开成功交际的钥匙，是一个人的仪表、谈吐、举止能够吸引他人的真正根源，是建立良好人际关系的必备条件。有品位的年轻人才能得到他人的赏识。

在这个竞争激烈的社会，当我们在能力相当的情况下，想要赢得他人的青睐时，就必须有除了能力外出众的地方。一个人的品位不光体现在他的穿衣打扮上，还有他由内而外散发出来的气质，所以，年轻人不仅要从外在的穿着，还要从内心的修养，来提高自己的品位。必须明白什么是人际吸引，怎样才可以做到人际吸引，进而进行成功的交往，扩大自己在人群中间的影响力。

在心理学上表明影响人际吸引的因素有外貌、熟悉与邻近感、相似性、互补性、才能、人格品质等。就是人际关系中彼此欣赏、接纳的亲密倾向。年轻人要通过以下几点来提高自己的品位，从而达到吸引人际的目的。

1. 印象修饰

若想增进人际吸引，则应进行合适的“印象修饰”。从自己的服饰、举止、面部表情、精神状态等做出适合于自身的角色和当时情境需要的行为，产生令人愿意接近、接收的吸引力。人们喜欢美，这是一种自然倾向。留心外表的修饰，就会增加一个人的印象分，让人对你的评价与判断，比你本身拥有的素质更高一些，而这些无论是从功利的角度来讲，还是从理想的角度来讲对你都是有利的。要知道一个人对另一个人的第一印象是很难改变的，即使日后知道了你并不如第一次所表现得那么优秀，也会经过很长时间才能修正对你的看法。而一个人如果给人留下了不好的第一印象，即使日后努力证明他是如何优秀，人们也很难再次接受他。所以，人际交往中，第一印象很重要，也就是对外表的修饰是一个重要因素。

2. 熟悉程度

熟悉与邻近感，心理实验告诉我们，不论人或动物，彼此接触的次数增加，熟悉度逐步增高时，便会具有吸引力。因此，如果你想增强人际吸引，就要留心提高自己在别人面前的熟悉程度。

有时两个人第一次见面就会有“似曾相识”的感觉。如果你对其他人有这样的感觉，或者其他人对你说出“我们是不是在哪见过”之类的话，我们一定要积极地做出响应，增加“我们很熟悉”“我们也许见过”的印象，会使我们更加吸引彼此，做出更深度的交往。

3. 相似性

增加两人之间的相似性。我们往往喜欢和那些和我们拥有共同志向、态度和兴趣的人交往，这就是相似性的作用。相似性包括：

（1）信念、价值观和个性特征的相似性。

（2）吸引力的相似性。

（3）社会地位的相似性。

（4）年龄的相似性。

这里值得注意的一点是，这里的相似性不是实际的相似性，而是感知到的相似性。所谓的“物以类聚，人以群分”，“酒逢知己千杯少，话不投机半句多”，就是相似性给我们带来的影响。因此，要想成功交往，就要扩展自己的兴趣爱好，尽量在更大的范围内，增多与他人有交叉的部分，也就是与更多的人有相似性。

4. 互补性

增加与他人的互补性，人们喜欢那些与自己有相似点的人，也喜欢那些与自己个性品质相反的人。这样双方不同的心理品质，可以使对方得到心理上的补偿。也就是说，当双方的需要以及对于对方的期望正好呈互补关系时，就会产生强烈的吸引力。例如，日常生活中常有的急性子的人和慢性子的人合作得很好，爱听的和爱说的人成了朋友的现象。

5. 自身才能

才能一般会增加个体的吸引力。但如果这种才能对别人构成社会比较的压力，让人感受到自己的无能和失败，那就不会对吸引力有帮助。研究表明，有才能的人如果犯一些“小错误”，就会增加他们的吸引力。

6. 人格品质

人格品质是影响吸引力的最稳定因素，也是个体吸引力最重要的因素之一。学者安德森研究了影响人际关系的人格品质，认为最受喜爱、最吸引人的品质有真诚、诚实、理解、忠诚、真实、可信，它们或多或少、直接或间接同真诚有关；而最不受欢迎的品质有说谎、 假装、不老实等，也都与真诚有关。真诚受人欢迎，不真诚则令人厌恶。

人际交往中，人格因素至关重要，不良的人格特征或人格缺陷容易给对方以不良的评价、不愉快的感受和不安全感，从而影响人际交往。常见的人格缺陷有：自私自利、为人虚伪、不尊重人、报复心理、嫉妒心理、猜疑心理、苛求别人、过分自卑，骄傲自满、孤独固执等。这些人格缺陷严重影响了人们之间的交往。因此，不断完善人格非常重要。

年轻人清楚了影响人际吸引的因素，就要从这几个方面提升个人品位，以达到吸引他人，成功交往，扩大影响力的目的。

虽然提升个人品位不是一天两天就可以做到的，但是我们也要通过对这些方面的修炼，慢慢地达到目的。与此同时，我们在与他人接触的过程中，还要注意微笑的表情、良好而得体的谈吐、赞赏他人的真诚态度、强大的身体语言等。只有观察到这些细小的地方给我们带来的改变，我们才能运用学到的技巧提升自己的品位。

年轻的我们要想在社会中闯出一片自己的天空，就要知道如何利用自身的修养去吸引他人的注意，知道如何利用自己的品位去留住他人的心。只要我们不断地培养自己，提高自己，多向成功人士借鉴，我们就能形成自己独特的品位，从而为自己吸引来更多更稳定的人际关系。

别随意跟风，随波逐流只会失去自我

年轻人想要在社会上立足就要做出点成绩，当今社会有太多想要成功的人，可他们最后只能被生活所累。年轻人若想成为人上人，就要有不同于其他人的想法，这样你才能在芸芸众生中脱颖而出。

在激烈的竞争中，我们不但要想办法让自己有一席之地，而且还要积极地帮助他人，学会宣传自己，让大家成为自己的追随者。一个想要成功的人，就必须具备良好的领导能力，还要有独具匠心的想法，这样别人才会心甘情愿地追随你的脚步。对于年轻的我们来说，怎样才能得到更多人的认同，才会有人愿意追随我们呢？

第一，你要有高瞻远瞩的眼光。历史上的有些革命英雄，总是对革命和世界局势有着最正确的判断，总能表现出高瞻远瞩、把握大局、雄才大略、驾驭群伦的英雄风度，表现出一种革命家、政治家的领袖风度。因此总有众多的优秀人物抛头颅、洒热血，追随这些卓越的人物。一个人是否具有影响力和号召力，不是一两天形成的，是经过时间的检验证明出来的，是否具有真正的高瞻远瞩的眼光，注定了一个人的影响力和他的地位。如果一个人总是处在前沿的位置，他的预言总是能够变成现实，他的判断总是最正确的，那么人们就会喜欢追随他，他的预言、行动就会变成人们行动的风向标。因为跟着他，总会做正确的事，获得最大的利益。

2006年，李嘉诚就觉察到金融危机将至，当时就提醒管理层，并先后在年报上披露。每次在重大媒体发布会上都会呼吁大家谨慎投资，注意泡沫经济风险，并特意向股民发出忠告，中国香港与内地股市均处高位，而且要留意美国次贷问题。但在当时由于股市一路飙升，没有多少人理会这个忠告，甚至还有一些所谓的股评家批评李嘉诚“不懂股票市场”。

2008年，随着雷曼兄弟的破产，美国金融危机迅速向全世界蔓延，几乎已经没有人怀疑李嘉诚的判断了。所有人都陷入了金融危机中，不能自拔。唯有李嘉诚凭着对经济层面的把握以及对企业战略方向的管理与预测，依然坚如磐石。

正是这种真正的高瞻远瞩的眼光，建立了李嘉诚个人的威信和号召力，扩大了他在民众中的影响力，使他拥有了更多的追随者。

第二，你的人格魅力就是征服他人的最好武器。所谓“正人先正己，正下先正上”，在团队中的凝聚力必须以“正”为前提。人们都知道，一个人的知识底蕴、智慧谋略、办事胆略、决断力等综合能力的表现，正可以求证这个人的气魄。如果你的气魄是有征服力的，你的性格魅力就算成功了一半。然而这还不够，还要关注你的凝聚力究竟有多大？这里就牵涉到气量的问题。而培养气量之“正”，更需倡导管理者要具有“宰相肚里能撑船”的宽容之量。如果你的性格在团队中深得大家的赞赏，你的个性正是大家想拥有而不具备的，那就说明你已经在你所在的团队当中树立起了你的向心力。

近现代中国革命史上，邹容写《革命军》被关监狱，章太炎陪之坐牢；写《赤都心史》《多余的话》的秋白烈士，临刑时高唱《国际歌》，并自己选择了一块就义之地，转身从容地面对刽子手的枪口，说：“此地甚好。”周文雍、陈铁军夫妇在刑场上进行婚礼，慷慨激昂地宣言：“让反动派的枪声做我们婚礼的礼炮吧。”“戴镣长街行”的李大钊先生赴刑从容，报章载为“临刑犹保持共产党领袖的从容风度”——这些光照千秋的“铁肩担道义，妙手著文章”的革命家的人格魅力，换来了一批又一批热血男儿的追随。再如，蒙牛集团的当家人牛根生本人颇有侠士之气，重义重情，轻财轻权，从伊利退出以后，很多原来的老部下都选择了跟他一起重新打江山。

第三，好的形象能让他人主动追随你的步伐。好的形象本身就对追随者有一种吸引的力量，人们之所以喜欢模仿明星或名人的举止，就是认为他们的动作举止是一种美的标准，在成功之前我们都会不自觉地模仿成功者的形象。大家都有同样的心理，因此希望别人追随你的思想，模仿你的形象。

年轻人想要闯出一片自己的天地就不能盲目地跟风，要用自己独特的思考方式和远见征服你的追随者。用你的人格魅力和风骨赢来众多的敬佩，用你性格上的优势来征服众人，比地位和权力更有威信。一个人要想赢得众人的追随，必须从以上三个方面努力锻炼，才能够成熟、从容。年轻人要摆脱旧思想的局限性，努力成为大家的追随对象。

提升气质，好气质令你容光焕发

年轻的女人如果想要尽快地摆脱自己青涩的外衣，就要学会提升自己的气质。气质对于一个女人来讲就如同女人的第二张脸，当我们初次与人相见的时候，对方先是会注意女人的面容，然后马上就会注意女人的气质。我们虽然无法改变自己的外貌，但是我们可以通过修炼内在的气质来弥补，甚至提升我们的魅力。

女人可以不漂亮，可以不解风情，但是如果你要批评一个女人没有气质，那肯定会引起她的厌恶。气质无所谓好坏，只有类型的分别，只要自己能够找到属于自己的类型，并从中发掘出这种气质的优势，就能够做一个有气质的女人。

生活中有各种类型的女人，每个女人的气质都有所不同，但是从整体上来讲，女人的气质可以分为四种：胆汁质、多血质、黏液质和抑郁质，这四种类型各有不同的特征。但一个女人也许不单纯属于哪一种气质，有些人是某两种或者三种类型各占一定的比重，比较复杂，但是只要弄清自己属于哪种气质或者是哪种气质的混合，就容易找到自己的人格特征，也就容易培养自己的气质了。

第一，胆汁质。胆汁质类型的人对人或对事注重感情，工作效率往往随情绪的变动而有较大的变动。她们能够保持旺盛的精神状态，喜欢气氛热烈的活动；理解力和执行力都比别人强，对自己感兴趣的事，可以废寝忘食地去做；表现欲强，自我感觉良好，不甘示弱，姿态、举止、动作都比较夸张。如果你属于这种类型的女人，劝你慢下来，你根本就做不到，即使勉强做到了，你也会很累，别人也会很别扭。所以，不要勉强自己附庸风雅，只要改一改自己急躁容易激动的性子，就可以了。要知道急性子的女人也有自己的美，那种热情是一种无法阻挡的魅力。

第二，多血质。多血质类型的人感情丰富，喜怒易形于色，无法掩饰自己的情绪。缺乏毅力，无论是学习还是做事都容易表现散漫，有始无终，喜欢见异思迁，不稳定；对外界事物感受迅速、强烈，但不深入，不能持久；态度乐观，善于交际，手腕圆滑，但缺少知心、稳定的朋友；自我评价往往受别人的态度影响，好评论他人；最容易受时尚的影响，往往跟风和盲从，不肯深入。如果你是这种类型的女人，就要特别注意保持自我本色，因为你对自己魅力的认定也来自于别人的肯定和评价。你要做的就是抵御外界对你的影响，坚持自我，注意深入地培养自己的某一优势，因为你的优势太多，反而无从选择。让自己多姿多彩的同时，不要忘了坚持一种姿态，否则你就真的很容易变成一个女人“模仿秀”，而失去了自我。

第三，黏液质。黏液质类型的人，感情不易激动，行为举止平静连贯，比较理智；面部表情不丰富，举止也比较斯文，自制力强；做事有始有终，寻求规范；对外界事物的感受力不强，理解能力也比较慢，但是有毅力、有条理，容易被信任；为人平和，喜欢安静，善于克制自己，不善交往，但善于忍耐。如果你是这种女人，恭喜你，你是优雅的最佳代言人。对于你来说，平和淡然的态度、斯文有礼的礼仪、严谨的工作态度，优雅的举止是本来就应该如此的，根本不需要被特别培养。你本身就是一个带点“神秘”和

"冷漠"气质的美女。林徽因是其中最有代表性的女人之一。理智、平和和高深莫测是你的最大优势，如果你还需要修炼，就是努力让自己的表情看起来更丰富一点。

第四，抑郁质。抑郁质类型的人属于那种总是带着点"淡淡的忧愁"、丁香花般的女人。她们不容易高兴，总是情绪黯然，不合群，喜欢独来独往；敏感细腻，怯懦，害羞，细声细气，不善交往；对别人的态度体验深刻，容易耿耿于怀，有惊人的观察力；精力不充沛，长时间地处于亚健康状态，容易疲劳，但是善于深思，因此更显得柔弱和缓慢。对于这类型的女人来说，最大的优势就是含蓄内敛、娇柔羞怯，最容易因为柔弱的姿态取得男人的怜惜之心。因为敏感而自寻烦恼，对于这类女人修炼自身魅力的方式就是尽量让自己大方一些，忧愁也有忧愁的美，但是自寻烦恼就大可不必了。放开心胸是这类女人最大的挑战，如果能够做到，也就达到了修养的极致。

年轻的女人要根据自己的特点，去寻找自己该从哪方面培养自己的气质。胡乱地模仿他人不仅不能提升自己的气质，还会让别人觉得你是在装模作样，一点也不自然。培养自己气质的第一步就是要分辨出自己的气质，然后用艺术、文学、音乐等来陶冶我们的情操，加强我们的某一方面特征，最终成为有情趣、有味道、有气质的美人。加强优势，弥补缺陷，才能让我们的气质由内而外地散发出来，你才会变得更有魅力。

一举一动彰显礼仪，用修养征服人心

年轻人在社会上闯荡就必须要注重自己的礼仪。礼仪是在公众场合将自己的修养表现给他人的重要途径。无论我们出席哪种场合，都应该给别人留下良好的印象，这就要求年轻人懂得礼仪常识。

在公众场合，每一个年轻人都希望自己看起来举止得当、彬彬有礼，这样才能够显示自己作为一个成熟的人的修养，也才能够提升自己的礼仪修养。如果一个人在和他人交往相处的过程中，缺少了礼仪，不仅是对他人的不尊重，同时也降低了自己的格调。

我们想要提升自己的修养，就必须在举止、礼仪方面多加注意。张爱玲曾经穿着崭新的旗袍在家中等女友来拜访，女友到来以后，惊奇地问："你有重要的客人吗？"张爱玲点点头，于是女友诚惶诚恐地要告退。张爱玲却说："我重要的客人就是你啊！"如果别人有预约希望来拜访我们，那么无论如何，我们都应该表现出足够的重视，客人是不是受宠若惊，就不在我们的考虑之内了。可以说，张爱玲的这一举动，恰恰说明了她在礼仪方面的修养。

身处社会这个大环境，就免不了要和人相处，礼仪正是人与人之间交往的规范。只有遵循一定的礼节，才能营造出融洽、温馨的交往氛围和良好的人际关系。得体的举止是每一个年轻人吸引他人的重要武器，人们可能对外表优秀的人会有不屑一顾的态度，但是对于举止得体、彬彬有礼的人，人们却没有抗拒的心理，反而会赢得大家的欢迎。但是，礼仪不是随随便便参加某个培训课程就能学会的，它需要的是一个人的气质、品质与之合为一体，才能够达到最佳的效果。

优雅的举止是一个人无私品质的有目共睹的证据，它通常来源于心灵而非大脑。如果任由玩世不恭的态度占据你的灵魂，那么，你的行为举止也不可能真正变得优雅，即使附庸风雅，也只能落得个矫揉造作的评价。一个优秀的年轻人，必须先保证他心灵的纯净和高贵，举止才可能高贵起来。最佳的得体举止莫过于浑然天成，完全没有做作的痕迹，在一举一动中完全处于忘我状态，这就要求我们要警惕任何马虎随便，从一开始就要抵制一些不雅的举动和随便、邋遢的习惯。这样长期积累下来，才会变成一个真正得体的人，而不是一次培训就可以改变一切。要做一个真正懂礼仪的人，就要从日常的小动作开始训练，从心灵的深处开始改变自己的想法。

礼仪，不是需要参加活动才有的，而是应该让自己时时刻刻都保持在这种状态中。不要觉得没人注意你，你就可以随意放松一下。并不是周围没人看见，你就可以口出粗言，也不是周围没有人，你就可以做出粗俗的动作。真正的礼仪是从内心深处散发出来的，更是长时间坚持的结果。如果你可以在私下里做出不雅的举动，那么在大庭广众之下，你就可能因为一时的习惯或者忘记而做出不雅的举动。那时，你所有之前努力营造出来的好形象就会毁于一旦。

一个懂礼仪的年轻人在任何时候都不可以有粗鲁的举止，你可以正大光明地发怒或者气愤，但绝不能够口吐恶言冒犯他人，因为那会暴露出一个人天性中粗俗的一面。著名的悲剧大师埃斯库罗斯曾说过：“青铜是身体的镜子，酒是心灵的镜子。”愤怒像酒精一样可以蒙蔽你的头脑，但并不能蒙蔽你的心灵。所以，一个人醉酒、愤怒时的反应，最能够反映一个人的内心是否高尚。如果你在愤怒中表现出来的修养就像一个无知的混混，那么，无论你平时是怎样有风度、怎样优雅，也掩盖不了你是一个愚蠢的人的事实。

所以，年轻人一定不能让愤怒遮住了我们的理智。我们要时刻遵循应有的礼仪，即使对着电话说话，也不能够做出东张西望或者同时做小动作的举动，因为对方会通过你的语言、你的音调，感觉出你的心不在焉，这是非常失礼的行为。即使只有自己最亲密的友人来访，我们也不能够穿着睡衣接待他们，因为那不仅是不尊重别人，同时也是对自己的贬低。

成功人士，在任何时候都会有一副彬彬有礼的态度，让别人从见到他的那一刻起，就能感受到他的教养、他对自己的尊重。一个年轻人要想向成功靠近，就要提高自己的修养，让礼仪贯穿生活的始终，戒掉那些不好的习惯，收敛起平时散漫的态度，懂礼仪的人，才能赢得他人的尊重，才能迈向成功。

涵养是综合素质，细节中就会自行展现

修养指的是人的行为和涵养，与人的性格、心理、道德、文化等有着紧密的联系，总的来说就是人综合素质的表现。在现代社会中，没有人愿意去刻意挖掘一个年轻人的综合素质，所以，年轻人要懂得在不同的场合，都能将自己的好修养展现在大家的面前，这样才会有人注意到你，才会有人愿意

给你尝试的机会。

在生活中，人们的修养会体现在方方面面，有的人在工作、社交中会时时注意自己的形象，在私下里却尖酸刻薄，没有教养；有的人在面对熟人时表现得彬彬有礼，在面对陌生人时则会蛮不讲理，得理不饶人；有的人则面对陌生人时给人极好的印象，久而久之却会在熟人面前露出真面目来；有的人在大庭广众之下一派绅士淑女风范，私下里却品格低下，无所不为；有的人在平日里尚能维持自己的好形象，而一遇到特殊事件则会风度全无，让人跌破眼镜。

然而，一个有礼貌、品德高尚的人，应该做到表里如一，他的形象和他的人格魅力应该是保持一致的，无论是生活还是工作中，都能流露出自己的好修养。好的修养体现在待人处世的细节上，从这些细节中，人们就能看到你这个人的素质。提高自己的素质，提升自己的修养，年轻人要从以下几点做起。

1. 女士优先的国际惯例

无论你在哪种场合，是正式的，还是私人聚会，年轻人都要做到“女士优先”，这不仅是国际上的惯例，还是展现自己风度和教养的最佳途径，为女士开门，拉椅子，请女士优先，懂得在发生争执时让着女士，这些都是最基本的绅士表现。男人遇事要有意识地让着女人几分。这不但有利于男女之间的团结，而且此举还可以展示出男人在女人面前良好的风度和风范。对于女士、孩子、老人的真诚关心和照顾会让我们显得更加有教养。无论是在社交场合还是在私人场所我们都要有照顾弱小的自觉性。

2. 处变不惊的做事态度

处变不惊是一个人文化教养最好的体现。一个人在平时维持彬彬有礼并不难，可是如果遇到突然变故，如遭到了意外的冒犯或很高的期望值落空时，就会失态而暴露出本来的面目。因此在非常时期、非常状态下保持良好、镇静的言谈举止，更能体现一个人的修养。

一个人在平日保持温文尔雅的好形象和绅士风度并不难，难的是一个人在遭到他人嘲讽的时候，还能若无其事。在别人对他发难的时候，他不会被对方的态度激怒，能够克制自己的情绪，礼貌地对待对自己不友善的人，才能在气势和语言上让对方知难而退。在遭遇不可预料的糟糕情况时，能够镇定自若、处变不惊、先顾他人，才是一个有修养的人。

关键时刻的处变不惊，那是几十年锻炼下来的涵养。非有一定功底不可能做到，我们平时就要锻炼自己“养气”的功夫。一个人在意外来临时反应镇静，才算是达到了粗浅的处变不惊，要达到更高深的境界，则需要更持久的锻炼。

3. 诚恳的赞美，由衷地欣赏

懂得真心地赞美他人是年轻人有修养的表现之一，能够真心地欣赏和赞美他人，在认同他人中，得到他人的认同。欣赏别人的过程，其实就是品尝和发掘自己的一项工程，如果不能完全释放自己的视野，就不会真心地欣赏他人，自己也会停滞不前。女人通常不能欣赏、容忍比她更加漂亮的、更具智慧的女人，男人也有相应的毛病，然而，为了自己的成长，我们要学会欣赏别人，真诚地赞美别人的美好品格，在认同别人中模仿别人的优点，才能在礼仪中不断进步。

总而言之，年轻人在工作上也好，生活上也罢，甚至是在与家人相处的私人空间，都要表现自己良好的修养。其实，这些都是可以从一点一滴的小事做起的，比如，坐电梯要朝着电梯口，告诉离按钮近的人你要去几楼，而不是自己伸手去按；在路上主动给长者让路，如果遇到熟人需要交谈时，要靠到路边或角落谈话，等等。只有这样，才能习惯成自然，培养出良好的商务和社交礼仪。

年轻人要通过各种方式来提高自己的修养，还要让周围的人也能感受到你的修养。让我们的好教养从我们的每次微笑、每次说话、每次握手中自然地流露出来，让他人看到一个有礼貌、有教养、有内涵的年轻人，这对你为人处世才会有帮助，也才能够赢得更多的人心。

参考文献

[1]吴秋子.年轻人要懂的人生经验[M].哈尔滨：哈尔滨出版社，2009.
[2]邓婕.别让没有人生经验毁了你[M].北京：中国华侨出版社，2013.
[3]陈琦，田伟.人生经验全知道[M].北京：中央编译出版社，2010.
[4]穆清.二十几岁要懂的人生经验[M].北京：经济管理出版社，2012.

三国解密

宋杰　著

天津出版传媒集团
天津古籍出版社

果麦文化 出品

引 言

在中国古代数千年的历史上，三国是备受人们关注的时代，其历史故事和人物不仅为亿万神州民众所热爱，其影响力甚至还超越了国界，远播日韩欧美等地，吸引了众多情有独钟的爱好者，甚至组成了研讨交流的团体。

三国历史为什么如此具有魅力？其原因首先是这个时期的英雄众多，令人瞩目。俗话说“乱世出英雄”，改朝换代的时候，政治斗争和军事冲突往往非常激烈，从中会涌现出许多豪杰英烈与可歌可泣的事迹。他们表现出的忠心赤胆、义薄云天与勇猛智慧，让读者深受感动，那些英雄故事因而为人们所喜闻乐见。我们看到古典小说和评书评话里的《三国演义》《西汉演义》《东汉演义》《隋唐演义》《大明英烈传》，都是这样的历史背景。但其中三国涌现的英雄数量更多，名气也更为显赫，因此最受人们的欢迎，其社会影响也更加广泛。如清朝赵翼《廿二史札记》所说："人才莫盛于三国，亦惟三国之主各能用人，故得众力相扶，以成鼎足之势。"

另外，这里面还有两个原因。第一，三国鼎足而立，曹操、孙权、刘备竞争天下，并没有善恶是非之分，因而三方麾下俱是英雄。它不像商汤灭夏、武王克商和李唐代隋那样是以有道伐无道，只有正方阵营的仁人志士才能称得上是豪杰，对方再能干也是助纣为虐，算不上好汉。三国英雄则包括了各方拥有智谋和武勇的人才，故此队伍显著扩大，群星璀璨。

第二，三国战乱割据的时间很长，不像其他的朝代更替时间较短。秦朝统一中国之后，在整个秦汉时期，全国性的大规模内战持续时间都不是很长，通常不过几年。像汉高祖刘邦"三载亡秦，五年灭楚"，说的是秦末农民战争和楚汉战争；吴楚七国之乱只延续了三个月；王莽政权垮台到东汉王朝建立也就是数年；刘秀平定陇西隗嚣和四川公孙述的叛乱也只用了不到十年时间。但是从汉末分裂到西晋重新统一，这中间竟有九十年之久，所以从关东诸侯起兵讨伐董卓，到姜维、邓艾斗智，三国时期英雄辈出。

如果我们把观察历史的眼光放远一些，就会看到汉末三国这九十年的战乱，只是整个魏晋南北朝四百年分裂割据中的先声。在这四百年当中，西晋的统一（280 年）不过是短暂的插曲，仅仅过了十一年就爆发了“八王之乱”（291 年），随后就是“五胡入华”的开始（304 年），接着又出现了东晋十六国和南北朝长期的对峙征战。再看看前面的秦汉时期，持续的时间也是四百余年，但是分裂割据和战争动乱的时间都比较短，统一集权是秦汉时期历史发展的主流。那么为什么魏晋南北朝时期的主流是分裂割据呢？为什么在长达四百年的时间里没有出现过长期稳定的大一统王朝呢？这是中国古代历史的一个未解之谜。

三国历史吸引后人的另一个缘故，是它的演变过程波澜壮阔又风云莫测。关东诸侯举义起兵后，董卓挟持汉献帝和百官退据关西。敌人对他一筹莫展，他却被自己的义子吕布反叛诛灭，李傕、郭汜等凉州将领又出人意料地翻盘控制了朝廷。袁绍占据河北四州，地广人众而且兵多粮足。在官渡，曹操被打得处境窘迫、面临崩溃，恰有许攸前来投奔献策，引导他夜袭乌巢放火烧粮，从而一举扭转了战局。曹操平定北方，又不战而胜占领荆州，率领大军东征，眼看就要一统寰宇，但在赤壁折戟沉沙，狼狈撤回中原，形成与孙、刘两家南北对抗之格局。此后，刘备一帆风顺，先取荆州，后入益州，再北夺汉中迫退曹兵，关羽又在襄樊水淹七军，威震华夏，兴复汉室之势呈现，此时偏又遭受孙权背盟偷袭荆州的重创，加上夷陵之战的惨败，蜀汉从此一蹶不振。这个时期的政局与战事充满戏剧性的变化和悬念，连诸葛亮都感叹道：“凡事如是，难可逆见。”

虽然三国人物及其故事引人入胜，但是其真相却笼罩着一层迷雾。后世对他们的了解，主要是通过阅读陈寿编撰的《三国志》与裴松之的注释，以及罗贯中的《三国演义》。这两部书分别具有很高的史学价值与文学水准，可是内容或多或少都有些失真。

《三国演义》是小说，素称“七实三虚”，为了追求艺术效果，在许多故事情节的描写上采取了夸张和虚构的手法，自不用多谈。《三国志》的作者陈寿是西晋的史官，而晋朝认魏国为正统，因此这部书有“尊崇曹魏，贬抑蜀、吴”的政治倾向，对曹魏方面的人物事迹有美化、拔高的成分，对其恶行劣迹往往避讳不谈；对蜀汉、孙吴两方则反其道而行之，例如关羽、张飞作战之勇猛威震敌国，而《三国志》的相关记载却少得可怜，仅有关羽白马斩颜良和张飞据守当阳桥两件事，后代学者为此感慨不已。《三国志》原文与裴松之撰写的注释，因依据的资料来源不同，对同一件事的记载有时会出现矛盾。像吕伯奢家人遇难，《魏书》说是由于他们劫夺曹操的马匹财物而被杀，而《世语》和孙盛《杂记》则说是曹操怀疑他们要谋害自己而将其杀害，莫衷一是。

另外，史书作者有时可能发生误识或存在偏见，没有进行客观的判断，因此其叙述记载会出现一些错误。还有史官受其编写宗旨局限，对某人某事的记载或许是零散片段，或许是偏重于某一方面，不能反映历史的全貌。上述种种情况，都需要史学工作者予以揭示或纠正。

这部书对三国时期的25个历史疑点进行探索与解密，期望能够拨开所述历史事件与人物身上的粉饰和迷雾，将其真相展现在读者面前。

目录

卧龙出山第一计，谁得利？

“荆州城公子三求计”是《三国演义》的著名篇章，该篇讲述了刘表长子刘琦受到继母蔡夫人嫉恨，其党羽蔡瑁、张允等势力又大，刘琦深感有性命之忧，于是向刘备求救。刘备让他去问诸葛亮，但诸葛亮以不便参与家事为由一再回绝。最后诸葛亮被刘琦请上高楼，见确实没有外人，才说“已有良策”，并以春秋时晋国申生、重耳之事为例，建议他乘江夏（今湖北省武汉市）遭孙权新破、无人镇守之际，向刘表请求领兵前往镇守，方可避开萧墙之祸。刘琦领悟后依从此计，出任江夏太守，最终得以身家平安。上述经过是真实的历史，在《三国志》《后汉书》里都有记载。

这个故事给人的表面印象是诸葛亮很不愿意介入刘琦的家庭纠纷，最后实在没有办法才勉强出了个主意，使刘琦转危为安。但其中有几个问题值得深思。

首先，这个计策是诸葛亮被逼无奈、急中生智想出来的，还是和刘备事先策划安排的呢？《三国志》说：“（刘）琦每欲与（诸葛）亮谋自安之术，亮辄拒塞，未与处画。”就是刘琦已经求助了好几次，诸葛亮虽然频频拒绝，但绝不会没有想法。他是刘备的心腹谋士，两人“情好日密”，如鱼得水，几乎是无话不谈，按理说诸葛亮会考虑对策并及时与主公沟通。看来鼓动刘琦去镇守江夏的主意，刘备应该知道且表示赞同，诸葛亮才会把它告诉刘琦。

其次，刘琦离开荆州治所襄阳去镇守江夏，这件事对刘备集团有没有好处？如果有，这个好处有多大？答案显而易见，诸葛亮是辅佐刘备的军师，他给刘琦出的主意必须首先迎合刘备的利益。当时正值建安十三年（208年）夏，曹操平定北方后即将南征，刘表病重活不了多久，荆州的军政势力分裂为两派，一派支持长子刘琦，另一派是蔡氏家族，拥戴次子刘琮。如鲁肃所言：“二子素不辑睦，军中诸将，各有彼此。”这一矛盾日益激化，其演变走势会影响刘备集团的安危去留。此时恰逢重镇江夏郡的长官出现空缺，对刘备来说，让刘琦远走夏口（今湖北省武汉市汉阳区），显然要比留在襄阳更为有利，这与《隆中对》的战略规划有密切关联。

诸葛亮当初为刘备谋划的发展步骤是先取荆州，再夺益州；

东联孙权，北拒曹操。他对刘备说，荆州是“用武之国，而其主不能守”，“此殆天所以资将军，将军岂有意乎？”这是让刘备从荆州现在的主人那里获取，诸葛亮在当时还无法预料到后来曹操南侵、刘琮投降的局势。可刘表是朝廷任命的荆州牧，得到州内各界拥护，又在刘备落难时予以收容，所以当他在世的时候，刘备不能起兵夺取荆州，否则就是恩将仇报，会遭到舆论谴责，丧失州内官员与士民的支持。况且刘表对他早有戒心和防备，也很难得逞。“荆州豪杰归先主者日益多，（刘）表疑其心，阴御之。”刘备占据荆州的计划，只能在刘表病故后、政局出现动荡时伺机实现。如果这时候刘琦在州治襄阳，刘备就只能拥护他来继位，自己充当保驾的帮手，做不了荆州之主。若是刘琦远赴江夏，那么刘表死后，刘备到襄阳夺权就可以放开手脚，只需对付刘琮和蔡氏党羽，从而把荆州大权直接掌握在自己手里。

对刘琦来说，出任江夏太守虽然躲开了政敌的迫害，但刘表去世时他不在身边，继位之事将被蔡氏集团操纵，因而注定了他继承权斗争的失败。当年秦始皇出巡时死在沙丘，临终前要传位给远在北边的长子扶苏，但赵高、李斯篡改遗诏，另立随行的少子胡亥。熟读经史的诸葛亮当然了解这个典故，他的建议使刘琦成功避祸，却失去了从刘表手中接班的机会。由于上述缘故，诸葛亮的这条计策也符合蔡氏家族的心意，所以刘琦的请求没有遭到他们反对，刘琦最后得以顺利离开。《三国志》写道：“（刘）表及妻爱少子琮，欲以为后，而蔡瑁、张允为之支党，乃出长子琦为江夏太守，众遂奉琮为嗣。”刘琦虽然不得宠，但身为长子，“性慈孝”，又有一帮文武官员的支持，并非没有继位的可能。后来刘表病危，刘琦赶回来探视，蔡瑁、张允害怕他们见了面，“父子相感，更有托后之意”，担心刘表会改变传位的决定，于是拒绝刘琦进门，并且逼迫他返回江夏，刘琦只得洒泪而去。刘琮继位后派使者到江夏，把刘表的成武侯印绶交给刘琦，传达说：“由我掌握荆州统治权力，你来继承父亲的封邑和爵位。”刘琦听后勃然大怒，把印绶扔在地上，想要借奔丧为名发兵争斗，但是大局已定，他已无法撼动刘琮的地位了。远赴江夏的计策虽能确保刘琦平安，但也存在对他继位不利的因素，而对刘备则只有好处。正是因为这个缘故，诸葛亮再三推托，不肯轻易告诉刘琦，用的是欲擒故纵的手法，吊他的胃口，使其不会怀疑此计别有用心。

再次，让刘琦出镇江夏的第二个好处，是给刘备留下一条保底和逃难的退路。《隆中对》的策略是联合孙权来抵抗曹兵，可当时刘表与东吴相互仇杀，刘备不能直接派人和孙权联络。夏口是荆、扬两州交界的交通枢纽，为长江、汉水合流之处，又有鹦鹉洲坐落江心，使大江至此分流，两侧的水道变窄，是控制长江船只往来的要冲。当年甘宁率领部下离开刘表去投奔孙权，就是在这里遭黄祖拦截，被扣留三年才伺机逃脱。试想若是刘琦没有去戍守江夏，这座军镇很可能就会被蔡氏集团掌控，从而断绝刘备与孙权来往联系。刘备后来在当阳兵败，几乎全军覆没，“先主弃妻子，与诸葛亮、张飞、赵云等数十骑走”。他们渡过汉水后，“遇（刘）表长子江夏太守（刘）琦众万余人，与俱至夏口”。刘备等人这才摆脱了险境。如果没有刘琦的接应和安顿，刘备等人岂不成了无处容身的丧家之犬？

后来诸葛亮到柴桑与孙权协商合作抗曹，刘琦的万余兵马和江夏重镇就成了谈判的重要资本。孙权询问：“刘备还有什么力量和我一起抗曹？”诸葛亮回答：“豫州军虽败于长阪，今战士还者及关羽水军精甲万人，刘琦合江夏战士亦不下万人。”要知道周瑜率领出征的部队也不过三万人，这就显出刘琦江夏万余兵马的可贵。若非诸葛亮的深谋远虑，刘备此时兵微将寡，恐怕只能像当初投奔袁绍、刘表那样依附于孙权，成为听从号令的下级，而不是平等合作的盟友，这样就无法在胜利后分疆裂土，共享荆州了。

最后一个问题是，难道诸葛亮在当时已经预料到当阳兵败，着手为刘备铺设安身退路了吗？非也，这只是他应对复杂情况的后手之一。曹操南征荆州前夕，诸葛亮很难对此后的形势发展做出精确预判，但是他可以设想出局面演变的几种可能性，并分别做好应对的计策。

三国时期，智谋之士会事先考虑好对付各种情况的策略，或是不同的应变处置办法，即俗话说的上、中、下三策。例如刘备在葭萌遇到困境，军师庞统为其谋划："阴选精兵，昼夜兼道，径袭成都。"这是上计。诱杀镇守白水关的杨怀、高沛，"进取其兵，乃向成都，此中计也。退还白帝，连引荆州，徐还图之，此下计也"。诸葛亮在祁山与司马懿相持不下，对李严说："上计断其后道，中计与之持久，下计还住黄土（即黄沙，汉中地名）。"有时还会预设更多的方案。例如周瑜死后，鲁肃接任主将驻守陆口，吕蒙路过驻地，与其饮酒时问道："您接受重任，与关羽成为近邻，将要采取什么计策来防备意外？"鲁肃并没有预定的计划，随口回答："临时根据情况再做决定。"吕蒙说："如今东吴和西蜀虽然是一家，然而关羽实际上是熊虎一样凶猛的潜在敌人。应对他的计策怎么能不预先制定？"于是吕蒙替鲁肃策划了五项应变措施，使鲁肃大为叹服，起身拍着他的背说："吕子明，我不知道您的才干谋略竟然达到这种程度。"

诸葛亮在建安十二年（207 年）出山，面临曹操准备南侵和刘表病重、荆州政坛即将发生动荡的复杂形势，他为刘备制定了哪些应急方案？史书对此没有具体的记载，但是从一些文字叙述里可以看到他筹划了三种对策：

其一是上策，等曹操大军到来，即从樊城后撤，途经襄阳时从刘琮手里夺取荆州的统治权。《三国志》记载："先主屯樊，不知曹公卒至，至宛乃闻之，遂将其众去。过襄阳，诸葛亮说先主攻（刘）琮，荆州可有。"荆州的核心地区就在南郡，即由长江、汉水和荆山环绕的江汉平原，内部资源丰饶，外有山川构成的天然障碍。蒯越曾对刘表说："南据江陵，北守襄阳，荆州八郡可传檄而定。"诸葛亮的上策是占领襄阳、统治荆州，凭借汉水天堑来抵抗曹兵。但刘备产生犹豫，说不忍心这样做，故诸葛亮的谋划未能实现。当时"（刘）琮左右及荆州人多归先主"，可见是有可能获得成功的。

其二是中策，若不能夺取襄阳，就继续南下，据守府库充盈的江陵（今湖北省荆州市）。刘备离开襄阳后兵分两路，自己率领步兵、骑兵走陆道保护难民撤退，"比到当阳，众十余万，辎重数千两，日行十余里"。水军舰队则顺汉江航道南行，"别遣关羽乘船数百艘，使会江陵"。《三国演义》说这也是诸葛亮的主意："孔明曰：'江陵乃荆州要地，不如先取江陵为家。'"从当时的情况分析推测，罗贯中的叙述是合乎情理的，这应该也是诸葛亮的计谋。

其三是下策，如果江陵守不成，就退往江夏，与刘琦所部会合，然后联合孙权来抗拒曹操。这是诸葛亮此前安排的“下策”，最终避免刘备走投无路，陷入绝境，得以保命安身，并与东吴结盟后反败为胜，成功翻盘。

读者阅读这段历史，往往认为以上三条计策都是诸葛亮临时想出的主意，彼此互不关联，这显然是误解。面临危机四伏的险恶形势，身为军师的诸葛亮自然会未雨绸缪，预设各种部署，以应对复杂的时局变化。这是他运筹帷幄的分内之事，否则就是庸碌之才，而非智慧的化身了。让刘琦带兵远赴江夏，给刘备提供了当阳惨败后的避难所，刘琦带走的万余人马为他补充了兵力，也成为诸葛亮与孙权谈判时能够打出的最后一张底牌，收效显著。随后孙、刘联军在赤壁和江陵接连取胜，夺回了荆州的南郡和江南四郡（长沙、桂阳、零陵、武陵），刘备当即给朝廷上表立刘琦为荆州刺史。

不料几个月后，正值盛年的刘琦突然死亡，全体部下拥戴刘备继任为荆州牧。史书记载刘琦乃“病死”，这是官方的说法，没有证据表明刘琦是非正常死亡，但是对刘备来说，此时的刘琦完全失去了利用价值，他已经变成刘备当上荆州之主的障碍，所以死得正是时候。

诸葛亮是谁的粉丝？

《三国志》记载，诸葛亮在隆中隐居时，经常把自己和贤相管仲、名将乐毅相比，当时人们听了都不认可，只有与他交好的崔州平、徐庶觉得恰当。

后来诸葛亮出山辅佐刘备，成为蜀汉名相，他当年自比管仲、乐毅之事也就成为后世热议的话题。大多数人认为诸葛亮的才干和品行要超过管仲、乐毅。宋元以来，人们更是把他推崇为“周公以后第一良相”，甚至认为他可以和伊尹、吕望（姜太公）媲美，类比管仲、乐毅是诸葛亮“自谦”的话。如明朝学者孙宗伯在《益智录》中说：“孔明自比管、乐，谦词耳。杜少陵（杜甫）曰：‘伯仲之间见伊、吕，指挥若定失萧、曹。’乃千古定论。”清朝宰相张廷玉读后大加赞同，说：“予向来管见如此，不意与退谷（孙宗伯表字）先生吻合。”这种观点也见于《三国演义》，罗贯中借小说人物之口表述了自己的看法。如张昭问诸葛亮是否说过自比管仲、乐毅的话，诸葛亮回答："此亮平生小可之比也。"司马徽造访刘备时，关羽向他询问诸葛亮自比管仲、乐毅是否太过分了，司马徽回答说应该用另外两位名人来比拟："可比兴周八百年之姜子牙，旺汉四百年之张子房也。"

不过也有些人对此表示反对，说管仲辅佐齐桓公九合诸侯，成为霸主；乐毅率领燕军打败强大的齐国，攻占七十余城；而诸葛亮"出师未捷身先死，长使英雄泪满襟"，没来得及建立类似的功绩，所以比不上管仲、乐毅。清朝学者俞樾就认为，诸葛亮北伐事业未竟，"乃秋风五丈原，大星遽陨，不能为管（仲），又不能为乐（毅）"。关于这个问题，人们至今争议不休，未有定论。

需要注意的是，"诸葛亮为什么要自比管仲、乐毅"和"他的比拟是否恰如其分"，是不同性质、不同内容的问题。前者与诸葛亮的志向及政治理想有关，和他选择参加哪个阵营、投身哪位主人的原因有密切联系；后者则是对他毕生功业的总结与评价。这里以讨论第一个问题为主，下文分别探究解析。

首先，诸葛亮自比管仲、乐毅，是把这两位先贤当作学习的榜样和为人处世的楷模。如宋人王十朋所言："心有所慕，则将学其为人，而以其身比之也。"古代的著名将相不胜枚举，为什么他没有选择伊尹、姜尚、周公、萧何、张良、韩信等人来自比呢？我们知道进行比较的人物应该属于同类，也就是其所处的历史背景、政治形势等情况应大体相似，这样才具有可比性。三国初期，各路军阀兼并混战，国土四分五裂，如曹操所言："当今天下土崩瓦解，雄豪并起，辅相君长，人怀怏怏，各有自为之心。"这和春秋战国时期诸侯割据、对峙交兵的情况类似，但又与夏商末年及秦汉之际的战乱局面不同，因为商汤伐桀、武王伐纣以及楚汉相争都是两军对峙、壁垒分明，只有两位君主可以投奔，非彼即此。但到了春秋战国时期，五霸迭出，七雄并立，仁人志士投奔何方具有多种选择，这与三国初期各路诸侯分据一方的政治环境非常相似，所以诸葛亮就从春秋战国的杰出人物中选择了两位，作为自己效仿和追慕的典范。

其次，诸葛亮对自己今后能够取得的成就也有冷静的估计。如果自比于伊（尹）、吕（尚）、萧（何）、曹（参），这四位都是开国元勋，辅佐君主打败对手统一天下，建立绵延数百年的王朝，诸葛亮能创立那样的功业吗？据《魏略》记载，建安初年（196 年—197 年），他在荆州和孟公威、石广元及徐庶游学，曾说他们入仕可以做到刺史郡守，那三人问他会怎样，"亮但笑而不言"。可见诸葛亮这时还没有自比管仲、乐毅。

直到建安五年（200 年），曹操在官渡之战击败袁绍后雄踞中原，孙权继位统治江东，三国中的两强已经初见端倪，留给他人施展的空间已然有限，因此诸葛亮没有足够的把握将来能翦灭群雄、一统寰宇。后来他在隆中为刘备策划，也只是筹措“跨有荆、益”，待天下发生重大变故，才有机会进兵夺取中原。诸葛亮自比管仲、乐毅，显然是觉得能像他俩那样成为“偏霸”的将相。从事后的情况来看也确实如此。北魏崔浩说刘备和诸葛亮：“不能与曹氏争天下，委弃荆州，退入巴蜀，诱夺刘璋，伪连孙氏，守穷崎岖之地，僭号边夷之间。”三国鼎立，蜀汉仅有一州之地，最为弱小，说明诸葛亮对自己前途的预料和判断相当准确，其自比管仲、乐毅恰如其分，并没有说大话。

再次，春秋战国时期也有许多杰出的名人，诸葛亮为什么偏要选择管仲和乐毅来自比呢？这是由于上述两位英豪的才干、品行与政治理想都有独到之处，又和诸葛亮的抱负及信念相符，因此成为他崇敬向往的对象。诸葛亮之所以自比管仲、乐毅，就是想日后能成为像他们那样的贤相和名将。这里先说说管仲的特点，大致有三项是诸葛亮所效仿的。

第一，理财富国。管仲是商贾出身，早年曾和鲍叔牙一起跑买卖，很有经济头脑。他在齐国主政，那里偏离中原沃土，自然条件不算很好，管仲却能因地制宜，“徼山海之业”，农、工、商业并举，“以区区之齐在海滨，通货积财，富国强兵”。诸葛亮是刘备麾下的军师，但是他和曹操的谋士荀攸、郭嘉、贾诩等人不同，他并非只是运筹帷幄、出谋划策，还善于治理民政，发展生产造福一方，并且保障前线需要的粮饷器械装备。刘备初据荆州，派诸葛亮“督零陵、桂阳、长沙三郡，调整其赋税，以充军实”。后来占领益州，“先主外出，（诸葛）亮常镇守成都，足食足兵”。刘备去世后，诸葛亮主持国务，领兵北伐数年，颇有物资耗费和人员伤亡，但蜀汉后方依然安定，没有发生过动乱和经济危机，表明他深通管仲的富国安民之术。诸葛亮死后，仍受到益州百姓的歌颂爱戴，到了西晋，“梁、益之民，咨述亮者，言犹在耳”。

第二，尊王攘夷。这是管仲当时提出的政治旗号，“尊王”是尊崇已经衰败没落的周朝天子，在名义上承认并维护他的权威；“攘夷”是指抵御外族蛮夷戎狄的入侵。管仲用这种口号来拉拢、号令诸侯，拥戴齐桓公取得霸主地位。诸葛亮受到管仲“尊王攘夷”思想的影响，以兴复汉室作为自己的政治理想。所以他想投靠的主人，必须是刘姓宗室，他期望能够找到一位像光武帝刘秀那样的明君，辅佐他扫平天下，中兴汉朝。出于这种信念，诸葛亮没有北上投靠“名为汉相，实为汉贼”的曹操，也没有奔赴江东去依附孙权，而刘表、刘璋禀性懦弱又胸无大志，当时只有豪杰刘备符合他的选择条件，就像诸葛亮在《隆中对》里所说的："将军既帝室之胄，信义著于四海，总揽英雄，思贤如渴。"

第三，总揽大权。管仲在齐国执政，得到齐桓公的极度信任，被尊称为"仲父"，齐桓公将国家的日常事务全部交给他去办理，自己躺平做了甩手掌柜。《韩非子》曰："昔者齐桓公爱管仲，置以为仲父，内事理焉，外事断焉，举国而归之，故一匡天下，九合诸侯。"《吕氏春秋》记述，有位官员向齐桓公请示公务该怎么办，桓公说去问仲父，一连三次都是这样讲。那位官员抱怨说："一来问仲父，二来问仲父，您这国君当得也太容易了。"齐桓公回答说："我没得到仲父的时候确实很困难，得到了他以后怎么会不容易呢？"

诸葛亮也想做管仲那样独揽大权、深受国君信任的宰相，但在曹操和孙权那里都不可能办到。曹操专制独裁自不用讲，诸葛亮在赤壁之战前夕出使东吴，成功地劝说孙权联刘抗曹，其见识与谈吐深深地打动了孙权，孙权很想把他留在东吴为自己效力。张昭也佩服诸葛亮的聪明才智，向孙权表示推荐，企图把诸葛亮留下来，但是诸葛亮不肯答应。诸葛亮后来对人说："孙将军称得起是位了不起的君主，但是看他的气度，能够以贤士的地位接待我，却不能完全发挥我的才能，所以我不愿意留下来。"从这番话可以看出来，诸葛亮对于吴国的政治状况有着清醒的判断。孙权显然没有齐桓公那样的度量，他为人相当强势，也是独断专行，任命的丞相前有孙邵、顾雍，都是唯唯诺诺的老好人，国家大事都听从孙权的安排。后有步骘、陆逊，分别是坐镇西陵（今湖北省宜昌市）和武昌（今湖北省鄂州市）的地方长官，根本不在国都建业（今江苏省南京市），所以谈不上处理朝政，只是挂着丞相的虚衔而已。所以诸葛亮若是留在东吴，无法取得总揽朝政的仲父地位。

另外还有一点，《隆中对》中诸葛亮说："孙权据有江东，已历三世，国险而民附，贤能为之用。"就是说东吴政权的建立经历了三代，统治集团已经相当稳固，它的军政要职已经被先来的贤士们纷纷占据，处于饱和状态。如文臣有张昭、张纮、鲁肃，武将有周瑜、程普、吕蒙，没有重要的岗位等待诸葛亮来挑选。曹操那边更是人才济济，当时孟公威想返回北方故里，诸葛亮就不以为然地说："中国饶士大夫，遨游何必故乡邪？"刘备那里和孙、曹两家的情况截然不同，刘备集团由于人才匮乏，担任军政要职的空间相当广阔。刘备夺得荆州、益州后，自己领兵外出作战，后方的军政要务一概由诸葛亮主持办理，诸葛亮先做军师将军，后担任丞相，位高权重。后来刘备去世，诸葛亮辅佐刘禅，被尊称为"相父"，包揽了全国的军政大权，"政事无巨细，咸决于亮"。诸葛亮终于实现了他自比管仲的政治理想，而这些在曹操和孙权那里是根本做不到的。

后代学者大多认为在历史贡献和影响方面，诸葛亮与管仲类似。陈寿在《三国志》里说：“亮之器能政理，抑亦管、萧之亚匹也。”除了管仲，还增加了萧何与之相俦。此后文坛上就有了“管葛”并称的提法，如《世说新语》赞誉东晋殷浩，“于时朝野以拟管、葛”。《晋书》也把丞相王导比作管仲、诸葛亮那样的人才。李白诗云：“少年落魄楚汉间，风尘萧瑟多苦颜。自言管葛竟谁许，长吁莫错还闭关。”明朝刘基亦云：“我才非管葛，谁能起沦沉。所以歌去来，归卧五柳阴。”这些都是对诸葛亮比拟管仲的普遍认可。

但是对诸葛亮自比乐毅，则有较大的异议。陈寿就认为诸葛亮的军事才能够不上名将的标准，只承认其媲美管、萧，没有把他和乐毅相提并论。实际上诸葛亮治军用兵相当出色，东吴张俨说：“孔明起巴、蜀之地，蹈一州之土，方之大国，其战士人民，盖有九分之一也。”在如此弱势的条件下，诸葛亮还能打败曹魏最优秀的将领司马懿，使其“畏蜀如虎”，躲起来死活不肯出战。司马懿在诸葛亮病逝后称赞他是“天下奇才”，其武略之高明显而易见。诸葛亮未能取得乐毅那样的功绩，这是毫无疑问的。但问题是乐毅究竟有什么特殊的优点，能引起诸葛亮的仰慕和比拟呢？战国名将众多，有孙膑、吴起、田单、廉颇、白起、王翦等，个个都战功卓著，乐毅并非其中名气最显赫的，那诸葛亮为什么选择他作为楷模呢？笔者认为，乐毅有一项长处是战国其他名将所不及的，那就是扶弱锄强。

苏代曾说："凡天下之战国七，而燕处弱焉。"当时七雄中最强大的要数秦、齐、楚三国，乐毅没有去投靠它们，依靠强国的富饶资源、庞大兵力去建功立业。尽管那样做会是一条捷径，可他还是选择了最弱小的燕国，联合诸侯一度击败并灭亡了强盛的齐国，这可是了不起的功绩。因为用寡敌众、以弱胜强的难度极大，但这样方能显出将帅具有出类拔萃的本领。

诸葛亮出山以前，曹操占据中原，地广兵强，三分天下已有其二。孙权拥有江东，如周瑜所言："六郡之众，兵精粮多，将士用命，铸山为铜，煮海为盐，境内富饶，人不思乱。"而刘备在荆州寄人篱下，兵不过数千，将仅有关、张，诸葛亮偏偏投在他的门下，辅助他开辟江山，与魏、吴两强鼎足而立。这不仅反映了诸葛亮具备卓越的远见、能力和雄伟的气魄，而且还仿效乐毅，有扶弱锄强的精神。他虽然身居乱世中的草庐，却拒绝趋炎附势，仍然坚守自己的政治理想，盼望能够遇到一位像燕昭王、光武帝刘秀那样的明君，以实现自己兴复汉室的抱负。诸葛亮以管仲、乐毅为榜样，反映出他继承了"兴灭国，继绝世"、大丈夫藐视强权、"威武不能屈"的孔孟之道，敢于扶助弱小、除暴安良，这是一种难能可贵的高尚品质。

诸葛亮始终坚信能够以弱胜强，这种信念使他拥有与曹魏对抗的决心。刘备死后，他主持蜀汉朝政，魏国司徒华歆、司空王朗、尚书令陈群、太史令许芝、谒者仆射诸葛璋纷纷写信给诸葛亮，劝他认清寡不敌众的形势，向曹魏投降，献表称藩。诸葛亮写了《正议》来做回答，说当年刘秀率领数千弱卒，在昆阳打垮王莽的四十余万大军，“夫据道讨淫，不在众寡”。街亭兵败后，蜀汉朝内大臣对继续北伐作战心存疑虑，诸葛亮又写了《后出师表》来解释，说哪怕“曹操智计殊绝于人，其用兵也，仿佛孙、吴”，也屡遭惨败，险些送命，曾“困于南阳，险于乌巢，危于祁连，逼于黎阳，几败北山，殆死潼关”。所以只要坚持不懈地努力奋斗，就有机会转弱为强、以寡胜众。

有本事的人往往心高气傲，他们宁愿白手起家，在弱势条件下充分施展自己的才能，克服巨大困难来取得成功，也绝不肯低声下气地“抱粗腿”。诸葛亮尽管没能像乐毅那样彻底击败强大的对手，但是他效仿乐毅以寡敌众，敢于对抗不可一世的曹操，联合孙权在赤壁之战中获胜，从而逆转形势，辅佐刘备打出一片天地，这也是了不起的功绩，值得后人肃然起敬。

三国大聪明教你职场生存

俗语说“大智若愚”，是讲智慧出众的人并不会把才干外露，他们看起来反而有些愚笨。其渊源出自老子《道德经》：“大巧若拙，大辩若讷。”即聪明灵敏、技艺高超的人表面上似乎笨拙；善于辩论、口才很好的人日常发言持重、不露锋芒，貌似迟钝。老子还对前来求教的孔子说：“良贾深藏若虚，君子盛德，容貌若愚。”优秀的商人会把贵重货物隐藏起来，好像没有什么值钱的东西；品德高尚的君子外表却显得愚拙。他还告诫孔子，在容貌上不可流露出骄气和欲望，那样对自身没有好处。这是教诲人们要保持谦虚的态度，平时若是锋芒毕露，还可能引来嫉妒和攻击，给自己增添不必要的麻烦，这些都是至理名言。

如果说在太平盛世尚且需要注意收敛、避免纷争的话，那么在兵荒马乱的战争年代就更有必要了。三国是动荡不安的乱世，尤其在政治舞台上更是危机四伏，更需要谨言慎行，否则或许会招致杀身之祸。像蜀汉的张裔精明强干，被刘备任命为益州郡（今云南省昆明市）太守，当地豪族发动叛乱，把他捉起来送到了东吴。刘备死后，由丞相诸葛亮执政，他决定和孙权恢复盟好，派遣以邓芝为首的使团前往吴国。临行前诸葛亮特意嘱咐邓芝，在会谈结束后请求释放张裔返回蜀国。张裔在东吴这几年，已被流放转移了好几个地方，吃了不少苦。孙权没有见过张裔，也不知道具体情况，便答应准许他回国，并派属下找到张裔，带他到都城武昌来见面。

孙权喜欢嘲弄人，他见了张裔突然问道："蜀郡的寡妇卓文君和才子司马相如私奔，贵乡的风俗就是这样的吗？"张裔应声回答："我觉得卓文君还是要比朱买臣的妻子贤惠。"朱买臣是西汉会稽郡人，与孙权算是同乡（吴郡在西汉曾属于会稽郡）。当年朱买臣的妻子因为丈夫贫困而逼着他离婚，后来汉武帝任命朱买臣做会稽太守，他的前妻因此羞愧自尽。张裔是用孙权故乡的丑闻来讽刺他，撑得他无话可答，非常尴尬。他只好询问张裔："你这次回国，肯定要在朝廷受到重用，总不会回到村里种地。这样的话，你如何报答我？"张裔回答说："我是个有罪之人，回国后将会受到审判。如果能够侥幸活命，那么五十八岁以前的生命是父母给的，此后的余生就是大王赏赐的。"孙权听后哈哈大笑，非常高兴，言谈之中表现出对张裔的欣赏之情。

接见结束后，张裔走出孙权的内阁，忽然发觉自己犯下了一个严重的错误，他不应该对孙权反唇相讥，最好假装糊涂，避免引起孙权的关注，这样才能够顺利回国，现在则因为显露锋芒而有被扣留的危险，甚至有性命之忧。张裔深感懊悔，于是登船后命令水手“倍道兼行”。孙权事后果然反悔，觉得张裔才智过人，不能让他返回蜀国，就派快船前来追赶，要把他捉拿回去。吴国的追兵扬帆鼓棹两千多里，从武昌一直追到边境永安（今重庆市奉节县），得知张裔的航船已经过去了几十里，才悻悻而归。

张裔回国后果然受到重用，蜀汉兴师北伐时，他被任命为丞相府在成都的留府长史，主持后方军政事务以及对前线的后勤补给，工作兢兢业业，圆满地完成了任务，三年后死在岗位上，算是报答了诸葛亮的救命之恩。

孔子曰：“学而优则仕。”才智出众的人总得出来谋职为官，有所作为。但“伴君如伴虎”，又有官场的倾轧，大臣们为君主建言献策，也需要“藏锋守拙”来规避风险，以免遭受不测之祸。首先是在进言之前要慎重考虑，君主是否会接受自己的意见。如果君王根本不会采纳，那就别去碰钉子，免得自讨无趣，甚至倒霉，遇到这种情况最好是不要表态，或者假装糊涂。李赞说“诸葛（亮）一生唯谨慎”，他和刘备君臣际遇、如鱼得水，但也不是把自己的想法全部说出来，在许多情况下都有所保留。例如法正为刘备夺取益州出谋划策，立下大功，被任命为蜀郡太守后睚眦必报，擅自杀死了得罪过自己的好几个人。有些同僚看不下去，请诸葛亮向刘备反映一下，抑制法正的作威作福。诸葛亮却回绝说：“主公在荆州公安的时候，北面畏惧曹操的强大，东边害怕孙权的逼迫，近处则担心孙夫人在身边引发变故。正是进退两难之时，法正辅佐他展翅翱翔，不再受制于人，因此怎么能够阻止法正实现心愿呢？”诸葛亮知道刘备对法正偏爱信任，说了也不管用，所以才这样讲。

后来法正去世，刘备不顾满朝文武反对，执意东征孙权，诸葛亮也没有表态。直到猇亭战败的消息传来，他才感叹说：“法正若在，就能够制止主上，让他不要东征。”表明他对刘备征吴另有看法，但他也很清楚刘备在盛怒之下不会接受自己的建议，因此也没有提出来。

与此相反，直言进谏若是不合君主的心意，轻则招致反感憎恶，重则惹来杀身之祸。例如曹操想篡夺汉家天下，先晋爵魏公，享受“九锡”的仪仗，然后再称魏王，让子孙建国称帝，这是他的既定方针，绝不会改变。但是他在征求荀彧的意见时却遭到了反对。荀彧此举引起曹操的怨恨，被逼自杀身亡。荀彧是曹操麾下的头号谋士，多次献计助他渡过难关，曹操赞誉他是自己的张良，喻其为开国功臣，还把女儿嫁给了荀彧的长子。关系如此亲密，荀彧却因为政见不同触逆龙鳞，以致死于非命。

张昭是东吴两朝元老，曾受孙策的托孤重任。孙权要派遣高官携带着珍宝、率领万名士卒渡海远赴辽东，封赏假意归顺的公孙渊，张昭对此极力劝阻，两人争执不休，惹得孙权大怒。孙权甚至拔出刀来，差点儿杀了他。丞相陆逊反对孙权因宠爱鲁王孙霸而意欲让他取代太子孙和的嗣位，一再上奏规劝，引起孙权的恼怒。于是孙权听信孙霸及其党羽的谗言，接连派遣使者下诏谴责陆逊，直到把他逼死。孙、曹两家的这些例证，都是血淋淋的教训。

再看蜀汉方面，刘璋旧属李邈在宴会上公开指责刘备，批评他反客为主、夺取益州，司法官员提议处死李邈。诸葛亮知道这个人素有名望，杀他会损害刘备的声誉，便出面讲情，李邈得以免死。但另一位张裕在刘备出征汉中之前占卜说卦象不利，不宜动兵。刘备没有听他的，后来作战取胜占领汉中，班师后就说张裕的占卜未能应验，把他关进监狱准备斩首。这回诸葛亮没有去求情，只是上表请示，以什么罪名来给张裕判刑。这是从侧面提醒刘备，处死张裕的理由不够充分。他不肯直谏的原因是知道刘备与张裕有私仇，后者曾嘲讽刘备没有胡须，不像个男人。刘备这回是挟嫌报复，因此诸葛亮没有出来劝阻。刘备执意要杀张裕，说：“兰草生长在门口，不得不把它锄掉。”意思是张裕总是碍他的事，必须处决。诸葛亮也就不再言语了。

吴国也有像诸葛亮那样婉转地向君主表达看法的大臣，例如诸葛亮的兄长诸葛瑾。孙权“性多嫌忌，果于杀戮”，给他提意见要特别小心。孙权看待或处理问题出现偏差的时候，诸葛瑾从来不直言相谏，没有进行过言语顶撞，往往只是大体讲明要旨。如果话不投机，就马上转移议题，先扯到别处去，然后再借其他事情引起此前的话题，讲述类似的事情，仔细论证其中的道理，旁敲侧击地让孙权慢慢理解，从而让孙权意解心开，认识到错误。

孙权称帝时要设置丞相，众臣都推举元老张昭，孙权却任用了威望不高的孙邵。不久孙邵病故，大家再次举荐张昭，孙权不得已讲出了心里话，说：“丞相事务繁重，而张昭性情刚直，他出的主意我要是不听，他就会埋怨责备，这样没有什么好处。”于是任命顾雍为丞相。顾雍这个人不饮酒，寡言少语，举止合乎时宜。孙权想办什么事或是任免某人官职，通常要派中书郎官到相府去咨询。顾雍从来不正面回答是否能办，凡是他赞同的事务，就会和蔼可亲地与使者讨论，然后请他用过酒食再走；若是反对就沉下脸来一言不发，立刻打发使者回去。孙权便由此得知他的态度，说：“顾雍高兴了，这事就符合他的想法，并且可行；他若是不讲话，说明这事还没有理顺，我还得再考虑一下。”

另外，作为臣下，即使提出的建议很好，被采用后大见成效，过后最好也不要张扬，切忌对外炫耀自己的才能，否则可能会引起君主或同僚的嫉恨。像顾雍的各种奏议，都是暗地呈送。如果孙权采纳了，那么功绩就归于君主；若是未被接受，也不让外人知道，不然的话就容易招致灾祸。例如曹操性情忌妒，据《曹瞒传》记载，曹操部下若有计策谋划胜过自己的，往往会在后来被曹操找个借口杀掉。许攸是曹操故旧，在官渡之战中献偷袭乌巢之计，曹军最终打败了袁绍。但是许攸恃功自傲，曾在酒席上直呼曹操小名，还说：“要不是我，你就得不到冀州。”曹操笑着回答：“你说得不错。”然而内心非常厌恶他。后来许攸随曹操父子出邺城东门，他又对左右说：“这家人要不是得到了我，就不得出入这座城门了。”曹操知道后就找了个罪名把他关进监狱，后处死了。

在这方面显示出大智若愚政治智慧的，是荀彧的堂侄荀攸。他出任军师，跟随曹操转战关东各地，屡出奇计建功立业。曹操打败袁氏父子、占领冀州后，曾专门对他表彰道：“军师荀攸，自初佐臣，无征不从，前后克敌，皆攸之谋也。”但是他为人低调谨慎，像曹操这样精明狡诈的人，居然挑不出他一点儿错误和毛病，说：“孤与荀公达周游二十余年，无毫毛可非者。”荀攸对外很注意保密，从未泄露过他的计策，而且在众人面前故作愚态，假装糊涂，造成外界对自己的错觉。曹操对此赞不绝口，夸奖他“外愚内智，外怯内勇，外弱内强”，还说荀攸“智可及，愚不可及，虽颜子（颜回）、宁武（春秋时卫国贤大夫宁俞）不能过也”。

“藏锋守拙”是一种安身立命的手段，把自己的才智隐匿起来，不轻易示人，但最终还是要脱颖而出，施展本领以实现自身价值。《易经》说：“君子藏器于身，待时而动。”就是说要把握机遇，在恰当的时候运用才华来获取事业上的成功。孔子曰：“君子欲讷于言而敏于行。”提倡平时寡言少语，显得木讷迟钝，机会来临时则要果断迅速地采取行动。三国的智者中就有两位在这方面表现突出的人物——诸葛亮和司马懿。他们交战时是旗鼓相当的对手，又在各自国家的政坛上隐忍多年，终于一鸣惊人。

魏黄初元年（220 年），孟达叛降曹魏，随后引来敌兵进攻东三郡（房陵、上庸、西城），守将刘封兵败弃地逃回成都。刘备为此大为震怒，责备他欺凌孟达导致丢失了三郡，又在关羽危难时没有出兵救援，最后竟然下令赐死刘封，这让许多人感到意外。刘备待人一向宽厚，当年孙权进攻南三郡，长沙太守廖立弃城逃走，这本来也是死罪，但刘备念他是荆楚名士，未加重责，还让他做了巴郡太守。刘封是刘备的义子，又是能征惯战的勇将，不论是君臣关系还是个人能力都是廖立远比不上的，怎么反而被刘备从严处治，不加优恤照顾呢？

据《三国志》记载，正是诸葛亮的进言，才使刘备做出让他自尽的决定。“诸葛亮虑（刘）封刚猛，易世之后终难制御，劝先主因此除之。于是赐封死，使自裁。”当时刘备年逾六旬，诸葛亮对他说：“刘封性情刚毅勇猛，又比刘禅年长，万一你过世后刘封要和刘禅争夺嗣位，我们控制不了。”这番话戳中了刘备的心病，为了确保亲生儿子的继承权，他忍痛下令处死了刘封，事后非常痛心，“先主为之流涕”。刘封也万万想不到会是这样的下场，临死前悔恨自己没有听从孟达的建议归降曹魏。

诸葛亮在这件事上的表现相当反常，他知道刘备提防自己，不让他带兵，又设尚书台和尚书令来分割丞相的权力，所以平日言行谨慎。兄长诸葛瑾来到成都，诸葛亮都不让他和自己私下会面，生怕引起猜疑。平时遇到这种事，诸葛亮都是与人为善，出来讲情说好话，恳请对犯罪者从轻发落；可是这次他居然出面挑唆刘备和刘封父子相残，这绝对是触犯大忌的行为。正如俗语所说：“疏不间亲。”他为什么要冒风险这样做呢？

因为对诸葛亮来说，刘封败归成都是个难逢的机会，必须利用它说服刘备，除掉这个将来会影响自己独擅蜀汉国政的障碍。诸葛亮虽有雄才伟略，但受到刘备压抑而不得完全施展，军事与外交方面的大事很少让他介入，只能在后方治理民政，为前线“足食足兵”。他的政治理想是北伐中原、兴复汉室，这与刘备东征孙权、为关羽复仇并夺回荆州的战略意图不相吻合。即使遭受了夷陵之战的惨败，刘备仍要留在峡口永安，拒不返回成都，憋着一口气还要和孙权较量。诸葛亮要完成他的抱负，只能等到刘备去世，他设法执掌蜀汉朝政时。如王夫之所说：“先主不死，吴祸不息，祁山之军不得而出也。”

刘备一旦去世，刘禅生性懦弱，自然会听从诸葛亮摆布。但禀性刚猛的刘封则是个厉害角色，刘备临终时若是对他委以重任，授予兵权，诸葛亮就很难对付。诸葛亮入川后埋头处理庶务，冷眼旁观数年，恰好遇到这回刘封丧众失地、身犯重罪，刘备又在气头上，此时正是挪走这块绊脚石的绝佳机会，诸葛亮当然不能放过，所以他一反常态，抓住刘备心疼亲儿子的致命弱点，直接向刘备建议除掉刘封，以保证刘禅顺利接班，诸葛亮终于得偿所愿。

后来白帝托孤，刘备虽然委任李严“统内外军事”兼尚书令，让他来牵制诸葛亮，但李严的威望、能力都远远不足，更不像刘封那样拥有宗室身份，无法对诸葛亮实行制衡，致使诸葛亮顺利地获得蜀汉军政大权，终于实现了率领十万大军进驻汉中、饮马秦川的夙愿。

三国时期“藏锋守拙”历时最久、隐忍最深，并在最后一举成功者，非司马懿莫属。他为曹魏政权效力了四十余年，在这漫长的政治生涯里，司马懿的用兵韬略、狡诈权术以及狠毒心肠是在各个时期逐步显示出来的。司马懿的“待时而动”，是在不同的阶段分别亮出自己符合时宜的本领，绝不提前暴露，而且全部奏效，令人拍案称奇。

司马懿出身于世家大族，祖上司马印曾是参加秦末起义的将领，被项羽封为殷王，后代在汉朝屡任高官。他的父亲司马防曾经出任过京兆尹，也就是长安地区的行政长官。当年曹操去京城谋职，想当洛阳令（相当于首都的市长），因为他在故乡“飞鹰走狗，游荡无度”，名声太差而得不到批准，最后还是走司马防的门路，由他荐举才当上了洛阳北部尉（相当于首都公安局北域分局局长）。

建安六年（201 年），曹操听说司马懿聪明能干，就下令让他到自己的司空府里来担任掾吏。哪知司马懿却不愿意赴任，其原因主要有两条：

首先，他打心眼里看不起曹操这个宦官养子的后代，所以不愿意在他手下任职。其次，曹操对待部下掾吏十分严厉刻薄，他们若有一点儿过失或是令曹操不满意就会遭受斥骂杖责。司马懿因此不愿意去受那份罪，于是他假装中风瘫痪而卧在榻上，说是不能起居活动，无法就职。曹操狡猾多疑，不相信司马懿这番话，就暗地里派人夜间潜入他的卧室，用刀刺在司马懿身上，看他有没有反应。司马懿早有警觉，居然控制住自己，一动不动。刺客见状也无可奈何，只好回去禀报。曹操听了信以为真，也就把这件事放了过去。

在司马懿诈病期间，有一次他在庭院里曝晒家藏的书籍，突然间变了天，降下暴雨。司马懿心疼藏书被淋坏，急忙爬起来到院里收拾打开的书籍。他的家里只有一个婢女，碰巧看见了司马懿的举动。夫人张氏担心婢女会走漏装病的风声，就亲手把她杀死，并且自己承担了做饭等家务劳动。

等到建安十三年（208 年），曹操当上了丞相，打听到司马懿行动自若，恢复如常，就怀疑他上回是装病，因此下令任命他做相府的文学掾，并嘱咐前往宣读命令的官员：“司马懿这回要是再推三阻四，就把他抓起来！”司马懿知道这回是死活躲不过去了，只好灰溜溜地赶到邺城上任。由于表现不错，他的职务逐步提升，做到了负责相府日常统计事务的主簿，跟随曹操出征并出谋划策。司马懿懂军事，善于用兵，但是直到曹操去世，他也没有显露出这方面的才能，他始终以谋士面貌呈现在曹操面前，从不显露大将之才。

时间长了，曹操察觉司马懿“有雄豪志”，非同凡响，对他有所警惕。司马懿的对策是和曹丕亲近，当时曹丕与曹植争嫡，司马懿为他出了不少主意。“每与大谋，辄有奇策，为太子所信重，与陈群、吴质、朱铄号曰‘四友’。”哥几个好得不得了，曹操对曹丕说要小心提防司马懿，曹丕就屡次为他说好话、打圆场。为了消除曹操的疑心，司马懿勤勉工作，有时候干到深夜都不睡觉，连打草、放牧那样的琐事都要亲自到场去检查，貌似勤恳忠厚、任劳任怨，曹操知道后很满意，也就放心了。

直到曹丕死后，曹叡继位，司马懿见无人能够制约自己了，才开始领兵作战，担任过荆、豫都督和雍、凉都督，并且屡立战功。《晋书》说司马懿“内忌而外宽”，表面上对人宽厚和蔼，实则内心猜忌狠辣。到他掌握兵权以后，残忍的本性就开始暴露出来，其冷血嗜杀令人震惊。魏景初二年（238 年），司马懿率领四万大军，征讨辽东的公孙渊，攻破襄平（今辽宁省辽阳市）以后，将投降的俘虏中十五岁以上的男子全部杀掉，共有七千多人，并把尸体堆积起来做成“京观”。公孙渊任命的官员，自相国、公卿以下都被诛杀，死者达到两千多人。

曹叡临终时，托孤于担任太傅的司马懿和大将军曹爽，让二人共同执掌朝内的政务。后来曹爽听信了何晏、邓飏等人的主意，把太后迁到永宁宫，自己大权独揽，皇宫的禁兵也由曹爽、曹羲兄弟掌管，并肆意提拔任用党羽亲信。司马懿被排挤出政坛，他见曹爽兄弟势力过大，不能用强，于是装病在家，不参与朝政，暗地里却在策划组织，伺机发动政变。

曹爽等人知道司马懿老奸巨猾，诡计多端，生怕上了他的当，就派李胜以出任荆州刺史为名前去辞行，顺便打探究竟。二人见面之后，躺在床上的司马懿让两名婢女扶他起来穿衣服，却故意装作失手，将衣服落在地上。又用手指着嘴连连叫渴，要喝东西。婢女端了一杯粥过来给他，司马懿拿起来就喝，粥都流了出来，洒满了胸襟。李胜见了信以为真，不禁难过地落下泪来，说："现在皇帝年幼，正要依赖明公，大家都说您过去的中风病又犯了，没有想到尊体会病成这样！"司马懿喘了好几口气，才恢复了正常，说："年老病重，死在旦夕。听说你要到并州去任职，那个地方靠近胡人，你要好好对待，恐怕以后就见不到面了。"李胜说："我是到荆州任职，不是并州。"司马懿愣了一下，好像是刚听明白，然后说："我年老了，恍恍惚惚，听不清你的话，你是去做荆州刺史，德行充沛而又年富力强，正好建功立业。现在和你告别，我觉得身上没有力气，以后不必再见面了。等我病稍微好一些，再做东为您饯行，来个生死之别。要让我的儿子司马师、司马昭和您结为朋友，以后多多照顾，可千万不要抛弃他们，辜负了我的一片苦心。”他这一番话讲得流下了眼泪，言语哽咽，泣不成声。李胜也长长叹息，回答说：“一定遵照您的教诲，饯行的事等您通知我再过来。”

李胜回去和曹爽等人说：“司马懿只比死尸多一口气，已经病得脱了相，神情恍惚，说话尽是错误，喝粥时嘴巴挨不着杯子，指南为北，荆州和并州也分不清，慢慢地和他说话，才能听懂一些。”然后又流着泪说，“太傅的病看来是好不了啦，想起来令人伤心。”曹爽等人听了，也就对司马懿不加防备了。

魏嘉平元年（249 年）正月甲午，曹爽兄弟陪着小皇帝曹芳离开洛阳，去高平陵祭祖。司马懿抓住时机发动政变，以皇太后的名义下令关闭城门，占据储存兵器的武库，又派军队守住洛水浮桥，让司徒高柔占据了曹爽的兵营，太仆王观占据了曹羲的兵营，然后上奏曹爽兄弟的种种罪恶。在整个行动过程中，七十一岁的司马懿精神矍铄，指挥若定，一点儿也看不出病容，足以说明他此前伪装的伎俩有多高超。

为了麻痹对手，司马懿让太尉蒋济写信给曹爽，说他的用意只是要免除曹爽兄弟的官职，不会伤害他们性命。他还派遣亲信尹大目去见曹爽担保，指着洛水发誓。曹爽信以为真，放弃了抵抗，被免除官职后待罪在家。不料司马懿自食其言，把曹爽、曹羲六兄弟及其亲信何晏、邓飏、丁谧、毕轨、李胜、桓范、张当等逮捕起来，统统处死并诛灭三族（父亲母亲、妻子儿女和兄弟姐妹），可见其手段之凶狠毒辣。蒋济劝说道：“曹爽的父亲曹真为国家立过大功，不可以没有后代继承啊！”司马懿不听，坚持将他们全部杀掉。蒋济觉得当初自己保证过他们的生命安全，现在言而无信，深感愧疚，发病而死。

通过这次政变，司马懿完全掌控了朝政，把曹魏皇帝变成了傀儡，为其子孙十几年后篡国称帝奠定了基础。他从建安六年（201 年）开始伪装，装患病，装勤恳，装忠实，装儒雅，装宽厚，装作不懂军事，直到四十八年后才彻底撕下面具，将政敌一网打尽，斩尽杀绝，最终登上了权力顶峰。

襄樊大战是关羽发动的吗？

建安二十四年（219 年）秋，关羽领兵攻打襄樊，被吕蒙袭取荆州，兵败后困守麦城。《三国演义》写此时关羽派廖化赴上庸（今湖北省竹山县）向刘封、孟达求救，但二人拒绝发兵援助，致使关羽孤立无援，突围失利遭到杀害。

这段描述和实际情况有不小的差异。首先，关羽和刘封、孟达联系的时间、地点与史实不相吻合。据《三国志》记载："自关羽围樊城、襄阳，连呼（刘）封、（孟）达，令发兵自助。封、达辞以山郡初附，未可动摇，不承羽命。"说明关羽派人前往上庸之事发生在襄樊前线，时间是在他与曹仁、于禁等作战期间，并不是在两三个月后的麦城。

其次，关羽催促发兵的信息属于指令，而不是请求。前引史书写道"令发兵自助"，刘封、孟达"不承羽命"。可以看出关羽在战役开始之后接连给刘封、孟达发出命令，督促他们出兵参战。这不是恳求同僚协助，而是上级对部下的指示。战前关羽和刘封、孟达各自据守一方领土，分别接受刘备的指挥调遣，双方本来不是上下级的关系，相互之间是不能发号施令的。关羽能够向他们二人发布命令，应该是有刘备的授权，而刘封、孟达也应该接到了相关指令，可是他们以驻地局势不稳、难以离开为借口，一再拒绝关羽，没有出兵，导致关羽军覆灭，引起刘备的愤怒和怨恨。

刘封是统辖西城（今陕西省安康市）、上庸、房陵（今湖北省房县）三郡的主将。按照汉朝的制度，地方长官身负守土重任，没有朝廷的诏令是不许擅自离境的。西汉时杜钦曾说："二千石（太守）守千里之地，任兵马之重，不宜去郡。"东汉时规定："二千石行不得出界，兵不得擅发。"若是刘备并未指示刘封协同关羽北伐，那么他就不能离开驻守的防区。对于关羽的催促，刘封完全可以按照制度和国法予以拒绝，而不必再找其他借口，刘备也没有正当理由来埋怨或责备他。事实上，由于刘封镇守的东三郡毗邻襄阳，又有汉水航线与数条陆道相通，因而刘备命令关羽攻打襄阳、樊城时，若让他孤军北伐是兵家所忌，刘备理应要求附近的刘封、孟达军队配合关羽作战，实行两面夹攻，使襄樊的魏军顾此失彼、难以应付，绝对不应任凭东三郡蜀军在近旁作壁上观。关羽是这次战役的前线主将，刘封、孟达的部队在战区范围之内，按照君命与军法，他们必须接受总指挥官的调遣前来参战，否则就有抗上违令之罪。

蜀汉方面发动襄樊战役的历史背景是，建安二十二年（217年）冬，刘备听从法正的建议，倾注全力攻取汉中，经过长达岁余的鏖战，终于在建安二十四年（219年）五月迫使曹操撤兵，从而占领益州这个北方门户。

汉中之战使蜀汉的兵员和物资受到沉重损耗，按说在大胜之后应进行休整，但刘备却再接再厉，派遣刘封等人进攻东三郡。蜀汉兵分两路。一路从荆州三峡中段的秭归出征，由宜都太守孟达领兵北上，经过战斗，攻占了房陵，随后向西攻击上庸。另一路是主攻方向，由刘封率兵从汉中东征，占领西城后，两路兵马对上庸形成夹攻，迫使曹魏的上庸太守申耽投降，一举攻占东三郡，获得进军南阳盆地和襄阳的前哨阵地。

刘备占领汉中后，不顾长期作战人马劳累的情况，派兵抢占东三郡。其战略意图相当明显，就是企图从那里出师东征，与从荆州北上的关羽会师襄阳，夺取这座位居水陆要冲的重镇，把国境推进到汉水之滨，使蜀汉的荆、益二州在北边连成一片。在孙、刘两家与曹操的南北对抗形势下，南方势力一旦拿下了荆、益二州，自然会想到将襄阳作为北伐中原的出发基地。诸葛亮《隆中对》中设想将来的作战方案是：“天下有变，则命一上将将荆州之军以向宛、洛。”周瑜也向孙权提出过由自己率师进攻益州，得手后夺取汉中留兵固守，“好与马超结援。瑜还，与将军据襄阳以蹙（曹）操，北方可图也”。刘备也是这样部署作战的，他在建安二十四年（219 年）五月占领汉中，随即攻取东三郡。七月，在沔阳（今陕西省勉县东）称汉中王，登坛即位，并留魏延守汉中，自己率主力返回成都。然后在八月派遣费诗到荆州授予关羽前将军印绶，同时给他下达了进攻襄阳、樊城的作战任务。九月，关羽即领兵从江陵出征。整个战略计划环环相扣，一气呵成。

按照《隆中对》中的谨慎设想，曹操三分天下占据其二，实力远超群雄，所以北伐中原与其决战要做好各方面的准备。刘备占据荆、益二州后，必须和周边势力搞好关系，稳定内部统治，“西和诸戎，南抚夷越，外结好孙权，内修政理”。然后等到曹魏政局发生动乱、力量削弱时，便投入全部军队分兵两路北伐。“天下有变，则命一上将将荆州之军以向宛、洛，将军身率益州之众出于秦川。”只有具备了上述条件，才有把握取得胜利。“诚如是，则霸业可成，汉室可兴矣！”

但是，刘备攻占东三郡后发动襄樊战役，违背了《隆中对》的要旨。攻打曹操的重镇襄阳、樊城时，刘备率主力撤回成都休整，只命令关羽和刘封、孟达两支偏师出征。关羽镇守的荆州领土，在建安二十年（215 年）被孙权割走长沙、桂阳、江夏三郡，只剩下半壁江山，而且无险可守。在东边、北边两面临敌的形势下，关羽辖区的人口与军队数量有限（刘备与诸葛亮、张飞先后领兵入川，带走了荆州数万人马），他能做到保境安民就已经相当不易了。让关羽领兵进攻襄樊，要冒很大的风险。可是刘备在迫退曹操大军、占领汉中后，被胜利冲昏头脑，对局势做出了错误的判断，认为曹操已呈现颓势，可以趁热打铁拿下襄樊。如诸葛亮事后追述："先帝东连吴越，西取巴蜀，举兵北征，夏侯（渊）授首，此（曹）操之失计而汉事将成也。"因此刘备贸然发动了襄樊战役。

如果对比襄樊战役前夕双方在前线的兵力，蜀汉明显占据上风。曹操方面，曹仁部下约有两三万人，而关羽能出动四五万人，刘封、孟达在东三郡拥有大约三万人（仅孟达部下就将近万人），可以出动一两万人。其总数要远远超过曹兵，这应该是刘备觉得不必动用川中主力就可以获胜的缘故。但是他缺乏远见，未能看到战局形势可能逆转的前景。曹操毕竟地广兵众，实力雄厚，能够动用邻近州郡与后方的部队来支援曹仁，襄樊的魏军因此会由弱变强，而关羽则没有多少后继兵力能够补充，再加上刘封、孟达临阵抗命，拒不参战，这样就使蜀汉的军队转向弱势。如王夫之所言，关羽拥有的力量，"以制曹仁而有余，以敌（曹）操而固不足矣”。

刘封、孟达未能助阵，明显削弱了关羽的作战力量。从襄樊战事的进展来看，关羽歼灭了敌人精锐的“七军”，威震华夏，已然将自己的能力发挥到极致。而曹操却调来了更多的兵马，他先是派徐晃领兵救助曹仁，随后调遣将军徐商、吕建率众增援，并命令徐晃：“须兵马集至，乃俱前。”徐晃集结部队后，曹操又“前后遣殷署、朱盖等凡十二营诣（徐）晃”。除此之外，曹操还调来扬州的张辽等部以及兖州、豫州的驻兵增援襄樊，这样就对关羽的孤军构成了压倒性的威胁。曹操对此仍不放心，亲自率领主力从洛阳南征，还没有到达襄樊前线，徐晃已经打退了关羽。在双方兵力悬殊的情况下，关羽的最终失败成为必然。

刘封、孟达若能助战，关羽的兵力大约会增加一万五千至二万人，相当于他本部人马的三分之一到五分之二，这是个可观的数目。曹仁兵败后只剩下几千残卒困守樊城，若是刘封率军助阵，关羽就有可能在曹操援兵到来前攻陷樊城。但由于二人拒不参战，关羽的兵力被分为三处，分别对付汉水南北的襄阳、樊城，以及前来增援的于禁部队，这就相当吃力，所以他频繁催促刘封、孟达出兵，但始终没有获得援兵。前线局势紧张，迫使关羽把留守江陵、公安的预备部队调往襄樊，这才让吕蒙偷袭荆州的计划顺利得逞。由此看来，蜀汉东三郡的军队未能助阵，对关羽的战事及覆灭具有一定影响，这恐怕是难以否认的。刘、孟二人没有参战，使刘备攻占东三郡、策应关羽北征的战略意图无法实现。蜀汉虽然占领了秦巴山地东部，却未能利用这一有利条件，发挥其应有的作用。

刘封、孟达推三阻四，拒绝接受关羽参战的命令，实质上是自私畏难的表现，既不顾战局的紧迫需要，又违反军纪国法。退一步讲，即使真的存在后方局势不稳的险情，作为军人和官员，也必须执行君主与将帅的命令，这是起码的准则，不能因为有困难和风险就拒不服从。古代对于在作战当中违反、违抗军令者，按照军法要处以死刑，借此保持严格的纪律。蜀汉也颁行了违抗军令者处死的法典，记载在《诸葛亮集》当中，按照蜀汉军法，“指挥不随”者属于背军，“背军者斩”。刘封的抗命引起了刘备的强烈不满。后来刘封兵败丢失东三郡，回到成都后，“先主责（刘）封之侵陵（孟）达，又不救（关）羽”。这就是让他自尽的法律依据。虽然诸葛亮曾对刘备说，若是饶恕刘封，可能会影响刘禅顺利继位，但这个顾虑对外是说不出口的，不能作为处决刘封的合法理由。

刘备派遣关羽进攻襄樊犯有轻敌冒进的错误，这一战略计划的决定和诸葛亮有关吗？史书对此没有明确记载。如前所述，刘备命令刘封、孟达攻取东三郡的目的，就是准备从那里出兵策应关羽北征襄樊。其实在建安二十四年（219 年）五月，蜀军占领汉中之后，刘备就有了发动襄樊战役的打算。而此刻诸葛亮远在成都治理后方，并未参与策划，这个方案应是刘备与身边的谋士法正等人商议制定的。当年秋天，刘备返回成都，给关羽发布了作战命令，诸葛亮对此也没有异议。

值得注意的是，刘备在赤壁获胜、占领荆州江南四郡后，就长期与诸葛亮分开，让他担任留守后方的任务，保障前线的后勤供给，做到“足食足兵”。何兹全敏锐地指出，诸葛亮没有留在刘备身边，“恰说明刘备决定军国大事时，诸葛亮还不是不离左右的人物”。又说刘备在世之时，“诸葛亮是政治方面的主要参谋；军事方面，则全由刘备决策，诸葛亮很少参加意见，更很少在决策方面起主要作用”。他举例说：“后来的两次大战，争汉中和争荆州，刘备都是自己负责，没有带诸葛亮做参谋，更足以说明诸葛亮的地位。”

另一方面，刘备对诸葛亮有所猜忌和疑虑，诸葛亮对此亦有察觉。对于刘备的一些战略决定，诸葛亮即使另有意见，为了避嫌往往也会缄口不语。例如后来夷陵之战刘备惨败，诸葛亮闻讯后感叹说：“法孝直若在，则能制主上，令不东行。”说明他对刘备东征另有看法，只不过没有说明罢了。

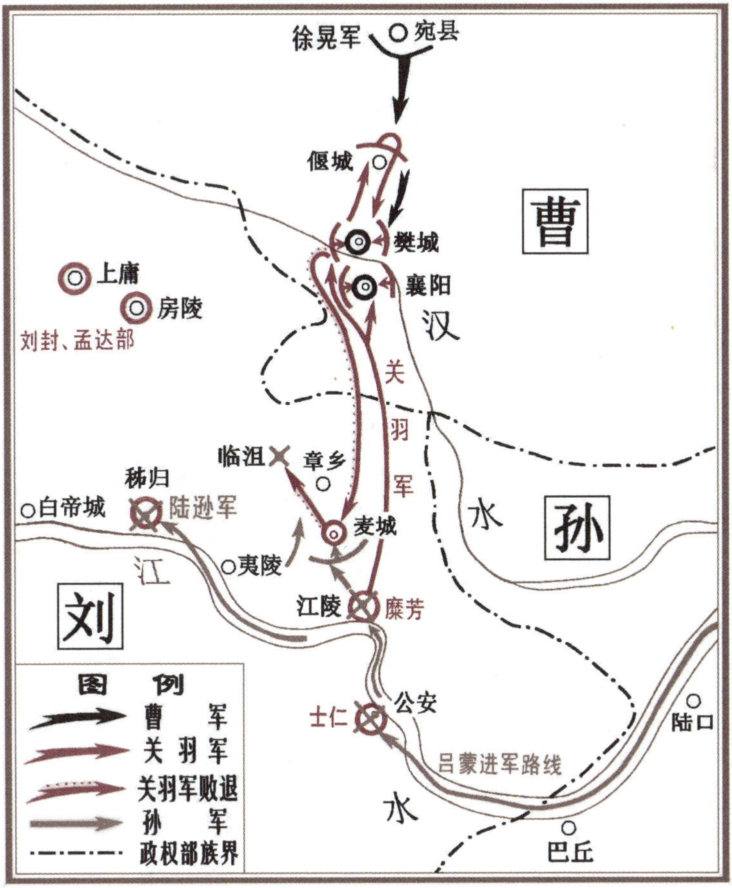

关羽北伐襄樊进军示意图

关羽和乐进的交锋，究竟是谁打了胜仗？

赤壁之战结束后，孙刘联军乘胜进攻，在次年（209年）冬夺得荆州，随后划分领土，周瑜占有江北的南郡，刘备分得江南四郡。

建安十五年（210年），周瑜病死，孙权为了集中兵力应付曹操南征，“借荆州”与刘备。刘备随即调关羽到南郡首府江陵驻守，抵御北方的曹兵。这时曹操委派乐进担任荆州主将，他和关羽进行了两年多的交战。从《三国志》的记载来看，乐进打了几次胜仗，明显占了上风。《乐进传》记载：“后从平荆州，留屯襄阳，击关羽、苏非等，皆走之。”还说他“又讨刘备临沮长杜普、旌阳长梁太，皆大破之”。临沮和旌阳两县都在今天湖北省当阳市，位于江陵以北，属于关羽的防区。《文聘传》也写道：“与乐进讨关羽于寻口，有功，进封延寿亭侯，加讨逆将军。”寻口也在今湖北省当阳市境内。另外，《先主传》记载，刘备进驻益州葭萌后，在建安十七年（212 年）写信给刘璋，说关羽和乐进交战不利，需要他回去支援。“又乐进在青泥与关羽相拒，今不往救羽，进必大克，转侵州界。”青泥在今湖北省潜江市，是扬水汇入汉江之口，那里湖湾宽阔，可以停泊许多船只，历史上曾作为大型军港，双方在此地激战，争夺这个重要的港湾，以便控制汉江航道。除此之外，曹魏和蜀汉方面再没有关于他们战斗经过的直接记载。

从上述史实来看，关羽屡次兵败，似乎不是乐进的对手。大家都知道关羽武艺高强，用兵有方，是蜀汉五虎上将之首，而乐进在曹操手下算不上数一数二，难道关羽真的打不过他吗？如果仔细阅读《三国志》，就会发觉实际情况并非如此。

首先，乐进战后被调离荆州降级使用。乐进在建安十五年（210 年）接替战败的曹仁担任荆州主将，可是两年后（212 年）的冬季曹操南伐孙权时，又把曹仁调回荆州主持军务，让乐进随同自己出征，战役结束后留在合肥，在扬州主将张辽手下任职，此事值得关注。三国的有关史实反映，曹魏对任命边镇守将的人选相当慎重，如果胜任职务而且战绩突出，往往是继续留任，通常不会轻易撤换。例如张辽、满宠镇守扬州，司马懿统领关西，郭淮、邓艾屯驻陇右。这样做的好处很明显，留任的守将熟悉当地战况，屡有胜绩则使敌人畏惧，因而有利于边陲形势的稳定。除非是其他地区战况紧迫，需要调动守将去救急，或是守将年老体衰后回朝退休，否则不会撤换。而乐进调往东线后留驻合肥，明显是降职使用，他原来在荆州部下有数万兵马，而张辽的合肥守军不过七千人，乐进还是副将，排在张辽、李典之后，可见职位下降了不少。

另外，曹操曾为合肥守军预先留下作战指令。建安二十年（215 年）八月，孙权进攻合肥，张辽等将领打开曹操教令，上面写道："若孙权至者，张（辽）、李（典）将军出战，乐（进）将军守，护军勿得与战。"张辽等人依计出战，挫败敌兵。看来曹操认为乐进并不擅长野战，所以命令他留守城池，这很可能是与他前一阶段在荆州作战的表现不佳有关。

其次，曹魏对襄阳以南地区和汉江航道失去掌控。乐进与关羽交锋时，作战地点临沮、旌阳、寻口、青泥都在襄阳以南数百里外，曹兵采取攻势，入侵或迫近蜀境。但是建安二十四年（219 年），关羽领兵北伐，从江陵直抵襄阳城下，将其包围起来，并且渡过汉水围攻樊城，进军沿途五百里内没有受到曹魏兵马的抵抗，可见这一广阔地带均已失守或被放弃。另外，在这场战役中，蜀汉的水军发挥了重要作用。关羽全歼于禁的"七军"，主要是用战船部队。"会汉水暴起，羽以舟兵尽虏（于）禁等步骑三万送江陵。"他在胜利之后进攻樊城，也是以水军为主。

“（曹）仁人马数千人守城，城不没者数板。（关）羽乘船临城，围数重，外内断绝，粮食欲尽，救兵不至。”这支规模庞大的舟师能够从江陵开赴樊城，走的是经扬水转入汉水的航道。看来，过去沿岸津渡屯戍的魏军已经不见踪影，曹仁也没有力量在途中各处要地截击蜀汉的船队，汉江上下数百里水道此时都在关羽的掌控之中，所以数万兵马顺利到达襄樊前线。

再次，曹魏荆州战区主将驻所后移。乐进在荆州领兵作战期间，军政长官治所和主力部队的驻地在汉水南岸的襄阳。可是乐进调走后，曹操“复以（曹）仁行征南将军，假节，屯樊，镇荆州”。他把指挥部向后方撤退，移到了汉水北岸的樊城。曹仁不敢据守襄阳，是因为此时关羽的势力强盛，对其威胁严重，襄阳在汉江以南，这条航道又被蜀汉水师控制。众所周知，背水作战乃兵家之大忌，若是把主将治所设在襄阳，容易遭到敌军阻隔，战况不利时很难向后方迅速撤离。而主将和军队主力驻在樊城则有汉水阻挡南来的劲敌，相对要安全得多，可以避免上述被动局面的产生。曹魏征南将军驻所的北移，表明荆州战局出现逆转，双方攻守态势发生改变，蜀汉军事力量占据了优势，并且掌握了作战的主动权。

从上述情况来看，《三国志》对乐进和关羽作战胜负的记载，并没有真实全面地反映出实际战况。双方交锋的最终结果，理应是乐进遭到了惨痛的失败，以致被曹操撤职调离，并降级为张辽的副手，此后终生再未受到重用。清朝学者赵翼在《廿二史札记》中说“《三国志》多回护”，指出陈寿的撰写有偏袒曹魏的政治倾向。在“尊魏抑蜀”指导思想的影响下，该书对乐进在荆州的不利战况有所隐讳，只记载了他获胜的战斗。陈寿是亡国之臣，西晋又以曹魏为正统，受形势所迫，他不敢多写蜀汉人物的正面事迹，而对曹魏君臣大加赞美。但陈寿仍保留了一些史官的职业道德，所以他在《乐进传》的末尾写道：“乐进以骁果显名，而鉴其行事，未副所闻。”就是暗示读者，说乐进名不副实，他其实并没有像魏国渲染的那么善战。

刘备占据荆州之后，留守当地的兵力有两次严重的削弱。第一次是在建安十六年（211 年），刘备接受刘璋邀请，“留诸葛亮、关羽等据荆州，将步卒数万人入益州”。第二次是建安十九年（214 年）初，刘备进攻成都在雒县（今四川省广汉市）受阻，“时（刘）璋子循守城，被攻且一年”。由于战事不利，刘备急调诸葛亮和张飞、赵云再领数万人入川，留下关羽镇守。刘备离开荆州之际，当地的经济民生遭受数年战乱后已相当衰败，庞统曾说：“荆州荒残，人物殚尽，东有吴孙，北有曹氏，鼎足之计，难以得志。”因此劝刘备尽快下决心入蜀。但是从史料记载的情况来看，在诸葛亮、关羽的相继治理下，荆州地区的经济状况迅速好转，可以提供充裕的兵员和粮饷物资，使蜀汉在此地的军事力量显著增强。关羽因而能够大举进攻，将战线向北推进到襄樊，并歼灭曹魏精锐的“七军”，获得前所未有的胜利。关羽不仅治军有方，也颇有民望。连孙吴大将吕蒙也说：“羽素勇猛，既难为敌，且已据荆州，恩信大行，兼始有功。胆势益盛，未易图也。”

关羽后来遭到孙权的偷袭，致使荆州丢失、全军覆没，除了他本人的骄傲轻敌、丧失警惕，还有一个重要原因，就是刘备的用人不当。刘备给关羽配备的各郡太守、将官很不称职，简直就是吃里爬外的“猪队友”。像驻守江陵和公安的麋芳、傅士仁在政治上极不可靠，到任后就心怀忐忑，私下与孙权书信往来。关羽在前线事先获得了吴军要来袭击的情报，但并未立即返回，因为他认为后方能够长期坚守，不至于很快陷落。“自恃江陵、公安守固，非（孙）权旦夕可拔。”尤其是荆州的府城江陵，关羽亲自主持了扩建加固工程。《水经注》记载关羽曾经说：“此城吾所筑，不可攻也。”关羽知道自己督造的城垒牢固异常，无法轻易攻陷，想等到打下襄阳、樊城以后再撤兵援救。不料麋芳、傅士仁在敌军来临后未作抵抗，立即开城投降。驻守三峡要地的宜都太守樊友同样胆怯无能，孙权派陆逊进攻夷陵，樊友闻讯后马上逃回成都，不仅把这个峡口重镇白白送给了吴国，而且断绝了关羽兵败撤入益州的退路。

这帮家伙都是庸碌无耻之徒，或是缺乏报国的忠心，或是没有能力守住防区，所以吴军一到就纷纷出降逃走。刘备给关羽手下安排了这样一批卑劣小人，他就是有天大的本事也很难守住荆州。

白帝城托孤，谁写的剧本？

“白帝托孤”是三国历史上的著名故事，和“三顾茅庐”并称佳话，代表了蜀汉君臣风云际遇的首尾始终。

刘备临终前把诸葛亮从成都召到永安，将国事与太子刘禅托付给他，并嘱咐刘禅、刘永：“吾亡之后，汝兄弟父事丞相。”这不仅是出于刘备对诸葛亮的尊敬，还因为诸葛亮担任过给刘禅传道受业的“师傅”，俗话说“师徒如父子”，所以刘备要求皇子们对待诸葛亮要如对待自己一样。但刘备托孤的另一句话却引起后世的争议，也就是他对诸葛亮说的“若嗣子可辅，辅之；如其不才，君可自取”。

对刘备的这番话，后人有不同的理解与评价，可以说是毁誉参半。如《三国志》的作者陈寿认为这是君臣相得之言，称得上是大公无私；为《三国志》作注的裴松之也觉得这是刘备推心置腹的表现。俗话说“人之将死，其言也善”，在这种时刻、场合说的话必须真挚诚恳。

“诡伪之辞，非托孤之谓。”东晋孙盛则认为刘备的遗命非常荒谬，违反君臣纲常，指出这是权术中的“诡伪之辞”，很容易产生误解和动乱。康熙皇帝评论刘备的话是“猜疑语”，表明刘备对诸葛亮不够信任。王夫之指出这不是孤立的事件，联系此前的有关情况，说明刘备尽管对诸葛亮委以重任，但确有防范之意，所以会在死前说出这番话，刘备的怀疑态度限制了诸葛亮才干的充分发挥，“临崩而有‘君自取之’之言，是有武侯而不能用”。

王夫之的分析相当深刻，诸葛亮虽是刘备的股肱之臣，但从刘备占领成都到后来东征孙权的迹象来看，他与诸葛亮的关系有疏远的倾向，而且怀有某种程度的戒心。

诸葛亮刚投入刘备幕下时，两人非常亲近，甚至引起了关羽、张飞的嫉妒。刘备对他俩解释说：“孤之有孔明，犹鱼之有水也。愿诸君勿复言！”后来刘备任用庞统，对其信任亦次于诸葛亮。刘备接受刘璋的邀请领兵入蜀，也是留诸葛亮在荆州后方主事。

但是在庞统死后，刘备调诸葛亮、张飞、赵云入川助战，留关羽镇守荆州，这番部署引起了世人的非议，许多人认为是战略上的失策。因为刘璋实在算不上是强劲对手，刘备却把荆州的大部分文武精英调往益州，只留下关羽，况且关羽身边都没有一位可靠能干的帮手，显然是难以担负重任。王夫之评论说，如果为刘备打算，最好是让关羽入川，留下诸葛亮率领张飞、赵云守卫荆州；攻取益州的事，刘备（加上关羽）自己就能解决，而不必调诸葛亮过来。刘备之所以让关羽留守，是因为关羽勇武善战，而且跟随刘备多年，政治上更受信任。如刘晔所言："且关羽与（刘）备，义为君臣，恩犹父子。"此外还有一个重要的原因，就是关羽对东吴态度较为强硬，与刘备的主张一致。诸葛亮则主张对东吴交好，其兄长诸葛瑾又在东吴做官，因此刘备担心他态度软弱，会对孙权让步过多，不符合自己的愿望。"疑武侯之交固于吴，而不足以快己之志也。"

当初刘备入川时，让诸葛亮镇守荆州，有关羽、张飞、赵云等诸多心腹辅佐并制约，还可以令他放心；现在刘备抽调几位武将入川，若继续让诸葛亮主政荆州，他便开始顾忌诸葛亮的权力过大而无法被有效地控制，在对吴交往中可能会使蜀汉的利益受损，刘备甚至怀疑诸葛亮有投奔东吴、与其兄长诸葛瑾共事孙权的可能。王夫之认为刘备此举是个败笔，最后导致关羽和荆州的覆灭。

诸葛亮入蜀后，虽然被任命为军师将军，主管后方事务，地位很高，但他也察觉出刘备态度的变化，所以办事非常谨慎。

孙权派诸葛瑾到成都来谈判讨还荆州，诸葛亮却只和他在公开的外交场合会晤。兄弟久别重逢却不再私下会面，这就是二人为了不让刘备生疑而采取的避嫌措施。因此王夫之说，这些事反映出刘备对诸葛亮的信任远不如关羽，甚至比不上孙权之于诸葛瑾。

刘备建国称帝后任命诸葛亮为丞相，表面看诸葛亮已然位极人臣，但实际上刘备对诸葛亮的职权和使用却有明显的限制，主要表现在以下两个方面：

首先，刘备不让他参与军事。司马懿说诸葛亮“好兵”，而且是“天下奇才”，治军作战相当出色，以致司马懿在惨败后都不敢再和他交手。可是刘备调诸葛亮入川，只是让他留守后方管理民政，从未委以军务，也不让他带兵出征。在重大战略问题的决策上，刘备都是自己做主，很少征求诸葛亮的意见。刘备在登基后，执意东征吴国为关羽复仇，拒绝了群臣的苦谏，诸葛亮对此未加劝阻。胡三省对此评论道：“观孔明此言，不以汉主伐吴为可，然而不谏者，以汉主怒盛而不可阻。”这也能看出他们的君臣关系虽依旧融洽，但已不像起初那样如鱼得水了。

其次，诸葛亮并没有丞相官署，而要在尚书台搭伙办公。蜀汉虽然设立了公卿百官，但与汉朝制度有所不同。西汉丞相“金印紫绶，掌丞天子助理万机”，府内属下有长史及各部门吏员共三百余人，与九卿等外朝府署分别处理全国政务。东汉不设丞相，立太尉、司徒、司空为三公，分割了原来丞相的权力。此外，光武帝刘秀还在宫中设置尚书台（即内朝），控制公卿百官章奏上传与皇帝诏书下达的渠道，把它变成削夺三公九卿权力，实行君主独裁统治的御用工具。尽管如此，东汉三公仍然分别设有公府，各自统属掾吏数十人。

诸葛亮虽出任丞相，却没有开府治事，手下并无属吏幕僚。他挂着“录尚书事”的头衔，要到尚书台与尚书令刘巴等人共同处理政务。刘备称汉中王后建立尚书台，目的是把处理军政要务的中枢机构设置在宫内，位于自己身边，以便掌控。就某种程度来说，他在加强君主集权方面超过了东汉的诸位皇帝，因为自光武帝刘秀以来，虽然“事归台阁”，但东汉三公还是有自己办公的府署的。刘备却只设立丞相、司徒二公，不建公府，诸葛亮这个丞相有名无实，在尚书台办公，用尚书令手下的掾吏，可见刘备削夺丞相等外朝官员权力已达到登峰造极的地步。

不过，这种限制只在刘备驻跸成都的时候发生作用。由于蜀汉人才匮乏，找不到能与诸葛亮比肩的俊杰，一旦刘备领兵外出征战，尚书台只能派出少数人跟随前往，即建立随军的“行台”。镇守益州与主持成都尚书台的工作，还是要交给诸葛亮来负责，使他成为刘备在后方的全权代理人。

另外，尚书台的日常事务虽然冗多，但主要是由尚书令处理。以丞相录尚书事的诸葛亮工作似乎并不繁重，因为刘备还让他负责太子刘禅的教育工作，且诸葛亮要经常向刘备汇报。诸葛亮留守成都时，曾为刘禅亲手抄录许多古籍让他阅读，《三国志》记载有《申子》《韩非子》《管子》《六韬》等。像上述著作，誊录一遍耗时费力，由此可以看出诸葛亮当时处理政事的负担不重，如果他每天在尚书台日理万机，哪能腾出许多空暇时间来抄写典籍呢？从另一角度来说，大量抄书的机械劳动没有必要由丞相来做，完全可以交给尚书台的掾吏去办。诸葛亮对这一琐事躬力身为，应该是想表明负责刘禅的教育是他当时的分内工作，为了向刘备显示自己尽职尽力，所以亲自动手抄写，这实际上是“作秀”给刘备看，并且诸葛亮对教育成果的部分汇报有些夸大其词。刘备曾给刘禅留下遗诏说：“射援到来，说丞相赞叹你的智慧和气量，你有了很大的增进和修为，超过了我的期望，果真能够这样，我还有什么可忧虑的呢？”其实众人都知道刘禅智力有限，诸葛亮再努力教育他也开不了窍，说这些好话就是让刘备高兴罢了。虽然诸葛亮被授予“录尚书事”的头衔，但他却兼负培养刘禅成材这样一个几乎不可能完成的重任，这无疑会抽走他的许多精力和时间。

蜀章武三年（223 年）四月，刘备病逝，临终前将国事托付给诸葛亮。他戎马一生，先后与吕布、曹操、袁绍、刘表、孙权等枭雄交手或合作，具有丰富的政治经验，对于身后的蜀汉政权人事安排有着煞费苦心的考虑，其内容如下：

第一，以诸葛亮为首辅大臣。当时随同刘备起兵的旧部大多死丧凋零，从才能、资历和功绩等方面来看，诸葛亮是担任辅国重臣的唯一选择，蜀汉无人能出其右。如刘备所言："君才十倍曹丕，必能安国，终定大事。"先主死后，即由诸葛亮护送灵柩与皇帝印玺返回成都，监护刘禅继位。

第二，让刘禅、刘永兄弟与诸葛亮共参国事。汉末以来，权臣盗持国柄、架空天子的现象屡见不鲜。刘备早年参加过讨伐董卓的战争，又与董承等人接受献帝谋诛曹操的衣带密诏，对此了然于胸。所以他在托孤的安排上并非让诸葛亮专制独断，而是希望刘禅、刘永兄弟也能积极地参与理政，与诸葛亮协作。如他对刘禅诏敕："汝与丞相从事，事之如父。"这是要其跟随诸葛亮学习处理国务。刘备还对鲁王刘永说："吾亡之后，汝兄弟父事丞相，令卿与丞相共事而已。"反映出刘备的意愿是在诸葛亮主政的前提下，让自己的儿子参政议事，尽快熟悉并掌握治国之术，避免成为任人摆布的傀儡。

第三，让李严辅佐并牵制诸葛亮。刘备逝世前，"托孤于丞相亮，尚书令李严为副"，也就是说他托孤的对象是两位大臣，以诸葛亮为主，李严为副，兼任尚书令掌管机要，而且手握兵权。“以严为中都护，统内外军事，留镇永安。”刘备之所以做出诸葛亮理政、李严统军的安排，是考虑到二人的能力各有所长，诸葛亮善于治理民政，但在此之前没有单独领兵作战的经历。而李严任犍为太守时，曾率领五千郡兵平定马秦、高胜等数万人的叛乱，具有用兵才干。让他负责军事正是发挥其长处，与诸葛亮相得益彰。让李严兼任尚书令，主持蜀汉最高军政机构的日常工作。

刘备委任李严做顾命大臣，这一举措可以在处理国务方面对诸葛亮有一定的制衡作用，防止其独断专行，以免尾大不掉。李严自知责任重大，因此在给孟达的信中说：“吾与孔明俱受寄托，忧深责重，思得良伴。”

但就诸葛亮之后的作为来看，他显然对刘备的上述安排很不满意，以致在五月返回成都之后，马上利用“相父”的身份以刘禅“未闲于政”（即不熟悉政务）为借口，迫使他把蜀汉的军国要务全部移交给自己处置，刘禅则被排除决策之外。刘禅只好说：“政由葛氏，祭则寡人。”

从历史记载来看，诸葛亮总揽蜀国军政大权的过程，经历了以下三个步骤：

第一，创建相府。刘禅在蜀建兴元年（223 年）即位改元之后，随即批准诸葛亮建立了丞相府，并开始处理国务。“封亮武乡侯，开府治事。”刘禅身边虽然还有尚书台，但因为大小政务全部移交给丞相府，尚书台变成了徒有虚名的机构。后来，诸葛亮又委派陈震接替了李严的尚书令职务，使李严与尚书台彻底断绝了关系。

第二，领益州牧。诸葛亮建立丞相府之后，又兼领益州牧。“政事无巨细，咸决于亮。”按照汉朝制度，丞相府管理的是中央政府的各种事务。由于蜀汉只有益州这一个州，诸葛亮身兼益州牧以后，就成为全国郡县的直属长官。丞相府兼有公府与州府的双重职能，有权处置地方政府的政务与人事安排。诸葛亮通过郡县官员的任免活动，逐步控制了各地的基层行政组织。他不仅利用益州牧的职务之便，将相府工作称职的官吏派往各郡去做太守，借以安定地方，而且还可以调动任免李严在江州（今重庆市城区）等辖区的郡县长官，致使李严在当地只有军权，没有地方行政权，职权受到了很大的局限，对此李严很不甘心。后来，李严提出要将附近的五个郡另组成巴州，由自己担任刺史，但被诸葛亮识破意图并予拒绝。

第三，总揽军权，出征南中。汉晋时期，“南中”是云贵高原与四川盆地西南部山区。刘备去世前后，当地发生叛乱，诸葛亮因新主继位、形势未稳而没有出兵镇压。在与东吴和好，解除峡口方面的外患之后，蜀汉“务农殖谷，闭关息民”，做好充分的物资储备，然后他在蜀建兴三年（225 年）三月领兵南征平叛，安定各地。这次出师按理应由“统内外军事”的李严负责，但诸葛亮没有把兵权交给他，而是自己率领部队出动，直接掌控了指挥蜀军主力的大权，李严只能管辖自己的江州防区。此后诸葛亮率十万大军北伐曹魏，李严更是没有参与。后来他被调到汉中，也只是充当负责粮草运输的次等角色，与“托孤重臣”的身份地位完全不相符，而且一年后就因为办事不力遭到诸葛亮弹劾，被削职为民了。

综上所述，在刘备“白帝托孤”之后，诸葛亮实现了对蜀汉军国事务的专权，与周公摄政的情况相仿。邓芝出使吴国时，也曾对孙权说：“吴、蜀二国四州之地，大王命世之英，诸葛亮亦一时之杰也。”把孙权和诸葛亮二人作为国家首脑来相提并论。诸葛亮担任丞相、开府治事后曾经自称为“孤”，这是值得注意的现象。古代诸侯割据时自称“孤”，汉末三国割据一方的军阀，如曹操、刘备、孙权也自称“孤”。诸葛亮此时对刘禅称臣，对其他臣民却自称“孤”，可见他当时的身份已经不是普通大臣了，而是一人之下、万人之上的权臣。有人说诸葛亮是武乡侯，所以能够称“孤”，这完全属于误解。魏、蜀、吴三国封侯者数以百计，难道都可以称孤道寡吗？显然不是。

诸葛亮远赴汉中北伐之前，对后方的事务做了妥善安排。其重点一是“府中”，即处理国内庶务的留守相府；二是“宫中”，即刘禅居住的皇宫，对他予以保护与监控。成都的留守相府由长史张裔、参军蒋琬管理，宫中事务则委派董允等数位官员负责。诸葛亮在《前出师表》中详尽地告诫刘禅，若有事情要办，必须先向那几位监护者咨询，获得同意后方可去做。“愚以为宫中之事，事无大小，悉以咨之，然后施行。”诸葛亮临行前还给董允等人留下狠话，若不尽职就要被定为死罪。因此他们对宫内事务的管理非常严格，丝毫不敢放纵刘禅，就连扩充后宫嫔妃采女之事也予以否决，使刘禅心怀忌惮，不敢妄为。诸葛亮尽管远离后方，但是在留守相府与皇宫内外安排了许多可靠的代理人，依靠他们来处置国内的军政事务，并对刘禅的各种活动做了周密安排与严格限制，使他既不能够插手政务，也无法恣意享乐、挥霍无度，以此保障后方局势的稳定。

诸葛亮架空刘禅、包揽国政，称他是权臣应当是合理的。不过诸葛亮仍属于周公、霍光之类专权的忠臣，他对蜀汉政权没有明显的篡逆之心，基本上恪守臣道，对刘禅以礼相待，与虐待献帝，并残杀董妃、伏皇后及其二子的曹操有根本的区别。《袁子》说他“摄一国之政，事凡庸之君，专权而不失礼，行君事而国人不疑”。即称诸葛亮是执行国君的使命，并且独断专行，但没有篡位的野心。当时蜀汉与邻国都没有人怀疑他要谋逆，就连批评诸葛亮最严厉的大臣李邈，上奏“亮身杖强兵，狼顾虎视，五大不在边，臣常危之”，也只是讲他对刘禅的统治构成威胁与隐患，并未说他企图篡国称帝。就连这些话，刘禅听了以后也认为李邈说得太过分，勃然大怒，将其下狱处死。诸葛亮病逝后，谥号为“忠武侯”，也可见朝廷对其品行功业的肯定。

挥泪斩马谡，是执法严明还是小题大做?

街亭之战在千年之后仍能引起人们的浓厚兴趣，这个故事被写进小说《三国演义》，编成评书、戏剧，在民间家喻户晓。而马谡是否该杀则是个长期有争议的问题。

诸葛亮挥泪斩马谡，在历史上被视为执法严明的范例，但是也遭到了许多人的质疑。其中最普遍的理由就是强调“胜败乃兵家常事”，马谡虽然打了败仗，丢失要地街亭，触犯了军法，但是罪不至死，他又是个难得的人才，因此给他个罢官免职的处分也就可以了。应该让他总结经验教训，痛改前非，以便将来发挥长处，为国效力。有人翻阅史书，说三国打败仗的将军很多，可是除了马谡，别人的处罚都很轻，不是撤职就是降级，没有被斩首的。由此得出结论：军法在当时执行得并不严格，诸葛亮杀马谡是小题大做，是为了掩盖自己调兵遣将的失误，他对马谡是错用于前，错杀于后，因此马谡死得冤枉。

那么，事实果真如此吗？

其实，“胜败乃兵家常事”是一种常见的错误认识。古人说“国之大事，在祀与戎”，把祭祀典礼和用兵作战看作国家最重要的事务。大规模的战争要消耗巨量的人力和财富，《孙子兵法》说：“凡兴师十万，出征千里，百姓之费，公家之奉，日费千金，内外骚动，怠于道路，不得操事者，七十万家。”一旦战败会造成极为惨痛的损失，绝不是轻描淡写的儿戏。古代将领在军中享有至高的权力，甚至说“将在外，君命有所不受”，这是由于他承担了沉重的责任。如果因为指挥失当而战败，轻者丧师失地，重者则会导致亡国灭种，所以古代军法对打败仗的将军惩罚都很严厉。但是军法也并非将作战失败的将领不问青红皂白一律杀头，因为战败的原因有许多种，将领承担的罪责也会有轻重区别。军法里有许多详细具体的条款，用来对败将进行考核，然后根据情况做出程度不同的制裁。

三国的军法主要继承汉朝军队的作战纪律，战败的将领犯有“败军”罪。判决时，首先要看他杀死敌人的数量有多少，并与自己军队的伤亡进行比较。如果努力抵抗而打了败仗，杀敌数量超过部下的损失，在军法上称作“过当”，可以将功折罪，免受处罚。像蜀将张嶷虽兵败身死，但奋力作战，“所杀伤亦过倍”，战后受到朝廷的表彰，儿子张瑛封侯。汉魏时期，对战胜的将领也要做这样的考核，如果部下的牺牲超过了杀敌数量，通常不给予奖励，因为付出的代价太高。打败仗的将军如果“失亡多”，部队伤亡惨重，在军法里就是死罪。

马谡街亭之战的情况怎么样呢？他非但惨败，而且没有给敌军带来多少伤亡，蜀军基本上是一触即溃。原因很简单，就是他违背了诸葛亮的作战命令，“舍水上山”，“不下据城”，离开街亭路口的溪水与城池，把数万大军部署在附近的山上。马谡机械运用《孙子兵法》中的“凡军好高而恶下”，企图诱使敌军来登山攻打，让他们陷入地势不利的被动局面，然后自己以乘高处之便利，向下冲击打垮敌兵。不料魏军将领张郃看出了马谡阵地部署的破绽，截断蜀军下山取水的道路。俗话说“皇帝不差饥饿兵”，供水断绝的后果不仅是无法止渴，而且做不成饭，连生存都成了问题。马谡被迫下山求战，离开形势优越的阵地，部队又是饥渴难耐，战斗力被严重削弱，所以被张郃带领的魏军轻易打败了。

其次，军法的考核还要看将领在战败后的表现，是坚持抵抗，努力挽救危局，还是贪生怕死，躲避逃走。作为一位合格的将领，在战场上遇到失败，绝不应当惊慌溃逃，其职责是收拢残兵继续抵抗，设法把剩余的军队平安撤出，尽量保全兵力。马谡的蜀军在街亭战败后“众尽星散”，全都跑光了，只有裨将军王平率部下千余人坚守阵地，擂鼓应敌。张郃怀疑他的背后有伏兵，就没有继续进攻。王平属下军队得以保全，还收容了其他建制的败逃官兵，安全返回后方。而马谡"望旗奔败"，自己掉头逃走，未能有效地控制部队继续抵抗，这在军法中属于"奔北"之罪。"奔"是拼命地跑，"北"在这里是"背"的含义，就是背朝敌人逃走，不做抵抗，军法中也叫"背敌走"，同样是要处以死刑的。

再次，将领兵败逃跑的情况亦有所不同，所以军法对其惩处也有轻重差别，其中是否带回部队是一个关键因素。街亭之战失败后，马谡等蜀将是丢弃部队独自逃走的。俗话说"兵不离将，将不离兵"，双方应当同心协力，生死与共。对于将领来说，抛弃下属官兵自己逃走是极其严重且可耻的失职行为。战国秦汉时期的军法称这种罪行为"失军"或"弃军"，罪犯会被宣布为国家公敌，如被擒获，不仅自己会被处以死刑，亲属还要受到连坐，没官为奴婢，见战国兵书《尉缭子》："将自千人以上，有战而北，守而降，离地逃众，命曰'国贼'。"即便罪犯在被捕前死亡也要掘坟暴尸，以警示公众。街亭战役中蜀军的主将是马谡，属下还有三个将军：张休、李盛、黄袭。诸葛亮在战后对他们的惩罚是不一样的，他杀了马谡、张休、李盛三人，"夺将军黄袭等兵"。因为黄袭是带着麾下兵马逃回来的，所以诸葛亮饶他一条生路，只是剥夺了黄袭的兵权，把他的部队转交别的将领管辖。而马谡、张休、李盛三位将领既没有尽力死战，又丢弃官兵独自逃跑，行径极其恶劣，这也是他们被判处死刑的重要原因。

最后，军法对战败的将领还有一项考核，就是看他逃跑的去向。如果是回到自己的军营，那说明还有认罪之心，态度比较诚恳，有时候统帅会法外施恩，减轻对他的处罚。像西汉名将苏建（苏武之父）全军覆没，独自回营，大将军卫青召集司法官员商议，最后考虑他虽然有“弃军”之罪，但毕竟他尽力作战，寡不敌众，又在战败后主动归队，因此没有处死苏建，而是转交给朝廷处理，最后被汉武帝“减死”，给予撤职罚款的惩罚。但马谡从前线逃回大营后，先找了他的襄阳同乡向朗商议，二人都觉得这回罪孽深重、难免一死，于是马谡决定离营逃往后方，中途被捕押送回来。这属于畏罪逃亡，又是背叛朝廷的严重罪行，按照军法必须斩首，还要把犯人的妻子儿女罚作官府奴隶。这项罪名比起前几条——违抗军令和败军、奔北、失军弃军——来说，其性质更为恶劣。如果数罪并罚，那么他必死无疑。清朝学者钱振锽认为，诸葛亮和马谡关系很好，如果马谡不逃跑，或许会给予照顾，但马谡“畏罪而逃，逃而被获，于是乎其罪不可赦。不然，未必见戮也”。

三国其他败军之将被处以死刑的案例确实罕见，例如张郃在巴西（今四川省阆中市）惨败于张飞，曹休在石亭（今安徽省潜山县东北）被陆逊打败，都没有受到处分；胡遵、诸葛诞等人在东关（今安徽省含山县西南濡须山上）之战丧师数万，朝廷讨论要贬黜诸将，遭到司马师阻拦，最后仅给监军司马昭"削爵"的惩处。可是仔细分析就会看到，这些人没有像马谡那样目无法纪、违抗上级的军令，作战时严重失职，兵败后既不顾部下将士的死活，独自逃离战场，又不愿领罪受罚，而是暗自逃亡。他犯下了好几条死罪，而且行为非常可耻，丧失了军人起码的尊严，以致引起公愤。《三国志》记载诸葛亮"戮（马）谡以谢众"，就是必须杀掉他来维护法典、平息众怒，否则对朝廷和麾下的十万将士无法交代。

马谡"才器过人，好论军计"，很受诸葛亮器重。他们谈论军政要务非常投机，"每引见谈论，自昼达夜"。说明马谡多有精辟的见解，能够打动贤相诸葛亮，使他愿意与之做深入的长谈。不过马谡只做过县令和太守，后来担任参军，是个参谋人员，没有领兵打仗的实战经验，因此蒋琬说他是"智计之士"，也就是个谋士。刘备临终时曾嘱咐诸葛亮："马谡言过其实，不可大用，君其察之！"但诸葛亮不以为然。他对马谡相当偏爱，私人关系很亲密，如马谡所说："明公视谡犹子，谡视明公犹父。"

这就影响了诸葛亮对马谡实际才能的客观判断。街亭战斗之前，诸葛亮组织会议，让部下讨论任命谁做前军主将，大家推举经验丰富的老将魏延或吴壹。可是诸葛亮不顾公议，坚持让马谡担任先锋官，这显然是个错误的决定。

诸葛亮为首次北伐做了充分准备，大军到达祁山后，曹魏在南安、天水、安定三郡的官员豪族立即宣布起兵响应蜀汉，引起关西的震动，可以说在陇右是里应外合，胜券在握。形势发展本来很好，诸葛亮也认为这场战役“十全必克而无虞”。他给初次领兵作战的马谡拨了充足的兵力，安排了详细具体的防御部署，街亭的蜀军以众击寡，又先据地利、以逸待劳。在许多方面，蜀军都占有优势，但没想到马谡居然违抗命令、胡乱调动，交战时指挥不力，把一切都搞砸了。

街亭兵败之后，蜀军伤亡惨重，诸葛亮“进无所据”，不得不抛下天水、南安等郡拥护蜀汉的吏民，率领大军返回汉中，此前的艰苦努力与获胜的大好机会都付诸东流。之后他虽然多次出兵北伐，但因对手加强了西部边境的防御而最终不能得志。可以说，街亭之战的结果决定了后来蜀魏两国交兵的走势。为此诸葛亮痛心疾首，向刘禅与朝廷群臣深刻检讨，请求自贬三级的处分。

事后蒋琬说马谡死得可惜，引起诸葛亮涕泪交下，这既是

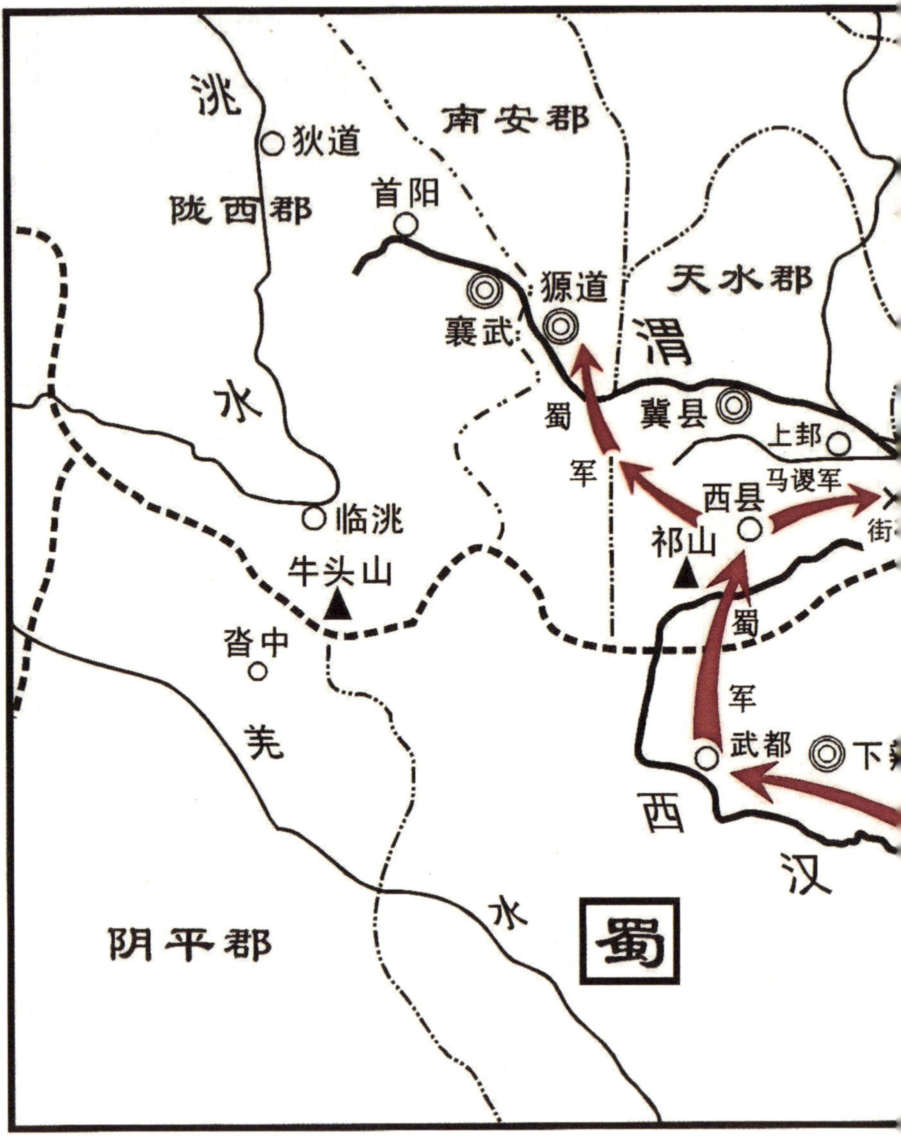

诸葛亮首出祁山之战示意图

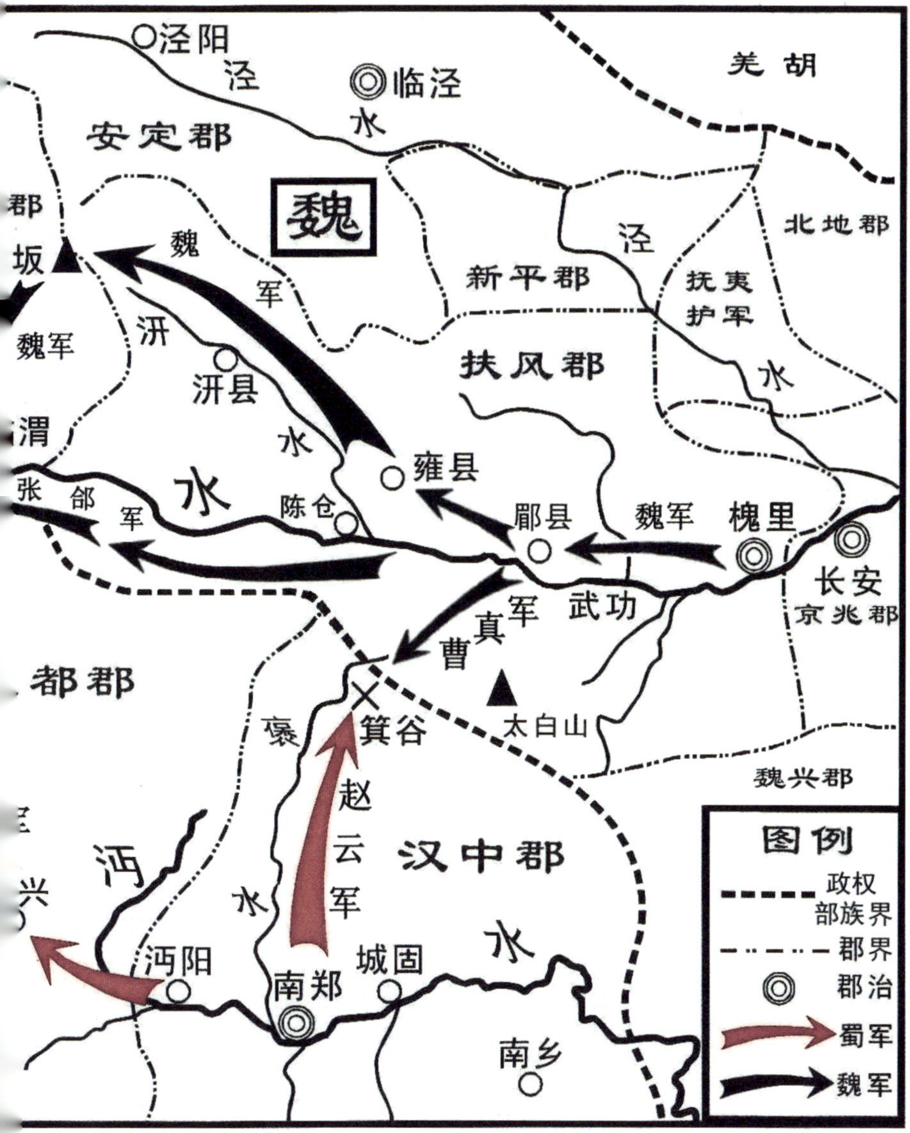
泾阳
泾
临泾
水
羌胡
安定郡
魏
郡
坂
魏
军
魏军
汧
汧县
新平郡
泾
北地郡
抚夷
护军
扶风郡
水
渭
水
雍县
张
郃
军
水
陈仓
郿县
魏军
槐里
长安
京兆郡
武功
军
真
曹
都郡
箕谷
褒
太白山
魏兴郡
赵
云
军
汉中郡
沔
兴
水
水
沔阳
南郑
城固
南乡
图例
政权
部族界
郡界
郡治
蜀军
魏军

他为这个优秀人才被杀而难过，也是自责，还有几分羞愧。要知道诸葛亮初出茅庐以来，外交、施政与用兵都得心应手，策无不中；又兢兢业业、小心谨慎，从没有犯下明显的过错，是蜀汉朝内的“完人”。而这次“违众拔谡”，诸葛亮对街亭兵败和北伐失利负有不可推卸的责任，可谓颜面尽失，难怪他要伤心落泪。

换个人守街亭，结局会不一样吗？

马谡对街亭之败应该负多少责任？

这是个长期有争议的问题，不少人为他辩护。其中一个重要的理由就是，诸葛亮让马谡孤军防守街亭，这是个难以完成的任务，马谡的失败情有可原。因为马谡只是先锋，并没有率领蜀军的主力，军队充其量不过万人，与张郃的五万大军相比兵力悬殊。再加上他深入魏境作战，对那里的民众与环境比较生疏，难以得到就地支援，客观形势本身就对蜀军非常不利。街亭兵败的关键是蜀军寡不敌众，马谡接受这个任务有苦难言，即使他再有才干，也难以保证获胜，因此不应该对他进行苛责。

另外，传统的观点认为，街亭古战场在甘肃省秦安县的陇城镇，那里地势开阔，适合大规模会战而不宜阻击强敌。后世有人到那里参观后说："街亭的地形并不险峻，那形如麦垛的麦积崖下竟是一马平川，无险可凭。不要说马谡，换作诸葛亮亲临指挥，也难稳操胜算。”以上观点都有可疑之处，需要详细分析。

首先，马谡部队的数量应该多于对手。三国时期，军队作战兵力的前后配置有两种情况。一种是担任侦察和突击任务的“前锋”“先锋”，或称“前部”，人数的确不多，只有数百人或几千人。例如孙权征讨江夏，“（董）袭与凌统俱为前部，各将敢死百人”。曹操进攻濡须口，孙权“率众七万应之，使（甘）宁领三千人为前部督”。另一种“先锋”“前部”则是直接在前线作战投入多数主力，把人数较少的预备队部署在后方准备支援。前部的主将统率几支军队，通常有数万人，权力很大，或称为“大督”。如前述孙权出征江夏，任周瑜为“前部大督”；偷袭荆州，任命吕蒙为“大督”，即担任“前部”主力军队的总指挥。刘备与孙权争夺南三郡，派关羽为前军主将，率三万人进驻益阳，自己领两万人坐镇后方的公安。

街亭之战，马谡带兵的情况明显属于后者。《三国志》记载，“（诸葛）亮违众拔谡，统大众在前”，说明马谡所带是人数较多的主力部队。《诸葛亮传》记述：“亮使马谡督诸军在前，与（张）郃战于街亭。”说明马谡是统领几支军队的主将，职务相当于大督。

三国各方出动作战的大军，往往由多支军队编组而成，如关羽水淹七“军”，俘虏杀伤曹魏三万多人，平均起来每“军”

约合五千人。马谡在街亭统率的“诸军”，据《三国志》记载，有张休、李盛与黄袭等将军，再加上他自己率领的直属部队，至少有四“军”，按平均每“军”五千人估算，约合两万人，此外还有一些较小的部队，如王平任裨将军率领千余人等。因此推算起来，马谡在街亭领兵总数有两万多人。罗贯中在《三国演义》中写马谡镇守街亭的军队是“二万五千精兵”，虽然是小说家言，但也接近实际情况。

此外，诸葛亮还派高详（翔）领兵守列柳城，防御街亭蜀军的侧翼，也有数千人。合计起来，蜀军在前线投入战斗的兵力约为三万人。诸葛亮这次北伐大军的兵力总数，学术界估计有六万人。诸葛亮还派了一些部队去围攻祁山堡和奔赴南安、陇西，以及押送粮草、保护通往后方的交通线。大致估算下来，诸葛亮在后方西县相府大营留守的部队有两万人，少于街亭、列柳城的前线蜀军。

这次北伐失利后，诸葛亮率军回到汉中总结教训，说“大军在祁山、箕谷，皆多于贼，而不能破贼，为贼所破”。人们通常认为这是在说马谡在街亭败于张郃，以及赵云、邓芝被曹真在箕谷击退之事，但这也从侧面反映了蜀军在两地兵力上占有优势。曹叡总共向关西派遣了五万援军，但这支军队并非全部投入街亭战场，还有关中和陇西的其他军队，也未必同时到达前线，张郃率领参加街亭战斗的只是其中一部分。他的部队应明显少于马谡，马谡有两万多人，魏军可能只有一万多人。若是魏军有两万人，则与蜀军兵力大致相当，马谡所部的人数优势则不显著，要是那样的话，诸葛亮在战后就不会感叹蜀军以多负少了。

另外，马谡兵败后，王平所领千人列阵应战，张郃居然产生疑虑，害怕中计而不敢向前进攻，可见他的兵力相当有限。根据当时的一些记载来判断，魏军主力是由今陕西省陇县向西翻越陇山（六盘山脉南段）后进入天水。这条道路的特点，一是陇山高耸，难以攀登。《三秦记》说："其坂九回，不知高几许，欲上者七日乃越。"二是盘桓曲折，在陇西黄土高原迂回绕行。行走这条路线耗费时间，所以魏军主力到达天水比较晚。张郃为了救急，抢先带领少数精锐部队从关中通往陇西的"陈仓狭道"赶赴前线，这条道路相当于今天的连霍高速公路宝鸡至天水的路段。

其次，街亭的地势利于阻击。街亭的具体位置目前学界有争议，传统观点认为它在甘肃省渭水以北、陇山通道西端的天水市秦安县陇城镇附近；另一派意见认为，它是在渭水以南天水市麦积区的街子镇（今名街亭村）。

实际上，传统观点的破绽很多，难以自圆其说。史书中记载，马谡的军队在祁山地带作战，距离诸葛亮大营的西县驻地不远，所以兵败后能迅速逃走或撤退，顺利与后方军队会合。而秦安县陇城镇距离祁山有三四百里，蜀军如果奔赴那里迎战张郃，就会远离西县大营，还要渡过古时河面宽阔的渭水，其粮饷运输很难保证，而且渭水渡口东西两侧还有上邽（今甘肃省天水市秦州区）和临渭两座魏军的重要城垒，容易在进军或败退时中途遭到敌兵的阻截，这完全违背作战的常理。诸葛亮用兵小心谨慎，恐怕不会给敌人暴露这么多破绽。而麦积区的街子镇与西县相隔不远，沿途没有敌军据点，它的位置处在“陈仓狭道”通往天水地区的路口，马谡在此地迎战来敌更符合情理。

从位置和地形来看，街子镇坐落在天水市东南三十五公里的东柯河谷之中，这里两侧山岭夹峙，通道狭窄，地势险要。大军穿过这一带，就逐渐从秦岭的群山来到渭河流域的平原地带。街亭扼制由陈仓辗转而来的道路，当代学者考察后，说它“背依西秦岭，麦积山、仙人崖、石门环列其后，观龙山绵延而来雄踞镇后。其左有温家峡，右有黄家峡，南北二河于镇前交汇，形成二水环镇、两山夹河的地貌”。再加上有城垒当道，驻守街亭可以凭借地形条件和防御工事来阻击来敌，马谡在这方面也占有优势。

最后，当地吏民拥护蜀汉。诸葛亮首次兵出祁山时，天水、南安、安定三郡立即宣布拥汉反魏，尤其是天水官员、豪族占据了郡治冀城（今甘肃省甘谷县东）等地，迫使曹魏太守马遵与雍州刺史郭淮撤入上邽孤城据守。

综上所述，街亭之战前夕，蜀军在兵员数量、所据地势以及民意向背等方面都处于有利地位，并非居于劣势。只是由于马谡违背了诸葛亮的调动安排，乱发命令，放弃当道的城垒，把数万军队部署在山上，结果被张郃断绝水源，导致蜀兵既喝不上水，也做不成饭，因而人心大乱，战斗力急剧下降，进而惨败。

马谡原来担任参军，平时参谋议论军事，只是个文职官员，并没有领兵打仗的实战经验。街亭之战中，他又死守居高临下对作战有利的兵法教条，听不进王平等部下的劝谏，是个很不称职的主将。街亭战斗的失败，他显然要负主要责任。诸葛亮对马谡的任命犯了严重错误，他为此痛心疾首，事后向朝廷谢罪并要求处分："咎皆在臣授任无方。臣明不知人，恤事多暗，《春秋》责帅，臣职是当，请自贬三等，以督厥咎。"

其实，诸葛亮任命马谡的决定与军中诸位将领、官员的意见相左。在街亭战斗之前，诸葛亮曾组织文武僚属讨论前军主将的人选，大家都认为应该由经验丰富的老将魏延或吴壹来担任。诸葛亮出于对马谡的偏爱而力排众议，坚持让他出任这个要职。

这里要强调一下，蜀军战前在汉中集结时，统率前部兵马的指挥官本来是魏延。根据《三国志》的记载："（建兴）五年，诸葛亮驻汉中，更以（魏）延为督前部，领丞相司马、凉州刺史。"这实际是在临战时撤销了魏延的职务，改派夸夸其谈的马谡负责指挥。对这个决定，多数蜀军将领并不认可，更何况后来马谡举足失措打了败仗，所以诸葛亮在战后杀了马谡来向大家谢罪。

平心而论，在诸葛亮北伐期间，魏延是蜀国非常优秀的将军，他出任汉中太守多年，确保边境平安，还在蜀建兴八年（230 年）领兵西入羌中，大败曹魏后将军费瑶和雍州刺史郭淮。要知道，诸葛亮自街亭失利后，始终不肯多派部队给分兵出战的将领。"（魏）延每随亮出，辄欲请兵万人"，但是诸葛亮"制而不许"。魏延只率领数千人深入敌境还能获得大胜，这一出色战绩在当时的蜀汉无人能及。郭淮是曹魏西陲名将，后来姜维统兵与他较量多年也未尝胜绩，由此可见魏延的作战能力有多么出众了。

由于这次胜利，魏延升迁为前军师征西大将军，授予节杖，进封南郑侯，其职务和地位在军中仅次于诸葛亮。史书说魏延

“善养士卒，勇猛过人”，但他的脾气不好，傲慢自大，与同僚关系紧张。“又性矜高，当时皆避下之。”因此诸葛亮不喜欢他，也未能授予重任。如果街亭之战由魏延指挥，或许不会遭到那样的惨败。

诸葛亮自主研发的《八阵图》，还是被小说家低估了

古代战争中的阵法，是把士兵和车马武器编组为各种战斗队形。夏、商、西周、春秋时期的主要作战方式是车战，交战双方的兵车在地势开阔的原野相对排列成阵，然后向前行驶，各自的步兵跟随战车推进，相遇后进行厮杀。决定胜负的是车战，当一方的车兵被击溃以后，真正的战斗便结束了。

春秋战国之际，由于锐利的钢铁兵器与能够远射的强弩的普遍应用，笨重的战车逐渐被淘汰了，只有少部分得以保留下来，活跃在广阔战场上的是大量步兵和骑兵，他们成为军队的主力。步、骑、车、弩等兵种与不同武器装备的使用，要求指挥战斗的将帅具备较高的组织和领导军队的能力，根据战况和地貌排列出各种适宜的战斗队形，即所谓的“阵”。

纪律严明、排列齐整的阵形，能够将千百人、上万人凝聚成一个协同作战的整体，又将使用的长短兵器、远射及防护武

器进行合理的配置，在统一的号令下往往能够击败兵员众多而队形散乱的敌人。据兵书《六韬》所言，如果阵形不合理，一个骑兵都对付不了一名步兵；部署正确的话，则“一骑当步卒八人”。由于“阵”在战斗中的作用十分重要，《孙膑兵法》将其列为军事指挥艺术的首位，说：“凡兵之道四，曰阵，曰势，曰变，曰权。”

三国时期，诸葛亮对军事学的重要贡献，就是创作《八阵图》。它的具体内容久已失传，现代史学家曾对它进行揣测、钩沉，仍不甚明了。就历史记载来看，有以下几个问题值得注意。

第一，“八阵”产生于三国之前。《孙膑兵法》中就有《八阵》一篇，论述使用“八阵”作战，要根据敌情和地形来确定战法，配置兵力。永元元年（89 年），窦宪征匈奴获胜，命令班固作记功铭文曰：“勒以八阵，莅以威神。”三国时期，曹操、孙坚的队伍里也曾使用过“八阵”。例如建安二十一年（216 年）三月壬寅，曹操亲耕籍田，“会五营士为八陈（阵）进退”。韦昭曾为吴国造鼓吹曲十二篇，其中的《汉之季》歌颂了孙坚的武功，词云：“汉之季，董卓乱。桓桓武烈，应时运。义兵兴，云旗建。厉六师，罗八陈（阵）。飞鸣镝，接白刃……”可见在春秋至东汉时已有“八阵”之法。

《孙膑兵法》的《八阵》篇里说了一些用兵作战的原则，并没有提到“八阵”的具体内容，但在后边的《十阵》里概要地讲了十种阵法，其中的“火阵”“水阵”是火战和水战的方法，不是军队的阵形。如果除去这两种战法，作为陆地战斗队形的正好是“八阵”，分别为：

方阵，军队排列成方形的阵势。

圆阵，军队排列成环形的阵势。

疏阵，兵力部署稀疏的战斗队形。

数阵，兵力部署密集的战斗队形。

锥行之阵，前端兵力锋锐如锥的作战队形。

雁行之阵，像大雁飞行时展开的横列作战队形。

钩行之阵，左右两翼兵力配置弯曲如钩的战斗队形。

玄襄之阵，这是一种疑阵，需要多设旌旗羽旄，擂鼓震撼，士卒和兵车伪装混乱，故意发出嘈杂的声音，用来迷惑敌人，打乱对方的部署。

诸葛亮的《八阵图》应是在《十阵》的基础上推陈出新，做了重要的改进。《蜀记》载，西晋太傅掾李兴说：“推子八陈（阵），不在孙、吴。”也表明诸葛亮创立的阵法具备孙武、吴起兵法著作中所没有的创新内容。

第二，诸葛亮的《八阵图》是在他指挥初出祁山之役失利后创造的。蜀建兴六年（228 年）春，蜀军在街亭和箕谷被人数处于劣势的魏军击败，诸葛亮受到很大的震动。后来有人劝他再多发兵众，诸葛亮回答：“大军在祁山、箕谷的时候，数量都多于敌寇，却不能破敌而被敌寇所破，所以失败的原因不在于兵少，而是在于主将一人的指挥调度。现在我想减兵省将，显明责罚，反思过失，将来再另想变通的办法。若是不能这样的话，即使兵再多又有什么用？”此后，诸葛亮加强了部队的军事训练，其中包括对武器装备和作战阵形的改进。陈寿说：“诸葛亮的性情擅长于巧妙的思考，改进连弩，创造木牛流马，都是出自他的发明；推演兵法，作《八阵图》，全能得到其中的要领。”《水经注》记载，诸葛亮研制成功《八阵图》后兴奋地说：“八阵既成，自今行师，庶不覆败。”可见这种阵法是在街亭、箕谷之役受挫后研发出来的。

第三，《八阵图》创立后，诸葛亮的蜀军在大规模野战中再没有失利过。如蜀建兴七年（229 年），他派陈式攻占武都（今甘肃省陇南市）、阴平（今甘肃省文县）二郡。蜀建兴八年（230 年），魏延领兵在南安郡阳溪之役中大败魏将费瑶、郭淮。蜀建兴九年（231 年），诸葛亮再出祁山，在卤城（今甘肃省礼县东盐官镇）战斗中战胜司马懿，“大破之，获甲首三千级，玄铠五千领，角弩三千一百张”。此后司马懿再也不敢与他正面交锋了。

三年后，诸葛亮兵出五丈原，司马懿和他相持百余日，坚壁不战，即使受到馈赠巾帼妇人之服的羞辱也强忍下来。曹叡也深知诸葛亮野战的厉害，下诏不准司马懿出战，让他坚壁清野，拒守营寨，以挫其锋芒，使蜀军找不到战机进攻，久驻则粮食耗尽，抢掠则一无所获，就必然会逃走了。

第四，诸葛亮《八阵图》的玄妙之处在于它的随机应变，作战时根据不同的敌情实施变化，可以化险为夷，转危为安。这是诸葛阵法的精髓，被称作“倚伏之法”，其名得自《老子》所云的“祸兮福之所倚，福兮祸之所伏”。可惜具体内容已无从得知了。《三国演义》所写的《八阵图》只是一种可以变化的阵形，其实应该有八种，或者是能够变化为八种阵形。

第五，古代的阵法实际上包括了战阵、行阵和营阵三种。其中战阵是指两军对垒交锋的阵形，行阵是部队行军时排列的队形，营阵则是军队驻扎宿营时部署的阵形，它们与军队的编制、指挥联络方法以及地形有密切的联系。诸葛亮的《八阵图》属于战阵，他对部署行阵和营阵也有高深的造诣，司马懿对诸葛亮的这些阵法都很佩服。《三国志》记载，诸葛亮病逝后蜀军匆忙撤退，司马懿闻讯立即赶到敌人的驻地察看，然后赞叹不已。“宣王案行其营垒处所，曰：‘天下奇才也！’”

对于诸葛亮的《八阵图》及其他兵法著作，司马懿很想弄到手，但是一直没有机会。他的儿子司马昭也知道这件事，所以在魏景元四年（263 年）魏军出动伐蜀时，他嘱托将领们要找到有关记载，后来终于缴获了这些资料并带回朝内，司马昭让熟识兵法的亲信陈勰秘密学习掌握。《晋书·职官志》记载，陈勰被司马昭所看重，他特别有才学，熟悉了解军队的指令。司马昭封晋王后，委任陈勰掌管军务。等到蜀国灭亡后，命令陈勰传授“诸葛亮围阵用兵倚伏之法”，还有甲乙分部号标旗帜的制度，包括战阵、行阵和营阵三种内容，陈勰都在暗地里练习。等到熟悉后，晋武帝任命陈勰为殿中典兵中郎将，迁将军，统辖宫内的禁兵。此后，晋武帝每次整队出入宫殿，陈勰都手持白兽幡在皇帝的车驾附近，按照诸葛亮的兵法来指挥调度，卫兵和仪仗排列得整齐肃穆。

这里还要说明的是，据《水经注》的记载，诸葛亮在永安江畔和定军山兵营旧址东侧都布置了石块堆砌的《八阵图》，但后人均无法解识。笔者认为这些石阵应当是后世的附会，并非诸葛亮的阵法。理由有两条：

其一，《八阵图》属于蜀汉和西晋的军事机密，除了由相关人士掌握并不外传，哪能随便摆出来让众人观看呢？

其二，上述石阵的内容没有人能看懂，即便是内行也不行。如永安的石阵遗迹，“自后深识者所不能了”。东晋桓温看了也只是说："'此常山蛇势也。'文武皆莫能识之。"而定军山诸葛亮宿营处，"营东，即八阵图也，遗基略在，崩褫难识"。但是《八阵图》则是兵家能够了解并掌握的阵法。例如，西晋马隆在平定羌乱的途中屡屡受到敌人阻击，"（马）隆依《八阵图》作偏箱车，地广则鹿角车营，路狭则为木屋施于车上，且战且前，弓矢所及，应弦而倒"。又北魏高闾建议在京师苑内训练六万人，二万人专门练习弓弩射击，二万人专心操戈持盾，二万人专心骑马使稍。修立战场，十日演习一次。"采诸葛亮八阵之法，为平地御寇之方。"这说明在两晋南北朝时期，军事家还能识读和教练《八阵图》，并在实战中加以运用，此一点与石阵无人能识的情况并不相符。

张辽“八百破十万”，孙权真那么菜吗？

建安二十年（215年）八月，孙权亲率大军进攻曹魏在淮南的重镇合肥。守将张辽出其不意，率军迎战，先是带领八百壮士突袭孙权大营获胜而还，致使吴军士气低落不敢攻城，随后张辽又乘对方主力撤退、孙权逗留在逍遥津北时全力出击，险些将他生擒。这两次战斗被后人合称为逍遥津之战或逍遥津战役，实际上只有后一次双方是在逍遥津北交锋。关于这次战役，历来被看作是三国战争以寡胜众的一个奇迹，孙权握有巨大优势却遭到失败，因而被民众戏称为“孙十万”。但若是仔细考察历史记载，就会发现不少反常之处，值得深入探讨。

首先，东吴是主动进攻的一方，但孙权发动这场战役的时间令人感到困惑，他不是在江东基地精心准备后直接出兵攻击合肥，而是先远赴荆州与刘备争夺南三郡（长沙、桂阳、零陵），在奔波对峙数月之后，撤兵返回江东的中途转赴淮南的。

建安十九年（214 年），刘备占据益州，孙权得知后派诸葛瑾入川，索要当初“借荆州”的土地被拒绝，吴国派去接收南三郡的官吏也让关羽赶了回去。孙权大怒，亲自提兵前往荆州夺取三郡，刘备也出川赶到公安，并派关羽率军到达益阳前线，与吴兵对垒。双方经过谈判休战，刘备把长沙、桂阳和江夏郡的一部分割让给东吴。经过领土交割并稳定当地统治之后，孙权才从荆州撤退，在返回江东的途中转道进攻合肥。

孙权的军队从江东跋涉数千里，于当年五月到达荆州前线，又与蜀军相持多日，虽然没有交兵厮杀，但是经过百余日的奔走和紧张对峙，已然相当疲惫了。按照兵家常识：出征作战贵在速胜。《孙子兵法》说：“久则钝兵挫锐，攻城则力屈……夫兵久而国利者，未之有也。”此时吴军主力兵困马乏，理应回到后方休整一段时间，再考虑实施下一次的作战计划。建安十三年（208 年）冬赤壁之战以后，孙权也曾率领大军围攻合肥百余日，最后无功而返。现在合肥又得到张辽的七千精兵，防守力量要强于以往；吴军则是一支疲惫之师，战斗能力要大打折扣。这些情况孙权都应该知道，那么他为何还要违背作战的法则，硬要率领一支征战多日的倦怠之师去攻打坚城呢？孙权的这番举动相当反常，完全不符合兵家的要旨，其原因何在？史籍中对此没有明确的记载，在这里只能根据其背景做些合乎逻辑的推测。

孙权此次出征合肥很可能是出于政治目的，即帮助盟友刘备摆脱困境。刘备率兵五万来到前线，本来是准备和孙权刀兵相见、一决高下的。但是这时曹操进攻汉中的消息传来，他担心益州后方有失，于是急忙和孙权达成和解，“分荆州江夏、长沙、桂阳东属”，然后撤回益州。在这场交易中，刘备明显是吃了大亏，孙权没有损失军队就得到了三个郡。按照常理来说，刘备恐怕不会白白交出这些领土，他或许会提出一个附加条件，让孙权乘魏军主力远赴汉中之际，出兵袭击一下合肥，以迫使曹操的大军尽早从汉中撤回去，解除刘备后方所受的严重威胁。孙权当然明白靠这支疲惫的军队打不下合肥，但是为了顺利获得南三郡姑且先答应下来，再让吴军虚张声势地走一趟，也不受什么损失。

后来孙权大军赶到合肥城下，并没有实行强攻，只是观望停留。“（孙）权守合肥十余日，城不可拔，乃引退。”这就表明了孙权的态度，如果真是以攻占合肥为作战目标，那就不会让大军守望多日，连一次攻城也没有就灰溜溜地撤退。因为他本来就没想用疲乏厌战的部队攻打这座坚固的城池，只不过是摆个样子给刘备和曹操看看而已。何况吴军到达合肥前线后还遇到了疾疫，所以孙权并没有攻城，而是直接收兵返回江东了。

孙权在合肥失利撤退，致使吸引曹操主力东归的目标未能完成。据《三国志》记载，曹操当年七月攻陷阳平关，随即占领了汉中首府南郑（今陕西省汉中市），在当地安抚民众，并招诱张鲁投降。直到当年十二月，他才离开南郑返回中原。

其次，东吴在逍遥津之战中出动的兵力究竟是多少呢？根据曹魏方面的记载为十万，孙吴方面没有明确说明，后代史书如《资治通鉴》记载的兵力也是如此，当今学界都对此表示赞同。但是“十万”这个数目很令人生疑，因为这几乎是东吴全国所有军队的总数。《三国志》写赤壁之战前夕，孙权对诸葛亮说：“吾不能举全吴之地，十万之众，受制于人。”是说他的全部军队大约有十万人。赤壁战后，孙刘联军乘胜攻占了荆州江北的南郡和江南四郡，不过后来孙权“借荆州”与刘备，上述领土都先后割让或转借出去，只是保留了江夏郡在江南的少部分领土，也就是说东吴在赤壁战后增加的疆域和户口相当有限，其国内的总兵力应该不会有明显的变化，大体上仍然维持着十万或略多一些的人马。孙权总不会带全部军队去攻打合肥，必须留下一部分驻守江东根据地，还要据守夏口以东至京城沿江两千余里的各座据点，恐怕也得需要数万人。若是这样，孙权怎么还能带领十万兵马去攻打合肥呢？他显然是无法做到的，这应该是孙权对外虚张声势的宣传而已。

汉末三国时期，各方出征往往都要虚夸自己的兵力，以便震慑对方，壮我声势。例如赤壁之战曹兵号称八十万众，但按周瑜分析也就是二十来万。后来曹操四越巢湖，“号步骑四十万，临江饮马”。这也是对外的宣传，实际按参军傅干所言，曹操出动只有十万人。孙吴方面也是如此，如吴建兴二年（253年），诸葛恪北伐，“大发州郡二十万众”，对外宣传则是五十万。因此孙权进攻合肥号称十万人，也是对外虚报的数字，而并非实际兵力。他能够动用的兵马，最多不过四五万人，“十万之众”显然是夸大其词了。

再次，张辽手下只有七千兵马，面对数万吴军处于明显劣势，为什么曹操还命令他主动出击呢？在逍遥津之战中，张辽的两次进攻具有共同特点，就是事先通过侦察得知敌军主帅的位置，然后出动精锐突然袭击，力争将其捕获或杀死。突袭虽然未能成功，但几乎将孙权生擒，幸亏部下将士拼死战斗，才使他勉强脱险。这种突袭敌军首领的战术，秦汉时期称作“斩将搴旗”，即斩杀敌军的将领，拔掉敌人的军旗。司马迁在《史记》里把它和“攻城先登”“陷阵却敌”并称为最危险的战斗。

“斩将搴旗”这种战术，就是俗话说的“擒贼先擒王”。将帅是部队发布命令的指挥官，不同的旗帜则表明各级将领的身份地位，它们也是发出军令信号的标志，古代军队的运动、转向要根据旗帜的挥舞变化来执行。突然袭击敌军的司令部，斩杀将帅、砍掉大旗以瘫痪其指挥中枢，会造成敌人全军混乱乃至崩溃。这种战术实施起来相当困难，由于敌人的主将和中军大旗通常居于敌阵中央，都有精锐部队保护，袭击的部队必须既勇猛善战，又有视死如归的决心，才有可能完成这项艰险的任务。

张辽是曹操帐下著名的勇将，曾经屡次执行类似的使命。例如建安五年（200 年）四月，曹操“使张辽、关羽前登，击破，斩（颜）良。遂解白马围”。建安十二年（207 年）八月，曹操北征乌桓，在白狼山遭遇敌人大军，曹操见乌桓阵容不整，又派张辽领兵果断冲锋，“虏众大崩，斩蹋顿及名王已下，胡、汉降者二十余万口”。通过上述作战，曹操相信张辽以寡胜众的能力，所以预先留下命令，让他和李典主动出击，挫败强敌的锐气。在逍遥津战役的首次战斗里，张辽率领精锐冲击孙权的中军大营。徐盛曾为东吴的护旗官，被魏军击伤而丢失了牙旗，因为牙旗是中军发布命令的信号标志，其丢失对作战不仅具有重要影响，而且是莫大的耻辱，所以吴将贺齐得知后带领部下奋力追击，从撤退的张辽军队那里夺回了牙旗。

那么，张辽是怎样判断敌军主帅（国君）在什么地点的呢？东汉三国时期的君主和将帅外出时，身后都有华丽醒目的伞盖，称作“麾盖”，即伞盖顶端装饰有“麾”，是髦（牦）牛尾毛编织成的装饰物，看见它就可以得知下面会有主将或统帅。

例如白马（今河南省滑县东）之战，关羽就是“望见（颜）良麾盖，策马刺良于万众之中，斩其首还”。曹操亲征徐州，刘备听探马来报并不相信，“自将数十骑出望（曹）公军，见麾旌，便弃众而走”。张辽也是侦察到孙权的麾盖所在，然后纵兵奔袭，“冲垒入，至（孙）权麾下”。

张辽武艺高强，作战勇猛，部下将士亦训练有素，舍生忘死，所以能够屡次“斩将搴旗”成功。张辽晚年病重，但仍在魏黄初三年（222 年）参加了曹休对吴国的东征。孙权在逍遥津之战后始终心有余悸，告诫诸将说：“张辽虽病，不可当也，慎之！”最后张辽病逝于江都（今江苏省扬州市）前线，称得上是马革裹尸了。

诸葛一家出了“龙”“虎”“狗”

从汉末到西晋统一将近九十年的乱世里，琅邪诸葛家族星光灿烂，人才辈出，分别出仕各方割据政权，都干得轰轰烈烈，名位显赫，这在当时绝无仅有。如南朝何法盛《晋中兴书》所说：“三国之兴，蜀有丞相亮，吴有大将军瑾，魏有司空诞，名并盖海内，为天下盛族。”其中诸葛瑾、诸葛亮为嫡亲兄弟，诸葛诞是他俩的堂弟。但诸葛家族的结局却令人唏嘘，这些人最后纷纷为自己依附的国家、君主殉难，甚至遭受灭门之祸。

一、别离故乡流落吴楚

据《吴书》记载，诸葛家族的祖先原姓葛，是西汉琅邪郡诸县（今山东省诸城市）人，后来移民到阳都（今山东省沂南县），当地本有葛氏家族，为表示区别，从诸县迁徙过去的葛氏支脉就改称“诸葛”，因此后人还习惯称他们为“葛氏”。蜀汉时诸葛亮主持朝政，刘禅就说：“政由葛氏，祭则寡人。”

琅邪诸葛家族在西汉时期的名人是诸葛丰，他在汉元帝时出任司隶校尉，以忠诚刚直闻名。诸葛丰七世之后传到东汉末年的诸葛珪、诸葛玄兄弟，诸葛珪生子三人为瑾、亮、均，还有两个女儿；诸葛玄生子为诸葛诞。诸葛珪曾出任泰山郡丞，妻子生下儿女后病逝，他续弦再娶，自己不久也故去。当时诸葛亮兄弟姊妹年少，是由叔父诸葛玄抚养长大的。

初平元年（190 年）正月，关东诸侯会盟讨伐董卓，天下大乱。但琅邪郡偏处海滨，是未受战火影响的太平世界，连曹操的父亲曹嵩都携家带口从谯县（今安徽省亳州市）来此避难。但初平四年（193 年）形势骤变，曹嵩见儿子曹操发迹做了兖州牧，便前去投奔，不料路上被徐州牧陶谦的部下劫财杀害，由此引来了曹操的复仇兵火。兴平元年（194 年），曹操第二次攻打徐州，兵锋抵达东海，所过烧杀抢掠，琅邪郡亦不能免。于是诸葛玄决定携带家属到淮南避乱，诸葛亮（十四岁）、诸葛均姐弟跟随南下，诸葛瑾（二十一岁）留在当地侍奉继母，兄弟从此离别，天各一方。

兴平二年（195 年），自领扬州刺史的军阀袁术任命诸葛玄为豫章（今江西省南昌市）太守，他随即携家属与诸葛亮姐弟渡江赴任。但朝廷认为袁术有叛逆之心，不承认他自封的职位和委任的官员，另派刘繇为扬州刺史来到江南，又任命朱皓为豫章太守，带兵前来驱逐诸葛玄。诸葛玄无奈，只好去投奔有故交的荆州牧刘表，带着家眷及诸葛亮姐弟赶赴襄阳，几经辗转，在襄阳城西的隆中定居下来，时间约在建安元年（196 年）。

荆州地处边远，少受中原战火波及，刘表在各地开设学校，兴礼重教，吸引了不少北方名士前来讲学。《镇西碑》铭曰："士之避难荆州者，皆海内俊杰也。"襄阳为南北交通枢纽，来往人士络绎不绝，各地的信息都能够迅速汇集到这里。作为荆州治所，襄阳居住着许多仕宦名流，他们喜好点评人物，议论时事，这些都为诸葛亮兄弟开阔眼界、接受良好教育提供了有利的条件。诸葛亮在隆中躬耕苦读，和徐庶、崔州平、孟公威、石广元等志同道合的朋友游学讨论、增益心智，终于出人头地，成长为隐居茅庐的"卧龙"，直到建安十二年（207 年）被刘备礼请出山，得以大展宏图。

诸葛亮离开故乡后陶谦病死，徐州先后由刘备、吕布等统治，战祸不断，曹操在建安三年（198 年）占领徐州，随后与河北袁绍反目交战。琅邪郡濒临袁绍统治的青州，成为双方对峙的前线。诸葛瑾在老家待不下去，被迫携带继母和家属南下江东避难。他在建安五年（200 年）经孙权姐夫弘咨的举荐，入仕东吴，由于忠厚正直而深受孙权信任，先后担任长史、中司马。

建安十三年（208 年）冬，诸葛亮出使东吴，这才与阔别十余年的兄长诸葛瑾相见。诸葛亮说服犹豫不决的孙权联刘抗曹，其谈吐举止大受东吴君臣赞赏，就连老臣张昭也建议把诸葛亮留下来效力。孙权为此找来诸葛瑾，对他说："您和孔明是同胞兄弟，弟随兄长又是合乎道义的，为什么不去说服孔明留下来呢？孔明若是听从您的话留在江东，我会写信给刘备，说明这是遵从孔明自己的意愿罢了。"不料诸葛瑾当场拒绝，说："诸葛亮已经委身刘备，经过'委质'的仪式，双方确定了君臣名分。兄弟不会留在东吴，正好像我诸葛瑾不会离开东吴一样。"孙权也就不再勉强他去游说了。

这次分别后，诸葛兄弟直至建安二十年（215 年）才再次重逢。当时孙权派诸葛瑾为使臣远赴成都，去向刘备讨还荆州。为了避免双方君主的猜疑，这对久别的兄弟只在公开的谈判场合相见，没有私下会面。诸葛亮因为子嗣艰难，夫人未能生育，不得已而向兄长诸葛瑾写信求助。诸葛瑾赴蜀谈判之前，奏请孙权得到准许，才携带次子诸葛乔来到益州，过继给诸葛亮为子。

蜀建兴五年（227 年），诸葛瞻诞生，当时诸葛亮已经四十七岁，原配夫人黄氏已老，因此诸葛瞻估计是侍妾或后妻所生。蜀建兴六年（228 年），跟随诸葛亮到北伐前线汉中的诸葛乔不幸病故，其子诸葛攀为嗣，后来出任蜀汉的行护军翊武将军。

孙权袭取荆州、刘备败走猇亭之后，三国鼎立的形势基本稳定，诸葛家族各方代表的地位也攀升至顶峰。诸葛亮在刘备去世后以丞相身份总揽蜀汉大权，国君刘禅“以父事之”。诸葛瑾则被孙权派遣到西线，出任荆州八郡中最为重要的南郡太守，兼统领大兵的公安督将，并握有象征专断权力、能够先斩后奏的节杖，授衔为大将军。

曹魏方面的诸葛诞出仕较晚，他早年和父亲诸葛玄在襄阳居住，曹操占领荆州后，他随即归顺。诸葛诞在曹丕代汉后入朝为官，先是做尚书郎，魏黄初五年（224年）在陶河试航船只，遇到飓风翻船落水。当救援者赶到时，诸葛诞让他们先救助年高位尊的杜畿，自己昏迷后被激浪冲到岸边得以生还，可见其品德高尚。后来调任吏部，负责官员的擢升任免，有不少人来讲情求官，诸葛诞先公布他们的话，再予起用，考核时由众人评议其业绩，作为对他们的褒贬依据，从此僚属们无不慎重对待自己的荐举。诸葛诞多次升职，在朝内名声甚佳，获得京都人士的一致赞颂。他和名士夏侯玄、邓飏等交好，互相标榜，夏侯玄等四人被誉为“四聪”，诸葛诞等八人被誉为“八达”。结果被人举报结党浮夸，引起曹叡的厌恶，将他们免官，但此事反而扩大了诸葛诞的社会影响与家族声望。曹叡去世后，少帝曹芳继位，执政的大将军曹爽立即恢复了诸葛诞的官职，后又将其提拔为扬州刺史、昭武将军，此时的诸葛诞已成为地方大员。

由此，诸葛家族闻名海内，享有极高的荣耀。《吴书》曰："(诸葛)瑾为大将军，而弟亮为蜀丞相。二子恪、融皆典戎马，督领将帅。族弟诞又显名于魏。一门三方为冠盖，天下荣之。"据《世说新语》记载，当时人们根据他们的才能和贡献，评价兄弟三人为"蜀得其龙，吴得其虎，魏得其狗"。需要注意的是，把诸葛诞比喻为"狗"不是贬损他，而是说他能够忠实执行君主的命令，效犬马之劳，即汉高祖刘邦称赞各位功臣所说的"功狗"。

二、江东诸葛瑾后代的覆灭

三国后期，琅邪诸葛家族先后经历数次重大政治事变，遭受了血雨腥风。

首先落难的是吴国的诸葛瑾一家。诸葛瑾儒雅宽宏，一生低调本分，为人小心谨慎，生活简朴俭约。身为大将，他平时穿的衣服没有彩饰；临终前命令把自己的遗体盛进"素棺"，也就是不涂彩漆的棺材；入殓的时候只穿平时的服装。但他两个儿子的才干、品行和性格却与他大不相同。

长子诸葛恪聪明机敏，能言善辩，个不高，大嘴巴、高嗓门儿，在江东论辩没有对手。但这个人品行很差，为了讨孙权的喜欢不惜贬低自己的叔父诸葛亮。有一次孙权问他："你的父亲和叔父哪位更贤能？"其实大家都知道，诸葛瑾的本事远不如诸葛亮。但是诸葛恪故意说："我的父亲更好！"孙权问他为什么，诸葛恪回答："臣的父亲知道应该为谁做事，而叔父不知道。"孙权听了开心地大笑。诸葛恪这样回答是有缘故的，前面说过，当年诸葛亮出使东吴，很受孙权器重，张昭也向孙权举荐，认为应该把诸葛亮留在江东。孙权同意后派人去说服，结果被诸葛亮拒绝了。所以诸葛恪说诸葛亮"糊涂"，不如他父亲诸葛瑾明白，以此来讨孙权高兴。

又有一次，蜀国派使者来到东吴，孙权让群臣都来欢迎，席间对蜀国使者说："这是诸葛恪，很喜欢骑乘，你回去转告诸葛丞相，给他的侄子送一些好马来。"话刚说完，诸葛恪就起身道谢。孙权感到奇怪，就问："马还没有送来，你为什么就道谢呢？"诸葛恪说："蜀国就是陛下的外厩（宫外的马棚），您现在颁下恩诏，他们肯定会送来好马，我怎么能不道谢呢？"这是当着使者和群臣的面嘲讽蜀国和诸葛亮，孙权听了又特别高兴。

据史书记载，诸葛恪讨好孙权不择手段。他的长子诸葛绰后来牵涉鲁王孙霸图谋夺嫡的案件，孙权没有对其审判处理，而是交付给诸葛恪，让他自己去教诲责罚。诸葛恪知道孙权对这起涉案人员判刑都很重，为表示大公无私，让孙权满意，他居然逼诸葛绰饮鸩自杀，可见其性情冷酷，为了仕途连父子之情都不顾，贬损诸葛亮几句对他来说根本不算什么。

诸葛恪这样对待他的叔父，诸葛亮却不和他一般见识，还很关心这位“贤侄”的前途。孙权为考察诸葛恪的实际才能，任命他做掌管军粮的节度。这个差事要处理繁杂琐碎的文书，需要非常精细才行，诸葛恪对此根本不感兴趣。上述消息传到蜀国，诸葛亮很是担忧，就给陆逊写信说：“家兄诸葛瑾年老，而诸葛恪性情粗疏，粮饷是军队里最紧要的事务，恐怕他管不好。我虽然远在境外，也为此深感不安，请您特意向孙权转达。”陆逊将此事上报后，孙权就免除了诸葛恪的节度官职，让他去做领兵的将领。

诸葛恪为人好勇斗狠，又略有智谋，领兵作战是他的长项，征剿山越和袭扰魏国边境屡立功绩。尽管他声名鹊起，诸葛瑾却很不以为然，觉得诸葛恪性情轻浮急躁，心胸褊狭又逞强好胜，以致处处树敌。他对此忧虑发愁，说：“这不是保家的儿子，不会使我们家兴旺发达，将来要带来灭门之灾啊！”诸葛瑾六十八岁病逝，由于长子诸葛恪自己立功封侯，已经身居高位，所以诸葛瑾病故以后，他的爵邑和领兵驻守公安的军职都由第三子诸葛融来继承。诸葛融“生于宠贵，少而骄乐”，虽任武职，但对打仗一窍不通，遇到强敌就胆怯不敢迎战。

因为太子孙亮年幼，孙权在临终前为选择托孤大臣一事犯难。有很多人推荐诸葛恪，孙权觉得这个人刚愎自用，不太合适。后来实在没有更满意的人选，只好勉强任命诸葛恪为大将军兼太子太傅，出来主持国政。

吴建兴元年（252 年），魏国派兵入侵，吴军在东关予以反击，获得大胜。诸葛恪被此冲昏了头脑，次年（253 年）夏天不顾群臣的反对，征发国内二十万大军进攻曹魏的淮南，围攻多日也没有打下合肥，“病者大半，死伤涂地”，最后只得撤兵。这场战役劳师动众，丧失人心，而诸葛恪若无其事，并没有反省己过，反而追究其他官员的罪过，罢免了很多人，招来了众臣和百姓的怨恨。

诸葛恪还企图拥立废太子孙和，却密谋泄露，政敌孙峻趁此机会向小皇帝孙亮进言，密谋暗杀了诸葛恪，将他和诸葛融满门抄斩。诸葛瑾当年的担心终于变成了残酷的现实，幸亏他以前将次子诸葛乔带到蜀国过继给弟弟诸葛亮，后来生子诸葛攀。

这回“诸葛恪见诛于吴，子孙皆尽”，而诸葛亮还有诸葛瞻为后代，于是诸葛攀又以诸葛瑾为本家祖父，继承了他的香火。

三、绵竹之战诸葛瞻父子阵亡

据《三国志》记载，诸葛瞻小时候很聪明，诸葛亮老来得子，非常喜欢，却又担心他将来的发展，曾给兄长诸葛瑾写信说："瞻今已八岁，聪慧可爱，嫌其早成，恐不为重器耳。"

诸葛亮的忧虑后来果真成为现实。他在写这封信的当年病逝于五丈原。诸葛瞻少时便继承了武乡侯的爵位，养尊处优，却缺乏严父的管教培育，长成后"工书画，强识念"，也就是擅长书法绘画，读书的记性很好，但没有学到什么真正的本事。他仕途一帆风顺，十七岁娶了公主，"拜骑都尉。其明年为羽林中郎将，屡迁射声校尉、侍中、尚书仆射，加军师将军"。年纪轻轻官衔就有了一大堆。虽然多是武职，可是他从未离开过成都，没有经过前线作战的历练。

蜀国民众出于对诸葛亮的爱戴，对诸葛瞻也很尊敬。每次朝廷有一项好的政令，虽然不是诸葛瞻提倡施行的，但百姓们也都互相传告说："这是葛侯办理的啊！"他获得的赞美与声誉很多都言过其实。

当时刘禅宠爱宦官黄皓，执政大臣尚书令董允刚直不阿，经常正颜厉色地匡正刘禅的过失，对下则屡次斥责黄皓。黄皓畏惧董允，不敢为非作歹。所以董允在世的时候，黄皓的职位不过是黄门丞，未能扰乱朝纲。

董允死后，刘禅在蜀景耀四年（261 年）任命诸葛瞻和董厥、樊建同为辅政大臣。诸葛瞻与董厥两人和奸宦黄皓相处甚好，从不干涉他擅权乱政，只有尚书令樊建不与黄皓往来。黄皓与其亲信阎宇沆瀣一气，企图以阎宇取代姜维的大将军职位。这件事也得到了诸葛瞻与董厥的拥护，企图说服刘禅，把姜维召还改任益州刺史，夺其兵权，由阎宇来接替。只不过此事被魏国的伐蜀之役打断，没有来得及实现。

钟会征蜀前夕，姜维在沓中（今甘肃省舟曲县）得到消息，赶紧上书朝廷，要求派遣张翼、廖化领兵到阳安关口、阴平桥头加强守护，结果奏书被黄皓扣押。他密信鬼巫，听信其敌人不会到来的谎话，启奏刘禅封锁了前方消息，使群臣无法知晓。但姜维的文书是经过尚书台传递的，三位辅政大臣中，诸葛瞻和董厥“平尚书事”，樊建“守尚书令”，这三个人都了解姜维的请奏，受蒙蔽的只是外臣而已。这么重要的事情他们跟着黄皓装聋作哑，耽误军机，由此可以看出其见识有多么低下。

魏景元四年（263 年），曹魏派遣十八万大军伐蜀，钟会率领的魏军主力在剑阁被姜维等领兵挡住，邓艾偷渡阴平成功后占领江油。蜀汉朝廷把剩余的军队全部交给诸葛瞻统率，前去迎击，可是他到了涪县（今四川省绵阳市）之后犹豫不进。尚书郎黄崇很有见地，几次劝诸葛瞻尽快前进据守险要，不要让邓艾的军队进入平地，但诸葛瞻既不懂兵法，又不擅长指挥部队，彷徨无计，未能采纳，急得黄崇痛哭流涕。最终诸葛瞻只派出少部分军队迎敌，自然是寡不敌众，失败后被迫退保绵竹。

邓艾的魏军进入涪县后，形势变得非常不利于蜀军。首先是剑阁姜维部队的粮草和后路被截断，无法再坚守。其次是邓艾所部在陇西征战多年，战斗力很强，如果是在山地作战，其优势还发挥不出来，部队的给养也难以供应，到了平川则如虎添翼，蜀军很难抵挡。再次，敌军到了平原，消息传播迅速，引起了民心恐慌和社会崩溃。“百姓闻（邓）艾入坪，惊迸山野。”即使到了这个地步，诸葛瞻如果带领兵马死守绵竹城，也还可以拖延时日，他却偏要出城野战，导致战败身亡。

从诸葛瞻执政领兵的情况来看，他对父亲诸葛亮的文治武功是半点儿也没有继承。东晋史学家干宝说他“智不足以扶危，勇不足以拒敌”，只是堪当“忠孝”二字，评价是相当中肯了。

诸葛瞻的长子诸葛尚见大势已去，叹道：“父子深受国恩，不能早斩掉奸臣黄皓，以致国家败亡，生灵涂炭，活着还有什么用？”也投入战阵牺牲。从这番话可以看出，诸葛瞻辅政期间与黄皓交好的行径，连他的儿子也看不过去。

蜀军在绵竹之役先胜后败，战况非常惨烈。除了诸葛瞻父子搏斗而死，还有几位开国功臣的后代身亡，如黄崇（黄权之子）、李球（李恢之子）、张遵（张飞之孙）。刘禅手下再无兵将，只得投降魏国。

魏咸熙元年（264年），诸葛瞻次子诸葛京全家被迁徙到河东郡（今山西省夏县），诸葛攀之子诸葛显及家属随行。西晋初年，诸葛京出任郿县令，因政绩优秀，后升迁为江州刺史。

四、诸葛诞“义讨司马”受困而死

魏嘉平元年（249年）正月，司马懿发动政变，消灭了执政的曹爽、曹羲兄弟及其党羽。诸葛诞在政治上属于拥护曹氏的名士集团，又受曹爽提拔重用，但是他却没有受到牵连迫害。

不仅如此，司马懿父子掌权后，还两次利用诸葛诞来镇压淮南亲曹势力的叛乱。魏嘉平三年（251年），太尉王凌在寿春（今安徽省寿县）策划拥立楚王曹彪，推翻司马氏。司马懿得知后领兵东征，任命诸葛诞为镇东将军、扬州都督来取代王凌。魏正元二年（255年），毌丘俭、文钦又在寿春起兵讨伐司马师，派遣使者到豫州联络，被在豫州主持军政的诸葛诞杀掉。诸葛诞随后跟随司马师出兵平叛，抢先占领寿春，阻止了吴国的策应，战后再次担任扬州都督，晋位为镇东大将军。这是什么缘故呢？

原因主要有两个。一是司马懿注意到了诸葛诞的社会影响，因此在发动政变之前就提前布局，用联姻来拉拢他，让儿子司马伷娶了诸葛诞的女儿，双方成了亲家。二是司马懿铲除曹爽集团时，打出的口号是救国，而非反魏。他揭露了曹爽集团许多贪赃枉法、奢华违制的丑事。为人正直的诸葛诞对此深为厌恶，所以和曹爽集团有些疏远。诸葛诞受了司马懿的欺骗，以为他真的是为了救国救民，便予以支持。随着时间推移，司马氏兄弟篡国夺权的面目逐渐暴露出来，正所谓“司马昭之心，路人皆知”，诸葛诞也看在眼里。

除此之外，与诸葛诞关系密切的亲曹名士夏侯玄、邓飏以及拥护曹氏的王凌、毌丘俭相继被杀，促使诸葛诞的政治态度发生转变，他日益恐惧不安，担心下一个就会轮到自己。于是他散尽钱财收买众心，并豢养了数千名效死出力的私人兵士，准备抵抗即将到来的谋害。

魏甘露二年（257 年），司马昭派心腹贾充来寿春试探，询问诸葛诞：“京都洛阳的众位贤士都希望皇帝禅让给司马昭，这个事您是知道的，不知意下如何？”诸葛诞厉声指责贾充：“您家世受魏国大恩，怎么能够有负于国家，想把魏国送给他人呢？这不是我能容忍的，如果洛阳朝中有难，我一定会以死报国！”贾充听了默不作声，回京后报告给司马昭，说：“诸葛诞再次出任扬州长官，很有威名，百姓拥护，众望所归。如果不征召他回京，时间长了，祸害可就大了。”司马昭听从建议，让朝廷颁布诏书，召诸葛诞回洛阳担任司空。这引起诸葛诞的恐慌，于是诸葛诞立即动手杀掉了扬州刺史乐綝，聚集淮河南北两岸的十几万官兵，以及扬州的四五万壮丁，准备了大约够吃一年的粮食，在寿春发动兵变，闭城自守，并派遣长史吴纲和小儿子诸葛靓到吴国联络，令二人充当人质以请求吴国发兵支援。

司马昭闻讯后调集了全国二十六万大军，把寿春包围起来，连续打退了吴国的援兵。为了避免攻城的重大伤亡，他采取了长期围困使其绝粮的策略，在寿春四周部署深沟高垒，断绝交通。到明年正月，城内乏粮，诸葛诞被迫领兵突围，但遇到坚固的防守，死伤惨重而未能逾越。到二月城中断粮，将士们纷纷逃跑投降，司马昭这才开始进攻，没有遭遇抵抗即攻破城池。诸葛诞突围战死，他的儿子及城内家眷全部被杀，其在魏国的三族也被诛灭，只有嫁给司马伷的女儿未受牵连。诸葛诞麾下数百名亲兵被俘后拒绝投降，全被处决，斩首前都说：“为诸葛公死，不恨。”可见其深得人心。

诸葛诞忠于曹魏皇室的态度与反抗行为，获得后世的称赞。《三国演义》第一百一十一回题目为“诸葛诞义讨司马昭”，就表明了肯定的态度。

五、诸葛靓——三国末叶的家族孤星

公元265年，司马炎禅代魏帝，建立晋朝，这时的诸葛靓国破家亡、流落异邦。他在东吴为官二十三年，先后侍奉过孙亮、孙休和暴君孙皓，“雅正有才望”。有一次朝堂大会，孙皓突然问他：“您的表字是仲思，都在思考些什么呢？”诸葛靓应答道：“在家思孝，事君思忠，朋友思信，如斯而已。”众人认为他的回答引经据典，非常得体。由于诸葛靓父兄都被司马昭杀害，吴国对他很信任，授予其右将军的高职。孙皓继位后迁都武昌，留下诸葛靓和御史大夫丁固镇守故都建业，就是觉得他政治上比较可靠。

吴宝鼎元年（266年）十月，“山贼”施但等聚众数千人，拥立孙皓之弟永安侯孙谦，企图入建业称帝。他们到达城外时拥兵万余人，派遣使者去见丁固和诸葛靓，命令他俩出城归顺。诸葛靓当即斩杀来使，率部出击大破施但，生擒孙谦，为孙皓立下功绩。两年以后，孙皓派遣名将丁奉和诸葛靓领兵进攻要塞合肥，由于晋国及时调来援兵，吴军攻城不利，被迫撤退。孙皓在位十余年内，多次杀戮大臣，但对诸葛靓相当宠信，在吴国灭亡前夕，诸葛靓已晋升为大司马。

在西晋太康元年（280 年）灭吴之役中，扬州都督王浑率领兵马进入江北历阳（今安徽省和县历阳镇），兵临南岸的重镇牛渚（今安徽省马鞍山市采石镇），对吴国都城建业构成严重威胁。孙皓被迫派遣丞相、军师张悌挂帅，诸葛靓为副军师，率领三万中军精锐前往迎击。

张悌为人迂腐，不懂军事。吴军渡江后包围了西晋七千人先头部队的兵营，晋将张乔见寡不敌众，便派人来请求投降。诸葛靓当即识破了敌人的诈降之计，提出攻进兵营把他们全杀掉。主将张悌反对说："强敌就在前边，不应该先对付小股敌人，而且杀害投降俘虏是不吉祥的。"诸葛靓驳斥道："这些人是因为救兵没有来而假装投降，属于缓兵之计，并不是真心归顺。应当趁他们无心应战而攻进去，将其全部杀死，以此鼓舞我军的士气。倘若舍弃他们而向前进军，这帮家伙一定会成为后患。"张悌固执己见，不肯听从，安抚了张乔的部队后继续前进，既没有缴械也没有遣散。结果在板桥被敌军主力打败，张乔的降兵又从背后出击，致使吴军覆灭。

诸葛靓领着五六百人撤退逃走，派人探望并迎接张悌，哪知张悌不肯离去，诸葛靓于是亲自去拉他走，劝他不要留下来等死。张悌流下眼泪说：“仲思，今天就是我的死期了。我在襄阳还是儿童的时候，就受到您家丞相的赏识，常常担心自己不得善终，辜负了诸位贤士的佑助和眷顾。如今军临城下，我只能以身殉国，怎么可以逃走呢？不要再这样拉扯我了！”诸葛靓流着泪放开了他，才离开百多步，回首就看到张悌被晋军杀害。诸葛靓逃回江南，吴国的主力军队全被歼灭，孙皓只得出城归降。

在吴国灭亡之际，诸葛靓决定向他姐夫琅邪王司马伷率领的一路晋军投降，后来就依靠姐姐的庇护躲在她家里。晋武帝司马炎和诸葛靓早年是发小，有“竹马之好”，得知他藏在姐姐家中，就下诏任命他作大司马，但是诸葛靓拒不应诏。晋武帝就屈尊到司马伷家里去看他，诸葛靓躲进厕所里，晋武帝又逼迫他出来。不得已叩见后，晋武帝问他能否恢复旧日的友情。诸葛靓流涕说：“为臣不能像豫让那样漆身吞炭为父兄报仇，今日再次看到您的圣颜了。”晋武帝听了感到惭愧懊丧，离开后再次颁诏任命他为侍中，这是平时在皇帝身边侍奉的官职，然而他仍旧拒绝。后来诸葛靓回家乡隐居，终生不面向洛阳朝廷的方向而坐，恪守丧父之子、亡国之臣的忠孝之道，始终不肯与西晋政权和解。

诸葛靓的姐姐在西晋很有名望，被尊称为“诸葛太妃”，多亏她和丈夫司马伷的周全保护，诸葛靓才得以免除反叛的罪名，家族也逐渐恢复声望。甚至有人怀疑晋武帝来司马伷家看望诸葛靓，一再下诏委任官职并遭到拒绝，也是她和丈夫精心策划的“作秀”，借此抬升诸葛靓的名誉，扩大琅邪诸葛家族的社会影响。

不久后“五胡入华”，西晋灭亡，而东晋王朝的开创者晋元帝司马睿原为琅邪王，是司马伷的嫡孙，幼时曾在太妃膝下受过教育，因此对琅邪诸葛家族怀有很深的感情。东晋建国江东后，琅邪诸葛家族的门望迅速上升，甚至与当时最显赫的琅邪王氏齐名，这离不开皇帝与朝廷的提携鼓吹。家族的代表就是诸葛靓的儿子诸葛恢，《晋书》记载他“名亚王导、庾亮”，也是一流人物。有一次，诸葛恢和王导开玩笑，争辩谁的族姓应当排在前边。王导说：“那当然是我们老王家啦，你看人们都说‘王葛’，没有说‘葛王’的。”诸葛恢反驳说：“那也不见得，俗语不说‘马驴’，都说‘驴马’，难道驴胜过马吗？”

虽然诸葛亮和诸葛瑾父子对三国政治的影响重大，但是在魏晋门阀社会里，真正提升和确立琅邪诸葛家族门望的却是诸葛诞。他在洛阳交会贤达，跻身名士，虽然被某些人抨击为“浮华虚誉”，但其行为符合当时的文化风尚。尤其是他把女儿嫁给司马伷，与后来的晋朝皇室建立了密切联系，此后通过这位太妃的积极活动，琅邪诸葛家族的声誉得以显著提高。而诸葛亮、诸葛瑾的后代在蜀汉亡国后再也没有什么影响，诸葛京出任过郡县官吏，对家族门望也并无助益。

何进被杀，算漏了哪步？

《三国演义》开篇云："话说天下大势，分久必合，合久必分。"从大一统的东汉王朝到军阀割据混战的乱世，转折点就是大将军何进被阉宦张让等人诱杀，结果是两败俱亡，把持政坛的外戚与宦官集团同归于尽，这才使董卓乘虚进京，夺权得逞，进而引发天下大乱。所以清朝文人毛宗岗点评说："何进不胜，（东汉）遂以亡国。"

何进被杀的经过，《三国演义》说是张让等人预先埋伏了五十名刀斧手，乘他孤身入宫、未加防备，冲出来将其砍作两段。这段描写和实际情况有些出入，因为据《后汉书》记载，隐蔽在太后和少帝居处嘉德殿内暗害何进的是一帮宦官，有以中常侍张让、段珪为首的数十人，他们手持兵刃拦住何进，指责他恩将仇报，最后由其中的尚方监渠穆拔剑杀掉何进。后来袁绍、袁术领兵攻打南宫时，也是和守卫禁门的武装宦官"中黄门”交锋，并受到顽强抵抗，不得不放火焚烧宫门以迫使对方撤出。上述情况反映了东汉宫禁制度的显著特点，就是皇帝身边的宿卫人员主要是携带兵器的宦官，而非禁军。

据史书记载和考古发掘，秦汉皇帝的宫殿划分成前后几处殿区院落，各自有墙壁和门户相隔，由武装人员守卫，进出者须接受安检与身份核验。皇帝日常起居生活的殿区称作“禁中”“省”或“禁省”，位于皇宫深处的核心区域。西汉王朝建立后，为了防止宫内出现突发事变，保障天子的人身安全，对出入宫室人员实行了非常严格的检核制度，从长安未央宫外到达皇帝的居处，要经过五六道门卡，四周卫兵昼夜巡逻，不停地敲打铜制的“刁斗”来报时和预警，近臣侍卫连小小的金属带钩都不许携入皇帝的房间。

禁省的门户称为“闼”“阁”，是分为两扇的小门，形状上圆下方，好像手持的玉圭；门闼高度在七尺左右，刚刚容得成年人平身而进，以此来限制禁省的出入人流。秦朝和西汉前期分别尊崇黑色与红色，汉武帝太初元年（前 104 年）改制修订历法，宣布“色上黄”，此后禁省的门闼涂成了黄色，作为地位尊贵的象征。在禁省内工作的宦者，也开始以“黄门”作为官名，如主管宦官事务的黄门令、副手黄门丞，侍奉、警卫皇帝的“中黄门”“小黄门”，以及贴身侍奉皇帝的“黄门常侍”（或称“中常侍”)，等等。

秦朝与汉初的宫内治安由郎中令负责，主要由其属下的郎官来担任禁省的卫兵，称作“中郎”。汉武帝建立黄门官署后，改为由宦官“中黄门”守卫禁省门户、盘查进出人员，并负责联络内外、送往迎来。因为侍卫郎官多为豪贵子弟，汉武帝为了强化皇权并削弱官僚贵族势力的影响，用出身低贱的宦官取代郎官在禁内值勤。汉武帝认为他们通常没有政治背景以及和宗室、外戚的血缘、婚姻关系，不会对自己构成威胁。两汉禁省内的宦官武装“中黄门”有二三百人，平时负责皇帝起居和出行时的警卫工作。“居则宿卫，直守门户；出则骑从，夹乘舆车。”《后汉书·舆服志下》记述东汉官员佩刀根据职务身份的不同，刀鞘的颜色亦有区别，其中“小黄门雌黄室，中黄门朱室”，表明他们在皇宫内可以携带兵刃。不过小黄门编制很少，仅有二十个。

需要强调的是，汉朝宫殿禁止外来人员携带兵器入内，大臣进殿门之前必须解除随身武器，只有萧何、梁冀等极少数重臣有权带剑上殿，但是仍不许携入禁中，以免皇帝的生命受到威胁。例如梁冀虽被赐予“剑履上殿”的特权，但在元旦朝贺时违反制度，“带剑入省”，尚书张陵立即予以呵斥，把他逐出禁门，并让卫兵夺下梁冀的佩剑，举报给有关司法部门，最后罚没了梁冀一年的俸禄。由此可见，中黄门是禁省之内极少数有权掌握兵器的一支武装力量，因而在宫廷斗争中地位举足轻重。西汉霍光废黜皇帝刘贺时，事先安排了宦官中黄门控制禁闼，等到刘贺入省后，就迅速闭上门户，将他的亲信随从挡在外边，从而分别加以隔离与逮捕。汉灵帝死后，何进与袁绍等人谋划诛灭宦官，也是企图更换禁闼的警卫以控制省内，保护太后与少帝的安全，防止他们被宦官挟持。何进命令担任虎贲中郎将的袁术选拔部下郎官二百人，"当入禁中，代持兵黄门陛守门户"。但是因张让等宦官的抵制，未能成功，致使何进后来受骗入省遇害。

西汉政坛上经常是外戚集团一枝独秀，宦官势力和影响不大，也没有掌控禁省"中黄门"武装的权力。东汉自和帝以后，邓、阎、梁太后接连临朝，她们身居后宫，不便与臣下频繁交往，因此将许多事务交给宦官去打点。皇帝又多是幼年或少年继位，孤身居住在禁中，身边经常接触的主要是宦官，由此对他们产生依赖。另一方面，东汉自章帝以后，外戚经常压制皇权，因此天子成年后往往与宦官合谋实行反制和打击。宦者大多为寒门出身，又是刑余之人，皇帝并不担心他们谋朝篡位，因此给予极大的信任并委派重要事务。宦官势力于是得到发展壮大，在宫内掌握了更多的权力，尤其是在对宫内外武装力量的控制方面。

首先，中常侍把持了禁省事务与省内武装。西汉禁中的诸多服侍工作分别归属于黄门令、内者令、郎署、太官等各个机构，并没有统领总务的官员。东汉中叶以后，与天子、太后关系亲近的宦官“中常侍”权势增强，甚至威震朝野，被称为“举动回山海，呼吸变霜露”。他们掌握了传达诏旨与转呈奏章的权力，动辄以皇帝的名义发布命令，甚至能捏造事实上奏天子，扣押对自己不利的公文报告，或是对臣下假传圣旨，以实现自己的目的。随着权力的扩张，中常侍经常干涉禁省各项事务，逐渐成为事实上的大内总管，为公卿百官所忌惮。至汉灵帝时，张让、赵忠等“十常侍”专权，禁省更是成为受他们操纵的领地。皇帝如同傀儡，任由“十常侍”摆布，甚至无耻地说：“张常侍是我公，赵常侍是我母。”中黄门这支侍卫部队也只能听从他们的命令行事。

其次，禁省外皇宫武装力量的指挥权也被宦官攫取。在桓帝、灵帝两朝的宫廷斗争中，宦官黄门令屡次临时担任禁军头目，率兵去逮捕外戚首领大将军。例如桓帝诛灭梁冀时，派遣黄门令具瑗率领宫内的虎贲、羽林、都候剑戟士千余人，与司隶校尉张彪的兵卒共同包围了梁冀府第，护送使者入内宣布撤销其大将军官职，迫使梁冀夫妻自杀。汉灵帝即位后，宦官曹节等人挟持少主与窦太后，派遣黄门令王甫带领宫中卫兵并指挥北军的五营士卒，前去镇压和逮捕率众反抗的外戚大将军窦武，最后获得胜利。汉灵帝晚年扩充禁军，增设西园八校尉。小黄门蹇硕为上军校尉，总辖这支部队，连外戚何进也要服从他的指挥，“（蹇硕）督司隶校尉以下，虽大将军亦领属焉”。直到汉灵帝病逝，何太后临朝称制，何进执掌朝政并杀掉蹇硕，才得以控制禁省以外的皇宫禁兵和京师驻军。他与何苗“兄弟并领劲兵，部曲将吏皆英俊名士，乐尽力命”。

此后，何进任命仇恨宦官的袁绍、王允分别出任司隶校尉与河南尹，掌握了京师及附近七郡的行政、司法权力，并撤销了张让等中常侍的职务，迫使他们出宫回家，准备下手擒拿。张让等人失去了中黄门武装的保护，知道性命危在旦夕，因此心急如焚。何太后的妹妹嫁给了张让的养子，宦官们让她进宫去说情，请求恢复原职。太后常年受到张让等人的曲意逢迎，始终认为他们侍候得不错，就同意他们回宫复职，于是这几位中常侍重新执掌了禁省。

毛宗岗说，东汉外戚与宦官势力虽然互有消长，但后者总是在斗争中占有优势。“而以宦官图外戚，则常胜，如郑众之杀窦宪、单超之杀梁冀是也。以外戚图宦官，则常不胜，如窦武见杀于前，而何进复见杀于后是也。”其主要原因就是宦官得以掌握兵权。他们既能控制禁省内的中黄门武装，又能胁迫皇帝和太后颁布诏书，调遣利用禁省外的宫中卫兵与宫外的京师驻军来打击对手，像前述诛灭梁冀、窦武的情况都是如此。宦官集团最终覆灭的一个重要原因，就是指挥不动禁省外的大量军队了。虽然张让等人杀了何进，但是禁军“西园八校尉”和宫中的羽林、虎贲士等卫兵都控制在死对头袁绍、袁术兄弟手里。张让、段珪暗害何进后，立即伪造诏书，任命亲信樊陵为司隶校尉、许相为河南尹，企图让他们取代袁绍和王允，夺走京师的治安部队，再回头来逮捕他们。但袁绍等人明白诏书是假的，拒绝交出职务并直接杀掉了樊陵和许相。宦官集团的阴谋未能实现，这样他们掌握的武装只有区区两三百名中黄门，自然抵抗不住袁绍、袁术手下众多兵马的进攻，只得挟持少帝刘辩与陈留王刘协仓皇逃走，最后全被追兵消灭。

袁绍率领部下打进南宫和北宫，见了宦官就杀，总共杀死了两千多人，其中还错杀了一些没有胡须的宫内侍从。有些没长胡子又不是宦官的男士分辩不清，急得解衣脱裤、露出身体来证明，才保住性命。经过这场战斗，操纵东汉政局数十年的宦官势力被彻底清除。

董卓迁都长安是蠢招吗?

三国历史上的一个疑案，就是董卓放弃京师洛阳，逼迫天子、百官和当地民众西迁长安的原因。

初平元年（190 年）正月，关东诸侯举行盟会，公推袁绍为盟主，起兵讨伐董卓，一时声势浩大，如曹丕《典论》所言：“名豪大侠，富室强族，飘扬云会，万里相赴。”董卓最初企图从各地大举征兵镇压，他为此召开朝会，发表了自己的意见。在座公卿谁也不敢反对，唯有郑太担心这样会使董卓聚集的兵马太多，怕关东诸侯对付不了，于是编了一套鬼话来糊弄他，说：“袁绍等人不是纨绔子弟就是书呆子，根本不懂军事。况且山东百姓过惯了和平安逸的生活，早已不习惯作战。当今天下所畏惧的，是您拥有的西北并州、凉州的军队和附从的羌胡，使用他们去平定叛乱，好像驱赶着猛虎、犀牛冲向犬羊，鼓动劲风来狂扫枯叶，有谁能抵御得了？若是没有大事而向天下征兵，会使害怕服役的小民聚集起来为非作乱啊！”董卓听了这番话非常高兴，就不再讨论向天下州郡征兵的事了，准备凭借京师的军队来打败关东义军。

出人意料的是，董卓突然又改变了态度。他在二月五日那天再次举行朝会，宣布要放弃洛阳，迁都长安。这个决定让列席的百官都感到惊愕，司徒杨彪表示反对，说：“迁都改制是天下大事，应当符合民心，顺应时宜。过去盘庚五次迁都，民怨沸腾，所以做了三篇告示来向臣民详细地说明。王莽覆灭后，赤眉军焚烧长安，残害百姓，致使民众流亡，百无一在，所以光武帝刘秀改在洛阳建都。现在刚刚拥立了圣明的皇帝，使汉朝的统治光耀兴隆，却无故抛弃了宗庙园陵，恐怕会使不了解其中缘故的百姓惊恐，还可能会发生大规模的动乱。另外，长安的宫室已经毁败多年，无法将它们快速修复。”

董卓听后反驳说：“关中土地肥沃富饶，因此秦依靠它吞并了六国。修复长安的宫室相当容易，汉武帝时在杜陵南山下有现成的瓦窑数千处，可以通过渭水运输凉州的木材东下来建造宫室，这项工程并不困难。”所谓“民心”在董卓看来，更是不值一提。他说：“百姓小民，哪里值得和他们商议。若有拒绝搬迁的人，我就用大兵来驱赶，岂能让他们自在。”百官听后都惊吓得面容失色，太尉黄琬又劝解说：“这是大事，请您再考虑一下杨公的意见。”董卓听后马上起身宣布散会，然后以皇帝的名义颁布诏书，公布了迁都长安的决定，还罢免了杨彪和黄琬的官职。

十二天后，汉献帝和百官就开始动身西迁，十八天后到了关中。三月五日，“车驾入长安，幸未央宫”，董卓和他的嫡系军队留在洛阳断后，驻扎在东郊的苑囿。京师粮仓的存粟和财物，留下来供董卓的嫡系军队消费。他们直到第二年二月才撤离洛阳，四月回到长安。

董卓的迁都举措造成了京师地区的严重混乱。他亲自带兵焚烧了洛阳的南北宫与宗庙、官府及仓库，还有城内外的民宅，在当地屠杀富人并抄没其财物，“无辜而死者，不可胜计”。又逼迫百姓随着汉献帝迁徙到关中，“步骑驱蹙，更相蹈藉，饥饿寇掠，积尸盈路”。经过董卓的这场掠夺，洛阳附近二百里内的区域成为废墟。他还派遣吕布发掘城郊的帝陵与公卿高官的冢墓，获取埋藏的珍宝。

董卓的上述举动令人难以理解，《三国演义》说是因为他在虎牢关战败，所以被迫西迁。其实关东诸侯起兵后，董卓还没有和他们交战，他手里拥有十万以上的京师驻军，兵力可谓强大；又能够挟持天子、代表朝廷号令全国，掌握着政治上的主动权。可他偏要不战而退，这么快地做出决定，付出惨重代价。对此很多人都感到诧异，曹操闻讯后惊喜过望，立即对关东诸侯们说："假使董卓依仗朝廷的威重，占据洛阳东西的险要之地，向东进军来征伐天下，即使他不讲道义，施行这个战略还是足以成为祸患的。现在他焚烧了皇宫，劫持迁徙天子，四海之内震惊扰动，人们不知道归附何处，这就是上天要灭亡他的时机啊！"清朝学者毛宗岗也认为"董卓行事，是愚蠢强盗"，对他迁都的原因表示费解，说："无故而迁天子，则比于蒙尘；无端而迁百姓，则等于流窜。"那么究竟是什么原因，让董卓决心"自残"呢？

和上一次朝会不同，董卓的态度转变得迅速而坚决，根本不容商量。董卓虽然不够聪明，但还算神志清醒，他是凉州军事集团的首领，迁都这样的大事必定事先要和身边的亲信将领们讨论，然后再做出决定。看来他是遇到了棘手的麻烦，实在无法解决，才被迫出此下策。

从当时的情况来看，应该是受漕运断绝的影响。俗话说"民以食为天"，吃饭的问题最为重要。东汉洛阳地区（河南郡）人口超过百万，城区将近十万户五十万人，这还不算皇帝、百官的眷属与宫中众多的侍奉、警卫人员，以及大量驻军，当地出产的粮食根本不够食用，主要是靠天下的漕运来供给。由于关中地区在新莽末年战乱后始终没有恢复元气，加上西北羌胡的叛乱袭扰，社会经济长期衰落不振，物产有限。而且黄河航运又受三门砥柱的妨碍，东汉京师所需的粮饷基本上是由关东和江南的漕运供应，通过黄河、济水与鸿沟诸渠（汴水、睢水、颍水等）来辗转运输。如洛阳东门桥首石柱铭文所言：“城下漕渠，东通河、济，南引江、淮，方贡委输，所由而至。”

关东诸侯起兵后，主要分作三个集团，各据一方。首先，据守河内（今豫北、冀南地区）的袁绍、王匡，有冀州牧韩馥供应前线的粮草和装备。王匡的精锐“泰山兵”进驻河阳（今河南省孟州市）渡口，切断了黄河下游的漕运，与京师洛阳只有一水之隔。袁绍、王匡的军队约有五六万人，加上韩馥所部则在十万以上。

其次，驻扎在酸枣的诸侯联军，以兖州、豫州各郡的部队为主，因此又称作“兖豫之师”，首领有兖州刺史刘岱、豫州刺史孔伷、陈留太守张邈、张邈弟广陵太守张超、东郡太守桥瑁、山阳太守袁遗、济北相鲍信与没有官职的曹操。这支军队在关东诸侯中势力最为盛大，总共有十余万人，东南江淮地区通往洛阳的漕运河道济水与鸿沟诸渠都在兖、豫二州境内。

再次，占领南阳的袁术、孙坚集团。南阳郡领土广阔，资源丰富，有三十七城五十二万余户二百四十三万余口。兵员、粮草供应充足，至少有五六万军队。孙坚又从江南带来两三万将士，因而也是董卓的劲敌。南方湖湘地区赴洛阳的贡输道路

关东诸侯讨伐董卓进军示意图

也必须经过南阳郡。

总的来说，关东诸侯起兵后合计军队至少有三十万人，相当于董卓在京师的兵力的三倍，对洛阳构成了北、东、南三面半包围的部署态势，最为致命的是他们完全截断了关东、江南通往京师的所有漕运通道，使董卓得不到粮食补充。如前所述，洛阳城市人口在五十万以上，加上皇宫、官府众多人员，以及十万以上的驻军，消费人口有六七十万。汉朝每人平常日食粟米五升，京师每天消耗粮食三万多斛，一个月就得一百万斛。洛阳虽有太仓的储粮，也只能临时救急，无法长期维持庞大人口的生活需要。如果马上和关东诸侯决战，董卓的兵力又远少于对手，没有必胜的把握，这使他陷入了难以处置的困境。司马懿曾说打仗的基本策略："能战当战，不能战当守，不能守当走。"董卓目前是既打不过，也守不住（由于缺粮），剩下的办法就只有撤退了。

迁都虽然要付出很大的代价，但是能给董卓带来以下好处。

其一，可以远离关东诸侯众多兵马，比较安全。正如史书所言："及关东兵盛，（董）卓惧，数请公卿会议，徙都长安。"

其二，就进行防御的地理形势而言，迁都长安也比洛阳更为有利。洛阳位于天下之中，周围虽然也有山川环绕之险，但是地域狭隘，缺乏作战的回旋余地。汉初张良曾说洛阳"其中小，不过数百里，田地薄，四面受敌，此非用武之国也”，建议在关中建都，说那里“阻三面而守，独以一面东制诸侯”，因而是“金城千里，天府之国也”，并且得到了刘邦的赞同与施行。长安的防御在地利方面具有明显的优势，其东边是从潼关到陕县长达四百余里的崤函山区，地形险要，可以步步为营来进行防守，敌军要想突破有很大的困难。因此董卓对公卿们讲述他迁都的理由，很重要的一条就是“关东方乱，所在贼起。崤、函险固，国之重防”。他策划先将帝室和百官西迁到长安，然后再将自己的军队撤退到陕县以西进行防御，可以改变目前遭受关东诸侯三面半包围的不利态势。

其三，迁都关中能够缓解京师粮饷严重短缺的问题。关中平原虽然不及西汉时期繁荣，但沃野千里，仍是比较富庶的粮食产区，如果把帝室与百官迁徙过去，可以就地获得奉养。

其四，迁都到关中距离董卓军事集团的老家凉州要近得多，容易补充兵力，可以更好地利用当地兵力资源。在董卓的部队当中，他真正依赖的只有故乡的凉州兵。可是凉州人不愿脱离本土和关西，因此董卓选择迁都长安的方案，也是亲信部下所拥护的。至于洛阳及附近的百姓，则是董卓准备抛弃的沉重包袱，他也不想把这些众多的人口留给关东诸侯，所以在当地纵兵杀掠，又在迁徙沿途肆意虐待，致使京师百姓大量死亡，到达关中者已然为数不多了。

西迁关中之后，董卓集团和汉献帝实际上堕落为偏据关西一隅的割据政权，它在名义上虽然还是天下共主，但是其号令在关东和江南却没有人听从。各地诸侯已经不向朝廷进贡，根本不把那位傀儡皇帝放在眼里。关东各路诸侯忙于扩张自己的地盘，吞并邻近的势力，无心再对董卓作战，反董联盟名存实亡。董卓也只想守住自己的关西，对出兵消灭关东诸侯势力不感兴趣。

总而言之，汉献帝与董卓西迁之后，由于他们与关东诸侯之间被洛阳附近的数百里荒废弃地所隔离，双方虽然在政治上仍然尖锐对立，但是军事对抗的形势却缓和下来。对于董卓来说，不管经受多么惨重的损失，他最终都达到了减轻自己负担、摆脱对方威胁的战略目的。

失踪三个月，曹操去哪了？

中平六年（189 年）九月，专擅朝政的董卓废黜少帝刘辩，另立汉献帝刘协，此举引起京都的政治动乱。根据《三国志》的叙述，当时曹操听说董卓委任自己为骁骑校尉，要召见他议事，立即弃官逃离洛阳，走得十分仓促，都没有带上家眷。

曹操在路上改了姓名，走小道出了虎牢关，途经中牟县时受到负责治安的亭长盘查。亭长觉得他行踪可疑，就把他押送到了县里。当地官署已经接到董卓通缉曹操的文书，县吏功曹已知晓其身份，但他认为世道混乱，拘押天下英雄不合时宜，于是说服县令放了曹操。曹操得以奔赴陈留郡，散发家财招兵买马，在己吾县（今河南省宁陵县西南）起事反对董卓。次年（190 年）正月，关东诸侯在酸枣举行盟会，推举袁绍为盟主，曹操率众赴会并加入了这支讨伐董卓的大军。

《三国志》说，曹操是由洛阳直接到陈留招募军队举义的，史学界的相关著述大多对此表示认同。但这里有些问题，按照当时惯例，大姓豪族总是凭借在乡里的声望和号召力来组建军队，那么曹操为什么不回到故乡沛国谯县，却要到人地两生的陈留去呢？

有人对此解释说，曹操逃离洛阳来到陈留，是要找在这里担任太守的张邈寻求支持。他是受到朝廷通缉的逃犯，若是没有地方要员的庇护，恐怕会有性命之忧。《三国志》记载，张邈素以行侠仗义而闻名，能够解人危难，“振穷救急，倾家无爱，士多归之”。张邈与曹操是莫逆之交，关系非常亲密，所以能够保护他免遭董卓的迫害。这种说法合乎情理，却不符合实际情况。当时张邈还在京师任职，尚未到陈留主政。史书记载，张邈出任陈留太守的时间稍晚，是在当年十一月，而曹操在九月初就已逃出洛阳。

曹操在陈留郡己吾县起兵的时间是当年十二月，这中间有三个月的时间，他在正史里处于失踪状态。由于受到全国各地的通缉，曹操不敢公开露面，那么他究竟躲藏在哪里呢？

根据其他史书的记载，曹操在起兵之前曾经回到故乡谯县，召集了宗族亲属和少数兵马准备举事。例如《魏书》叙述，董卓授予曹操官职后，曹操认为这个奸臣最终必定会失败覆灭，“遂不就拜，逃归乡里”。《英雄记》也说他“还沛国，募召合众”。

但是遭到了地方官员的残酷镇压，曹操被迫在家乡四处逃匿。

曹操的老家谯县是豫州刺史的治所。汉朝刺史主管对郡国长官的监察纠劾，东汉末年天下战乱频仍，刺史改称州牧，开始获得统治一州的军政权力，“内亲民事，外领兵马”。

当时的豫州牧是江夏名士黄琬，他在灵帝末年入仕，唯朝廷之命是从，升迁迅速，并以铁腕手段镇压豫州叛乱而闻名，当时被誉为“威迈百城”。董卓掌权之后，黄琬得到了他的赏识和提拔。曹操逃出京都，代表朝廷的董卓立即宣布他为罪犯，并迅速向各地发出逮捕文告。谯县驻有州郡兵马，作为被通缉的逃犯，曹操归乡后自然不敢在州牧门下公开聚众造反，招募工作都是暗地进行。不过他走漏了风声，因而遭到地方官吏的镇压。曹操的宗族亲信曹邵为他私下募兵，被黄琬得知后惨遭逮捕杀害。曹操也被迫躲避起来，事后为了感激曹邵，收养了他的遗孤曹真，像亲生儿子一样对待，让其和曹丕一起长大。

搭救曹操的还有族弟曹洪。他是曹操起兵时的得力助手，参加了最初的荥阳之战，并在战斗中挽救了曹操的性命。曹操兵败逃跑时，他的坐骑受伤倒毙，曹洪把战马让给了他，自己步行跟随到了汴水。渡河时，河水很深不能徒涉，曹洪又找到船只，帮助曹操渡河脱离险境。

但是，很多人并不知道曹洪在曹操回乡避难时曾给予掩护。

曹丕年轻时曾向他借贷绢帛百匹，其实就没想着要还。曹洪觉得损失的财物太多了，又不敢得罪这位少爷，于是只给了他一部分。曹丕对此不满，因此怀恨在心。等到曹丕做了皇帝，就找了个家人犯罪连坐的借口把曹洪抓起来，还非要杀了他。诸位大臣努力营救都不管用，卞太后得知后发怒，把曹丕叫过来责骂道："当年你父亲在梁沛之间避难，要不是子廉（曹洪表字）救护，就没有今日。"曹丕这才下诏书释放了曹洪。

卞太后说的"梁沛之间"，就是东汉的梁国（今河南省商丘市）与相邻的沛国（今安徽省淮北市、亳州市），曹操为了逃避官府缉捕，曾在这一带东躲西藏，奔波流离。直到当年十一月，张邈赴陈留出任太守，曹操闻讯和他建立了联系，随后才率领亲族兵将、携带家财前来投奔这位故友，依靠张邈和当地豪族卫兹的帮助，扩大了自己的兵力。当年十二月，在关东诸侯联合起兵讨伐董卓前夕，曹操才打出举义讨逆的旗号。

曹操到陈留郡投靠张邈，不仅因为他俩是志同道合的好友，而且还有一个深层的原因，就是张邈在讨伐董卓的阵营里具有举足轻重的地位。他不仅素有声望，而且身居要职，部下兵马众多，又占据中原通衢，因此充当了反董卓斗争的组织发起者，拥有相当大的政治影响。张邈管辖的陈留是兖州第一大郡，有十七城十七万户八十六万余人，土沃水丰，地理位置非常重要。

治下浚仪县即名城大梁（今河南省开封市），位于豫东平原。郡治陈留县亦为交通枢纽，秦朝在那里设置了巨型粮仓。郦食其曾对刘邦说："陈留者，天下之据冲也，兵之会地也，积粟数千万石，城守甚坚。"在汉末的纷乱形势下，张邈据要地、握重兵，是实力强劲的军阀。

张邈之弟张超，当时任广陵太守，也是雄踞一方。他得知兄长外放郡守后，就亲自到陈留来见张邈，经过商议决定共同起兵讨伐董卓。张邈随即派遣使者去联络各路诸侯，请他们领兵到陈留郡的酸枣县聚会立盟，"诛除国贼，为天下唱义"，从而掀起了关东各地讨伐董卓的高潮。这次盟会召开的时间是在初平元年（190 年）正月，而在去年十二月，张邈已经在陈留和曹操共同起兵，他们是全国首先举义讨伐董卓的武装力量。

《三国志》记载："董卓之乱，太祖与邈首举义兵。"但若是仔细分析，就会发现曹操此时的声望和实力与张邈相去甚远，所以两人绝不是平等合作的关系。张邈是"守千里之地，任兵马之重"的一郡长官，拥有数万军队；曹操并没有任何正式官职和辖地，部下仅有数千乡勇，其中许多还是在张邈部将卫兹的资助下招募得来的。张邈是海内名士，誉满天下；曹操则是"赘阉遗丑"，即宦官养子曹嵩的后代，又"少好飞鹰走狗，游荡无度"，名声不佳。二人此时的地位和影响相差悬殊，所以从情理上判断，陈留起兵应该是以张邈的名义来号召各地，曹操担任其副手，他的队伍不过是附从东道主的一支客军而已。史书称两人共同起兵，是因为曹操后来的成功而抬高了他在讨伐董卓斗争中的作用。

张邈愿意与曹操携手的原因，除了两人政见相同且私交甚好，还在于张邈并不擅长军事。如郑太对董卓所言："张孟卓（张邈表字）东平长者，坐不窥堂"，说他只是个善于高谈阔论的书生，"并无军旅之才，执锐之干"。而曹操深通兵略，早在数年前就领兵镇压黄巾起义，并屡有胜绩，因此张邈在这方面需要他的协助。总之，曹操自身势力弱小又没有立足之地，而张邈在反董阵营中的地位算是比较高的。曹操与之私交密切，投靠他能够获得许多实际的好处。另外需要强调的是，曹操起兵的己吾县在陈留郡的东南边界，和他的故乡谯县相距只有百余里，他从家乡率领宗族部属赶赴己吾相当方便，只要三五日行程就可以到达。

曹操在陈留郡内活动的时间不长，从中平六年（189 年）十二月起兵，到初平元年（190 年）三月兵败荥阳。由于损失惨重，此后他与夏侯惇、曹洪等南下故乡谯县和扬州去募兵。招募结束后，曹操没有返回陈留郡依附张邈，而是到河内去投靠联军盟主袁绍，与之维持了数年合作。

曹操为什么要离开张邈？有两个原因。第一，两人在政治、军事见解上有重大的分歧。张邈等诸侯坐拥重兵，却每天“置酒高会”，不敢进军与董卓交锋。而曹操认为董卓西迁长安后内外交困，形势不利，关东联军即使不愿与其决战，也应该分路进军，占据险要，构成压迫紧逼的态势，以促成其内部生变而垮台。为此，他曾到联军的酸枣大营陈述自己的意见，但是遭到张邈等诸侯的拒绝，曹操非常失望。

第二，当时关东联军面临着分崩离析的潜在危机。各路诸侯聚集十几万大军于酸枣，却拖延不战，日久乏粮，难以维持。另外，联军内部诸位将领拥兵自重，各施号令，加上军纪败坏、到处抄掠，引起民怨四起，也导致这支队伍后来的瓦解。

从后来的形势发展看，曹操确实有先见之明。他正确预料到诸侯联军会遭遇困境而四分五裂，因此率先离开这个是非之地，自己设法去补充兵力，从而避免在将来的混乱中被他人消灭。而张邈等将领的庸碌无为，也使曹操下定决心脱离他们，去投奔另一位故友袁绍，开启了新的征程。

差点被张绣反杀后，曹操又出了什么坏心思？

诸葛亮《后出师表》说：“曹操智计殊绝于人，其用兵也，仿佛孙、吴。”大加称赞后话锋一转，强调他虽然谋略过人，经常获胜，但也曾数次兵败遇险，几乎丢掉性命。其中最惨痛的教训就是“困于南阳”，说的是建安二年（197年），张绣在宛城归降后突然反叛，射伤曹操及其战马。多亏长子曹昂让马给曹操，他才得以飞奔脱险，而曹昂、曹安民（曹操侄）与爱将典韦都被敌人杀死。曹操战后总结经验，对部下说：“我收降张绣等人时犯了错误，没有向他们索取人质，以致造成如今的局面。诸位看着吧，从此以后我不会再失败了。”

曹操吸取的教训，就是今后必须向降将勒索“质任”，即人质，让他们提供亲属作为效忠自己、不敢反叛的抵押凭证。后来他攻占徐州，归降的“泰山诸将”臧霸、孙观都被迫把子弟送了过来。曹操还假惺惺地说了几句：“诸位都是忠孝之人，哪里需要这样做？不过以前萧何派遣子弟侍奉天子，刘邦没有拒绝；耿纯烧掉住房、载着棺材追随光武帝，刘秀也没有反对。我凭什么改变他们的传统呢？”于是曹操就顺水推舟地收下了这些人。

不仅如此，曹操原来的旧将为了避免遭受猜忌，也纷纷遣送家属来做人质，以表忠诚。有些军阀虽然没有投降，但宣称要归顺朝廷，与曹操交好，也被要求交出人质。曹操借此来控制他们，使其变成自己的附庸。像占据关中的凉州军阀马腾、韩遂，曹操就派钟繇到长安威逼利诱，从而达到索取人质的目的，“为陈祸福，（马）腾、（韩）遂各遣子入侍”。

江东方面，孙策死后，孙权继位，派使者来许都，请求曹操让朝廷承认他对江东的统治。曹操应允之后，乘新破袁绍之威，又以皇帝的名义颁下诏书，命令孙权把儿子送来做人质。孙权召集群臣会议，张昭等文臣犹豫不决，只有周瑜坚决反对，说：“人质一旦交给曹操，我们就不得不与曹氏首尾相随，一旦首尾相随，那么他命令召见就不得不前往，那就是受制于人了。”周瑜的主张得到了孙权母亲吴夫人的赞同，最终没有送去人质。曹操因为要全力对付河北袁氏，也就暂时放过了孙权。

当时各方对归顺的豪杰、将领普遍要求提供妻儿做人质，以防诈降。降将为了表示真心投靠，也经常先把家属送去做人质。例如刘备攻占东三郡，“上庸太守申耽举众降，遣妻子及宗族诣成都”。毌丘俭和诸葛诞在淮南先后起兵反魏，都把儿子送到吴国做担保，请求发兵援救。对降将不收“质任”的例子很少，像孟达叛降魏国，曹丕写信告诉他不必先送人质，说：“您现在前来投奔，应当明白我的心意，千万不要让家属在道路喧哗奔波，以免惊吓到旁人。”因为孟达是蜀国重要将领，影响较大，曹丕为了邀买人心，所以给予特殊礼遇，不收人质以示信任。又如司马懿征伐辽东，兵围襄平，公孙渊派使者请降，希望约定日期送来人质。司马懿回答说：“作战的对策有五种，能战当战，不能战当守，不能守当走，剩下的只有投降与自杀了。公孙渊不肯自缚归降，就是要决心自尽了，没有必要遣送人质。”这是判断公孙渊借口送“质任”来拖延时间，没有投降的诚意，司马懿对他根本不信任，因此也拒绝收纳人质。

汉末三国流行的“质任”制度，反映出当时社会的道德观念。战国和秦朝，儒家的伦理思想不占统治地位。如司马迁所言，社会风气是“贵诈力而贱仁义，先富有而后推让”。人们尚功利，慕财势，家庭关系也变成了赤裸裸的利害关系和金钱关系，父子夫妻间的感情淡薄，支配一切的是个人利益。像吴起杀妻求将，母亲去世也不返乡参加葬礼。苏秦落魄回家，“妻不下纴，嫂不为炊，父母不与言”。贾谊说秦人风俗恶劣：儿子借给父亲农具，就流露出恩赐的脸色；婆婆未经允许用了簸箕和扫帚，媳妇马上出来责骂；媳妇还抱着正吃奶的孩子，就和公公在一起厮混；婆媳之间不和，立刻翻脸相骂。由于社会上普遍缺乏“孝悌”“亲亲（尊崇与维护血缘关系、亲属关系）”的道德意识，人们在政治斗争中往往追求功利而不顾亲属的死活。如刘邦兵败逃跑，后边有楚兵追赶，他嫌马匹劳累跑得慢，居然把儿女从车上推了下去，还是夏侯婴将两个孩子救了回来。项羽威胁刘邦要把他父亲扔进鼎镬烹死，企图逼他出营投降。刘邦却无动于衷，还说：“咱俩曾是结拜兄弟，我爹就是你爹，你非要烹死自己的父亲，最好分我一杯羹。”用人质来要挟通常没有什么效果，因此这种手段得不到广泛使用。

东汉则大不相同，统治阶级尊崇儒学，提倡孝道。皇帝经常下诏表彰孝子，宣称：“夫孝，百行之冠，众善之始也。”遵照这个原则，朝廷选拔的官吏几乎都是有孝行的“孝廉”。社会舆论认为“孝”是最高尚的，对“不孝”和“弃妻子”的行为则予以严厉谴责。汉末广泛流传的《太平经》就把“不孝”列为“四毁之行”的首位，还写道：“穷其妻子而去者，是皆大毁失道之人也，无可法 。”由于“孝悌”“亲亲”观念的普及，汉末三国时期，很多人认为抛弃被抵押的父母妻子是不道德的，常常出现由于亲属被敌人扣留而投降的事例，这种行为也被认为合乎纲常名教。如徐庶因为老母被拘而投降曹操，刘备并不阻拦他。毕谌的家属被张邈劫持为人质，他私自叛逃，曹操非但没有怪罪，反而称赞他是个孝子，说：“这样的人肯定会忠于主公，正是我渴求的。”三国的军阀、君主利用了这种道德观念，扣押臣下的家属做人质，容易起到防止反叛投降的作用。

赤壁之战以后，曹、孙、刘三家鼎立的局势形成，各方统治趋于稳定，要求提供人质的做法也逐渐演变为固定的制度。除了对投降将领索取“质任”，常见的做法还有以下两类：

首先是要求征戍将领和郡县长官提供人质。曹魏出外领兵的将官要送亲属到国都（起初是邺城，后来是洛阳）来做人质，一般是嫡子，称为“任子”。像钟会未曾婚配，收养兄长钟毓的儿子为继子，邵悌就反对让他率领十余万大军伐蜀，称钟会“单身无重任，不若使余人行”。就是说他没有重要的嫡亲做“质任”，最好是换个人来做领兵大将。魏国的法律还规定，郡县根据社会秩序的安定程度分为“剧”“中”“平”三等，边疆靠近敌境的郡县列为“外剧”，百姓承担的赋税徭役会略轻一些，但是太守、县令要送儿子到朝廷去做人质。吴国也建立了类似的制度，边地将领和太守都要提供人质。《搜神记》曰：“吴以草创之国，信不坚固，边屯守将，皆质其妻子，名曰保质。”蜀汉亦有这方面的记载，刘备入川后进攻刘璋时，曾经“质诸将并士卒妻子”，后来派孟达镇守边境房陵，他的妻儿也被扣留在后方的成都。

其次是命令少数民族首领遣送人质。汉朝中原王朝为了加强对边远地区的控制，防备当地的少数民族发动叛乱，常常勒令其酋长把子弟送到京师来做人质，称为“入侍”，为人质者称“侍子”。三国时期，很多少数民族也向汉族割据政权表示臣服，派遣贵族子弟去做人质。其中可分为两类。一类是不在汉族政权直接统治下的少数民族，属于“化外之民”，他们派遣的人质仍然称为“侍子”，如西域龟兹、焉耆诸国向曹魏遣送的人质。另一类则是属于汉族政权直接管辖的少数民族，如内迁的匈奴，曹操把他们分为五个部落组织，各有自己的首领，但要受汉人官吏“司马”的监督管理。类似的还有陇西羌胡等族。不同于西域诸国，他们和汉族政权的关系比较密切，所以遣送的人质不叫“侍子”，而称为“质任”“任子”或“保质”。如“五胡入华”的匈奴首领刘渊，曾经在曹魏的洛阳做过“任子”，受到司马昭的厚待。蜀国大将姜维曾经在边境的麹山、成重山筑城，拘留羌胡的“质任”，从而逼迫他们出兵协助自己北伐。

出征镇戍的将官如果兵败降敌，或是反叛朝廷，作为“质任”的家属要受到严惩。像钟会灭亡蜀汉后图谋作乱，收养的继子钟毅即被斩首。邓艾遭受谋反的诬陷，“余子在洛阳者悉诛”。

公孙渊在辽东起兵反魏，作为“任子”的公孙晃尽管事先主动告发，最终还是难免一死。蜀、吴两国对待反叛将领亲属的处置要宽松一些，例如孟达和黄权先后叛降曹魏，刘备都没有处决留在成都的人质，因为他明白在这种情况下，杀掉“质任”只会增加叛降者的仇恨，而没有什么益处。出于同样原因，孙权在赤乌七年（244 年）颁诏宣布：“督将亡叛而杀其妻子，是使妻去夫，子弃父，甚伤义教，自今勿杀也。”也不再处死此类人质了。

曹操等人推行的“质任”制度加强了对属下和降将的控制，对于兼并统一作战、结束社会分裂局面，发挥了一定的积极作用。但是它存在着严重的弊病，拘留人质无法完全消除君臣之间的不信任，反而使彼此的关系愈加紧张，不利于封建政权的长久统治。而且拘押人质也并非灵丹妙药，它的影响是有限的。为了保全性命和追求名利，仍然有不少人弃家叛乱或投敌，像马超、韩遂在关中起兵反曹，孟达和申耽、申仪兄弟先后降魏，根本不管亲属人质的死活。因此西晋代魏之后，下诏“罢部曲将长吏以下质任”，“降除部曲督以下质任”。到晋成帝继位后，“诏除诸将任子”，废除了这种野蛮残酷的制度。

掌权五十年，拆解孙权帝王术

建安二十四年（219 年）冬，孙权要偷袭荆州、消灭关羽。大将吕蒙是这项计划的积极策划者，又曾经屡败曹兵，战功显著，因而被任命为主将。不料他当场予以拒绝，这是什么缘故呢？

原因就在于孙权同时委任了两位统帅，他让吕蒙和孙皎分别担任右部、左部大督。俗话说“天无二日，国无二主，军无二帅”，古代的军队实行一长制，一支军队只容许有一个统帅，如果有人另外发布命令就会扰乱军心，使部下将士无所适从，这是用兵作战的大忌。《尉缭子·将令》提到，先秦时期国家命将出征时，先要授给他代表拥有专断斩杀权力的斧钺，然后宣布命令：“左、右、中军，皆有分职，若逾分而上请者死。军无二令，二令者诛。”这是讲三军各有自己的职责，越职向上请示的要处以死刑。军中不允许有两个发布命令的人，擅自另行发令者要被杀掉。这项原则由来已久，孙权当然知道，那么他为什么要违反用兵常理呢？这是因为他对将领疑心太重，不愿意让部下独掌大权，统率大量军队。

早在赤壁之战（208 年）前夕，孙权任命军队主将的决定就令人感觉蹊跷。据《三国志》记载，孙权将东吴出征的军队分为左右两部，委任周瑜和程普分别为左、右督，各领万人，与刘备共同前进。这里的“督”就是督将，平时率领数千人至万人。如蒋钦称赞徐盛：“忠而勤强，有胆略器用，好万人督也。”按照惯例，两三万人以上应该设立一位“大督”，即都督，来统一指挥。可是孙权没有这样做，他把这支军队交给周瑜、程普两位大将分别统率，另外宣布周瑜对作战事务有决定权，“事决于瑜”。这件事表现出孙权对周瑜仍怀有戒心，害怕他权力太大，一旦生变不可收拾。老将程普跟随孙坚、孙策出征多年，深受信任，绝不会叛变，因此交给他一半军队来掌控，这是帝王的分权之术。

上述安排在赤壁之战中没有产生什么矛盾，或许是由于大敌当前，两位督将都明白只有同心同德才能应对强寇。但到赤壁战胜、进攻江陵的时候，情况就发生了变化。程普自认为是三朝老臣，又和周瑜级别相同，都是督将，因此看不起那位年轻的“周郎”，几次不肯服从他的命令，甚至出言不逊，很不恭敬。《江表传》曰：“（程）普颇以年长，数陵侮（周）瑜。瑜折节容下，终不与校。”虽然周瑜有所忍让，没有发生严重的冲突，但是当着下级的面，两位督将出现争执，几乎影响了作战部署。这些情况都被众将看在眼里，孙权也得知了消息，所以在建安十四年（209 年）冬江陵战役胜利结束时，他就任命周瑜为南郡太守，程普则被调任为江夏太守，两个人从此分开，以免军务再生抵触。

十年后，孙权西征荆州，又重施故技，任命吕蒙和孙皎分别担任右、左部大督。吕蒙知道孙皎为人骄横，自恃是孙权的堂兄弟，经常欺凌部下，名将甘宁忍受不了侮辱，上奏要求调到吕蒙属下。孙权实在看不下去，写信对孙皎进行了严厉批评，说："甘宁是大丈夫，是我亲近的人，你厌恶他就是和我过不去。"吕蒙如果和孙皎平级，这个关系也不好处理，他没有周瑜那么好的脾气，也不想受孙皎的窝囊气，于是就拒绝了孙权的提议，对他说："您如果觉得孙皎胜任，就任命他做大督；若是觉得我可以，就让我做大督。不要再搞左右分权。"然后吕蒙提起了往事，说过去周瑜、程普担任左右部督，虽然周瑜有决定权，但程普"自恃久将，且俱是督，遂共不睦，几败国事，此目前之戒也"。孙权听了以后猛然醒悟，连忙向吕蒙道歉说："就任命你做大督，孙皎做你的后援。"结果吕蒙率领前军主力，连下公安、江陵，孙皎在后边率领预备队，负责接应，也出了不少力。荆州战役吴军将帅关系和谐，没有产生任何矛盾，顺利地完成了作战任务。

吕蒙在战后驻守江陵主持荆州军务，还兼任南郡太守，是当地最高军政长官，但是不久病故。孙权把他的都督军职交给朱然，却让诸葛瑾领南郡太守，这不仅削弱了朱然的权力，还把南郡的治所由长江北岸的江陵迁往南岸的公安，不在朱然的管辖范围内。后来诸葛瑾又升任左将军，不仅掌管南郡的民政，还兼任公安督将，统率南郡的部分兵马。他还和朱然同样持有朝廷授予的节杖，有权临机决断，甚至先斩后奏。两人同在南郡任职，却分庭抗礼，各领兵马互不统属。可见孙权对朱然并非完全信任，因此没有让他独掌南郡的军政大权，而是交给诸葛瑾一部分，这又搞的是分权之术。诸葛瑾是文臣，不熟悉军事，但忠心耿耿，政治上可靠。孙权曾说："孤与子瑜有死生不易之誓，子瑜之不负孤，犹孤之不负子瑜也。"由于诸葛瑾深受信任，让他管理南郡的民政，并统辖公安驻军，孙权是十分放心的。这样做不仅是分权，对朱然也能起到监督作用。不过，此举减少了战区主将朱然手中的兵权，朱然若要调动公安驻兵必须与诸葛瑾协商，不能直接下命令，这给他的指挥作战带来掣肘，对统筹军务很不方便。

孙权上述安排的消极影响不久便显露出来。魏黄初三年（222 年）九月，曹魏大举进攻，把朱然围困在江陵城里，形势危急。统率公安驻军的诸葛瑾原本有救援之责，但是他性情迂缓，又缺乏作战经验，拿不出应敌方案，以致多日按兵不动，引起了孙权的强烈不满。后来诸葛瑾进驻江陵对岸，却疏于防备，让魏将夏侯尚过江偷袭，损失惨重。孙权迫不得已，从吴蜀边境调来了猛将潘璋，这才拟定出解救江陵的用兵计划，改变了被动的形势。江陵受困六月之后终于解围。在这次战役中，由于南郡兵权分置，诸葛瑾又不晓军务，致使他手下的部队迟迟不能参战，战区的数万兵马未能完全发挥作用，造成了朱然久受围困的窘境。战后朱然移镇南岸的乐乡，依旧和诸葛瑾分别统领南郡战区，这种局面延续了二十多年。

诸葛瑾在吴赤乌四年（241 年）病逝，其公安督职务与麾下兵马由次子诸葛融继承。随后朱然去世，养子施绩继任都督，他与诸葛融矛盾很深，这应是从江陵围城战开始的父辈积怨，一直延续到后世。诸葛瑾不晓军务，却分割了主将朱然的兵权，带走许多部队，朱然当然不会服气。而后诸葛瑾又救援不力，屡战屡败，致使朱然父子久困危城，险些覆没，因此难免会令施绩产生愤怒与怨恨。

吴赤乌十三年（250 年），曹魏荆州都督、征南将军王昶进攻江陵，施绩带兵过江迎战。魏军攻城不利即将撤退，施绩准备追击。他担心自己的兵力不足，又无权调遣公安驻军，于是给督将诸葛融写信求援。但诸葛融“生于宠贵，少而骄乐”，既胆怯又不擅长用兵，他接到施绩的来信后表示同意出兵助阵，却出尔反尔，在开战后违背约定，拒绝发兵，致使施绩寡不敌众，对魏军先胜后败。战后孙权表彰了积极作战的施绩，并严厉斥责了诸葛融，但没有给他任何处分，原因是其兄长大将军诸葛恪的庇护。此事激化了施绩与诸葛氏兄弟的原有矛盾，“初绩与恪、融不平，及此事变，为隙益甚”。

孙权去世后，诸葛恪独揽吴国朝政。他在吴建兴二年（253年）征发大军进攻淮南，并调遣施绩领兵前来助阵，战役结束后又不让他返回原来驻地，借机让诸葛融接管了乐乡都督职务，独揽南郡军政大权。当年冬，宗室孙峻发动政变，暗杀诸葛恪，又让仇人施绩领兵赴公安缉拿诸葛融及其亲属，并剿灭其全族，诸葛融被迫自杀身亡。于是施绩恢复了乐乡都督职务，重新掌管南郡战区。而公安驻军也不再独立，归属施绩管辖，南郡的兵权重新统一集中。施绩死后，名将陆抗（陆逊之子）继任乐乡都督，又兼并了三峡地带的西陵都督辖区，统领荆州西部数郡的防务。吴凤凰元年（272年），吴国西陵督将步阐叛变降敌，西晋羊祜、杨肇率八万军队前来救援，吴军机动兵力仅有三万，处于绝对劣势，但陆抗掌握广袤战区的全部军权，他指挥调度有方，抓住敌人兵力分散的弱点，聚集全军投入主要战场，麾下将士无不从命，最终逼退晋军，收复西陵。

吴国末年，昏君孙皓再次玩弄分权之术，乘陆抗病逝之际，下令将荆州西部的南郡和宜都、建平郡分为两个作战区域，任命孙歆为乐乡都督，留宪为西陵都督。并且把陆抗生前麾下兵马分给他的五个儿子，各自统领一部，此举使得乐乡战区集中的兵权变得分散。孙皓的上述做法仍是为了削弱军镇及主将的权力，防止地方势力过于强大，以消除内乱兵变的可能，借以巩固朝廷的安全。

可这样做的结果是荆州西部战区兵力分散，军镇因为分割而规模缩小，实力减弱。两位都督各行其政，难以协调，容易被敌人各个击破。后来西晋伐吴时，王濬的益州水师驶出三峡、进攻西陵，而乐乡都督孙歆坐视不救，致使留宪的部队被迅速消灭，随后乐乡陷落，荆州江防土崩瓦解。孙吴君主的这种统治思想根深蒂固，延续多年，对国防安全造成了严重危害，值得后世深思借鉴。

刘备父子没让赵云做大将，是否忘恩负义？

不少人把赵云当作保国救主的楷模、英勇无敌的常胜将军。按《三国演义》的描述，赵云的武艺与关羽、张飞相比毫不逊色，似乎还要略胜一筹。他在长坂坡单骑救主，怀揣刘禅冲入曹操百万军中，“砍倒大旗两面，夺槊三条；前后枪刺剑砍，杀死曹营名将五十余员”。受这一壮举的影响，民间流传的三国战将排名是“一吕（布）二赵（云）三典韦，四关（羽）五马（超）六张飞”，把赵云列在关羽、张飞之前。

更重要的是，关羽、张飞二人在性格上都有致命的弱点：关羽傲慢轻敌，大意失荆州；张飞脾气暴躁，鞭打部下导致被害身亡。这些短处不仅使他们自己死于非命，还耽误了国家大事。赵云却没有这些性格缺陷，他为人谦逊平和且机警谨慎，办事要可靠得多。所以诸葛亮在策划借东风后的逃离行动时，指定赵云前来接应；刘备深入虎穴过江招亲，诸葛亮又让赵云护驾，说“非子龙不可行也”。

再说用兵作战，赵云并非只有匹夫之勇，他还能够用计策取胜。他在汉中面临强敌时，敢于大开营门，偃旗息鼓，然后乘敌人疑虑不进时擂鼓震天，引得曹兵惊慌逃窜，“自相蹂践，堕汉水中死者甚多”。战后刘备称赞道：“子龙一身都是胆也。”

此外，赵云还具有政治头脑和战略眼光，敢于直言进谏。刘备占领益州后，要把成都内外的房舍田地赏赐给众将，赵云认为这样做会丧失民心，不利于百姓在战后休养生息，因而劝阻刘备。孙权偷袭荆州并杀死关羽后，刘备执意要兴兵东征复仇，赵云反对说：“国贼是曹操，非孙权也，且先灭魏则吴自服。”他建议刘备早日进取关中，获得中原士民的拥护而成就大业，不宜陷入与吴国对峙交战的僵局。他的远见卓识，在蜀汉众将中是相当难得的。

总之，赵云智勇兼备、高风亮节，而且深谋远虑、忧国忧民，相貌也非常英俊。《三国演义》说赵云“身长八尺，浓眉大眼，阔面重颐，威风凛凛”，骑白马、持银枪，潇洒帅气，是美男子的形象，浑身上下挑不出任何缺点，因此被誉为“三分之完人”。

但是赵云在蜀汉始终没有被委以重任，例如关羽驻荆州、张飞据巴西，都是拥兵数万、守土一方的大将，赵云却从未接受过类似的使命，在这方面他甚至不如镇守汉中的魏延。诸葛亮首出祁山时，宁可把前军主将职务交给马谡，也不让赵云担任，只派他去率领箕谷的疑兵。

据历史记载，在蜀汉众将当中，赵云的官职和爵位都不是第一流的。《三国志》虽然把“五虎将”的事迹合为一篇列传，可是赵云不仅排在末尾，职位也要低得多。关羽为前将军，张飞为右将军，马超为左将军，黄忠任后将军，他们四人属于同一级别。赵云则被授予翊军将军，和其他四人根本不在一个档次。汉朝的前、后、左、右将军是金印紫绶，属于国家正式编制的高级将领，和大将军、骠骑将军、车骑将军、卫将军同属第一等级，也叫重号将军；而翊军将军等其他将军是银印青绶，属于第二等级，是临时设置的杂号将军。

从封侯的情况来看，汉朝侯爵第一等为县侯，封邑为某县，如吕布被封温侯；第二等为乡侯，封邑为某乡，如马超被封斄乡侯；第三等为亭侯，封邑为某亭（治安管理机构），如关羽被封汉寿亭侯，即汉寿县（今湖南省汉寿县）境内某座亭的辖区。早在刘备入川前，关羽就是汉寿亭侯，张飞为新亭侯，马超为都亭侯，黄忠因定军山之功被封关内侯。刘备称帝时，关羽、黄忠已死，张飞被封西乡侯。赵云直到刘禅继位后才被封为永昌亭侯，爵禄要比乡侯低一级。

在接受赏赐方面，赵云也明显不在第一梯队里。刘备占领成都后大赏功臣，“赐诸葛亮、法正、（张）飞及关羽金各五百斤，银千斤，钱五千万，锦千匹，其余颁赐各有差”。赵云就属于“其余”之类，领到的奖赏既不如新来的谋士法正，也不及留守荆州并未参战的关羽。

以上情况引起许多人愤愤不平，指责刘备、诸葛亮给予赵云的待遇很不公正，使他遭受了冷落与压制，甚至说他是“埋没的帅才”“失意的英雄”。那么，赵云未受重用、官爵偏低的原因究竟是什么?

三国是割据战乱的年代，武将职位的晋升以及君主对他委派何种任务，主要取决于他本人的能力与功绩。赵云的作战经历与军功，《三国演义》中的许多描述并不真实，属于文学作品的艺术虚构。例如他最著名的大战长坂坡，其实并无其事。史书记述，刘备在当阳长坂惨败，抛弃老婆孩子，与诸葛亮、张飞等数十人乘马奔走。赵云“身抱弱子，即后主也，保护甘夫人，即后主母也，皆得免难”。途中他没有与曹军战斗，仅仅是逃跑而已。“截江夺阿斗”虽然发生过，却是诸葛亮得知孙夫人携刘禅返回江东，派遣张飞和赵云乘船拦阻。他只是与张飞共同执行任务，并非来不及向军师请命，孤身一人苦苦追赶，登船后动手抢夺刘禅。

据《三国志》记载，赵云原是公孙瓒的部下，在初平二年（191 年）前后，跟随刘备赴青州抵御袁绍，“为先主主骑”，即率领骑兵部队。东汉三国的骑兵往往是军中精锐，担任冲锋陷阵的突击任务，或是侦察和追击等任务。建安二十四年（219 年），汉中之战，赵云曾率数十名骑兵迎战曹兵，“其大众至，势逼，遂前突其阵，且斗且却”。救出偏将张著，安全返回军营。

从赵云三十余年的征战生涯来看，他并没有什么显赫的战绩。相形之下，“五虎将”中的其他几位都有得意之战，例如关羽曾在阵上斩杀颜良，水淹曹操的“七军”，俘获主将于禁、庞德与士兵三万人；张飞在巴西大破张郃，“郃弃马缘山，独与麾下十余人从间道退”，张郃几乎是全军覆没；黄忠于定军山斩杀敌军大将夏侯渊；马超则在潼关之战险些要了曹操的命。而赵云仅在博望（今河南省方城县西南）之役中生擒过夏侯惇的部将夏侯兰，算不上名将。他作战虽然勇猛，但未曾立下大功。

赵云在当时的声望也远不及关羽、张飞二人。他随刘备参加过赤壁之战，后来又进攻曹仁镇守的江陵，平定江南四郡，其间也没有突出的表现。与刘备联合作战的周瑜对关羽、张飞都颇有赞誉，称他们为“熊虎之将”，建议孙权设法扣押刘备，把关羽、张飞收入麾下，“使如（周）瑜者，得挟与攻战，大事可定也”。程昱也对曹操讲：“刘备有英名，关羽、张飞皆万人之敌也。”他们都没有提到赵云，可见他在邻国和敌国的影响力要比关羽、张飞二人逊色得多。

做大将的必要条件之一，是能够指挥士兵较多的军队。刘邦曾与韩信讨论诸将的能力，评判条件就是看他能带多少兵，即“将兵多少”。刘邦问道：“如我，能将几何？”韩信回答：“陛下不过能将十万。”刘邦又问：“于君，何如？”韩信说：“臣多多而益善耳。”

关羽、张飞、马超都有领兵数万的经历，黄忠情况不详，赵云单独带兵较多的作战有两次。一次为建安十九年（214 年），刘备进攻成都受阻，调诸葛亮、张飞、赵云自荆州入川相助，援军占领江州后分为三路，赵云率其中一支兵马溯流攻占江阳（今四川省泸州市），然后沿岷江北上，与另外两路会师成都，他的军队不过万人，沿途没有遇到顽强抵抗。

另一次为蜀建兴六年（228 年），诸葛亮兵出祁山，令赵云、邓芝率偏师走箕谷北上，作为疑兵牵制关中的魏军。赵云的部队也有万余人，被敌将曹真击败，但是他“敛众固守，不至大败”。赵云亲自断后撤回汉中，并带走了辎重装备。诸葛亮称这次兵败为“箕谷不戒之失”，表明是由于警备疏忽，遭受了魏军的偷袭。诸葛亮又说“大军在祁山、箕谷，皆多于贼，而不能破贼为贼所破”，反映赵云是在兵力占优的情况下失利，可见他的部署指挥是存在问题的。尽管赵云保住了队伍，损失不大，但毕竟吃了败仗，因此受到降职的处罚："军退，贬为镇军将军。"

从这两次作战的经过来看，赵云带兵的能力有限，最多也不过万人，而且最终还惨遭失败。因此后世有人评论，如果没有两次救刘禅的功劳，恐怕他连附于蜀汉"五虎将"之尾的称号也不一定能获得。还有人说赵云创立过一些功绩，但并不出色，"穷其所能不曾斩一名大将、拔一处要塞、破一次大敌；毕其一生不曾领重任而为先锋或统帅、镇关隘而独当一面、加高官而成封疆大吏"。这话虽然有些尖刻，却都是事实。

赵云终生未曾受到重用，坊间对其中原因有多种说法，或认为他不是刘备的嫡系；或说是刘备让他长期担任近卫侍从，管理内务，没有给他领兵打仗的机会；或觉得是由于他性情耿直，忠言进谏得罪了刘备，所以不得提拔重用。这些观点恐怕都不够正确。刘备是开国创业的英主，能够识人、用人，而且有容人的度量，像黄忠、魏延并非他的嫡系，也得到了他的提拔和重用。《三国演义》里，赵云护卫刘备去襄阳，经历"马跃檀溪"之险，后又保驾刘备赴江东娶亲，这些故事流传甚广，但这些情节都是罗贯中编的。赵云不像许褚那样做专职保镖，他征战多年，曾握有大把机会去建功立业。另外，刘备对敌视自己多年的刘巴都能容忍，在占领成都后下令“其有害巴者，诛及三族”，并任命他做掌管机要的尚书令，何况是追随他戎马一生、甘愿赴汤蹈火的赵云呢？刘备怎么会对赵云报复、压制呢？

如上所述，赵云具备许多优秀的品格，他忠贞不贰、深明大义、公正无私、谦虚谨慎，身为战将足够勇武，但指挥用兵的能力并不出色，这使他难以担当重任。刘备和诸葛亮对赵云的军事才能应当认识得很清楚，蜀汉小国寡民，人才匮乏，如果赵云拥有统率大军的本领，相信这对明君贤相是不会漠然置之的。

真实历史中的姜维邓艾谁更强?

三国后期蜀魏交战的一个重要看点，就是诸葛亮和司马懿各自的门徒姜维、邓艾的用兵对垒。《三国演义》写二人互有胜负，姜维后来用诸葛亮传授的《八阵图》和弃粮之计打败邓艾，因而占有优势，但这只是小说的虚构，实际情况是姜维一生总共打过三次败仗，都输在邓艾手里，明显处于下风。

俗语“蜀中无大将，廖化作先锋”，是说蜀汉后期人才匮乏，当时只有姜维具备统帅才干，一身系社稷之安危。如魏景元四年（263 年）诏书所称:“蜀所恃赖，唯（姜）维而已。”他在二十七岁时归汉，深受诸葛亮赏识，马上被派到成都去学习兵法、操练禁军，以此培养提高他的军事素质。诸葛亮给主持后方的张裔、蒋琬写信说:“姜伯约甚敏于军事，既有胆义，深解兵意。此人心存汉室，而才兼于人。”诸葛亮去世后，姜维开始领兵作战。蒋琬、费祎执政时奉行保境安民的国策，拨给姜维的兵马不过万人。他曾在蜀延熙十三年（250 年）带领这支孤军深入魏境，攻城略地到达西平（今青海省西宁市），长驱数千里后全师而归，可谓是空前的壮举。费祎去世（253 年），姜维掌握了蜀汉兵权，于是接连大举伐魏，每次出兵都有数万人，多次获得胜绩。魏国权臣司马昭对他非常头痛，甚至想派刺客暗杀姜维，荀勖劝阻说这样做有失体面，才作罢。

蜀延熙十八年（255 年），姜维在洮水西岸大败魏雍州刺史王经，“死者数万人”，震动曹魏朝野。司马昭认为陇西的将帅不能胜任，于是从东线把邓艾调过来对付这个劲敌。邓艾是贫苦孤儿出身，少时做过放牛的牧童，长大后曾担任看守屯田积草的小吏和典农功曹，喜欢钻研兵法战术，总遭到旁人的嘲弄。有一次他出差到洛阳，向太尉司马懿汇报统计事务，深得赞赏，于是被留在司马懿府内做掾吏。在司马懿的言传身教下，他大有长进，逐渐晋升为太守、将军，在对吴作战中屡立功绩，因而被派到陇西来主持防务，出任安西将军。

姜维获胜回国后，邓艾和部下讨论制定防御计划，多数部将认为蜀国经过这次大战后士卒疲劳，财力枯竭，需要较长时间的休整，不会再向陇西发动进攻。经验丰富的邓艾却不以为然，他详细论证了敌军必然前来进犯的各种因素，说道：“洮西的败仗并非小的失利，我军被敌人击溃，率兵的将领大多阵亡，当地的粮仓空虚，百姓流离失所，几乎陷于危亡。如果分析现在形势，敌人有乘胜进攻的势头，我方实际上防务虚弱，这是其一。敌人的兵将相互熟悉，各种武器都很犀利；我方刚刚更换了主将和驻防部队，装备尚未补充齐备，这是其二。敌人从后方开赴前线可以利用水运，我方调动则需要步行，双方劳逸不同，这是其三。陇右地域广阔，狄道、陇西、南安、祁山都要派兵驻守。敌人可以集中兵力进攻一点，我方的兵力则要分为四股来防备，这是其四。敌军如果进攻陇西和南安，必须向附近的羌族部落征收军粮；若是进攻祁山，那里有熟麦千顷，正是吸引敌人前来的诱饵，这是其五。姜维很狡黠，这些有利的因素他都会考虑到，所以必定前来进攻。”

邓艾判断敌人进攻祁山的可能性最大，于是在那里部署兵力，准备迎战。魏甘露元年（256 年），姜维果然前来袭击，到了前线听说邓艾早有防备，就改变计划从董亭去进攻南安。这一步邓艾也事先做了预判，占据了武城山以逸待劳。姜维领兵与魏军争夺险要，未能成功，又在当天夜里渡过渭水东行，沿着山路去攻击上邽，但再次受到邓艾的堵截。

姜维虽然善战，但是在韬略上有明显缺陷，那就是“重攻轻守”，不太擅长运用防守的战法。这次战役的进攻方向已经被邓艾预判并做好了准备，蜀军无隙可乘，而且汉中都督胡济的援兵也没有按时到来，姜维陷于孤军作战、往返疲惫的境地，粮饷给养又未能及时送到前线，形势由主动变为被动，实际上已经不宜继续进攻，而是应该转入防守或者是撤退的态势。但是姜维不顾上述种种危险，一味求战，仍然坚持发动进攻，结果在段谷被邓艾打得大败，“星散流离，死者甚众”，损失军队超过万人，狼狈撤退回国，向朝廷谢罪，自贬为后将军，代行大将军职务。邓艾则因为这场胜利晋升为镇西将军、陇右都督，统率当地的全部兵马。

魏甘露二年（257 年），曹魏扬州都督诸葛诞在寿春发动叛乱，朝廷抽调关中部队前往镇压。姜维听说关中兵力虚弱，便带领蜀军数万人前来进攻。邓艾从陇右率兵增援关中，他见姜维势力强盛，交锋难以获胜，便和关中守将司马望商议，采取老师司马懿当年对付诸葛亮的办法，紧闭营门坚守壁垒，任凭蜀军挑战，拒不回应。姜维与邓艾相持了好几个月，还是无计可施，到第二年，姜维获悉诸葛诞兵败被杀，只好撤军回到成都。

魏景元三年（262 年），姜维再度带兵北伐，部将廖化出征时很悲观，他说：“智谋没超过对手，兵力又少于敌寇，这样没完没了地用兵，主将怎么还能担任下去呢？”此时，奸宦黄皓利用蜀汉朝内蔓延的厌战情绪，勾结辅政大臣诸葛瞻、董厥，要解除姜维的兵权，让其亲信阎宇接任大将军。廖化应该知道了这个信息，所以顾虑此番作战的前景和姜维的仕途。不出所料，邓艾又一次预判出敌人的进攻方向，事先在洮阳（今甘肃省临潭县西南）筑城戍守。姜维进军受阻，又在侯和（今甘肃省洮阳城东）被邓艾的援兵打败，只得悻悻而归。他也得到了可能发生政变的消息，于是留在沓中屯田，不敢回到成都。

魏景元四年（263 年），曹魏派遣钟会、邓艾等率十八万大军伐蜀，魏军进占汉中后突破关头（今陕西省宁强县阳平关镇），被姜维领五万余众阻挡在剑阁。钟会带领魏兵久攻不下，有了撤退的打算。此时邓艾给朝廷上奏，请求批准他的偷渡计划，即绕开剑阁的天险与姜维的重兵，从阴平由“邪径（偏道）”去占领水陆要道交汇的涪县，然后直趋三百余里外的成都。这样既能断绝剑阁蜀军粮饷补给的后路，又可以打开进军蜀国京城成都的大门。如果姜维的守军由剑阁后撤救援涪县，钟会的主力部队就能乘虚而进；若是剑阁的蜀军继续坚守，那么涪县就得不到多少救兵，容易攻陷。这是出奇制胜的策略，有很大的获胜可能。邓艾又奏道：“兵法说‘攻其无备，出其不意’，现在进攻蜀汉的空虚之地，必定可以打败敌人。”得到朝廷批准后，邓艾即从阴平偏道进军，沿途有七百余里荒无人迹，虽然旧时筑有道路，但因为多年失修而堙塞不通，致使魏军的行程非常艰难，“凿山通道，造作桥阁”。后方的粮饷运不上来，濒临绝境。邓艾身先士卒，用毡裹在身上滚转而下，带领将士们前进，终于到达江油，蜀汉守将马邈不战而降。

需要指出的是，邓艾在行军途中“攀木缘崖，鱼贯而进”，抛弃了辎重车辆和马匹以便快速前进。这支军队完全是轻装步兵，没有骑兵和攻城器械，作战能力会显著下降。邓艾之所以敢于冒险行进，是因为还有一支装备齐全的魏军从剑阁西边绕行而来，和他会合并且充当了先锋，这就是钟会派遣的田章所部。而姜维在这次作战中指挥调度连续出现失误，首先是没有料到邓艾会从阴平发动奇袭，在沿途未曾部署军队进行防御。其次是他派遣阻击田章的部队人数太少，只有“三校”，即由三个校尉统领的兵马，总共两千多人，被田章轻易击败。田章于是得以和邓艾军队会师，顺利越过山险，进入四川盆地。再次是绵竹之战，邓艾的军队只有万余人，诸葛瞻率领的是蜀汉全部剩余军队，数量较多但战斗力稍差，与敌兵交锋先胜后败。在蜀魏两军旗鼓相当的形势下，姜维如果能从剑阁分调一支部队协助诸葛瞻，那么邓艾或许就会战败，可惜他没有这样做。学者任乃强评论道：“姜维与张翼、廖化合重兵以扼剑阁奇险之地，拒（钟）会有余，而不能分兵联（诸葛）瞻夹攻邓艾，实为全局败坏之主要原因。”

《三国志》作者陈寿评价姜维“粗有文武”，是说他的用兵韬略不够精深，这主要表现在他对防守的忽视上。清朝学者顾祖禹也认为，姜维的防御部署有重大缺陷，大战之前应该在阴平等地设防，并遵从诸葛亮注重汉中防御的做法，在险要的秦岭峡谷阻击来寇，尽量御敌于国门之外。进攻和防御本是作战中密不可分的两个方面，彼此相辅相成，就像身体和形影一样，而防守又是作战的根本。姜维重攻轻守，恰恰是这方面的欠缺导致他在遇到邓艾后接连打了败仗。

这时候的邓艾年近七旬，老谋深算，移防陇右之后能够根据形势变化调整攻守策略，做出精准的预判和作战计划，因此在与姜维的交锋中屡次取胜，直到灭亡蜀国。姜维遇到邓艾之后再也没有打过胜仗，可以说是遭遇了克星。邓艾对此扬扬得意，他占领成都后对蜀地的士大夫们说："姜维不过是称雄一时的好汉，碰到我，也就走上穷途末路了。"

陆逊死了，史官在暗示你凶手是谁

南宋洪迈在《容斋随笔》中把周瑜、鲁肃、吕蒙、陆逊列为“孙吴四英将”，说他们“真所谓社稷心膂，与国为存亡之臣也”。

在这四人当中，陆逊在夷陵之战中打败刘备，让蜀军从此不敢东出三峡；又于石亭击溃曹休的十万之众，使魏兵至陆逊死也没有大举侵吴。他自用兵以来从未打过败仗，堪称功勋卓著，其战绩虽然比在赤壁和江陵获胜的周瑜略逊一筹，但他所受的恩宠与官职秩位之高，则是其他东吴名将远远无法比拟的。像周瑜不过是偏将军、领南郡太守；鲁肃为横江将军、领汉昌太守；吕蒙以虎威将军接替鲁肃任汉昌太守，后来袭取荆州，任南郡太守。陆逊初破荆州时任右护军、镇西将军，夷陵之战结束后升迁为西陵都督，镇守三峡战区。吴黄龙元年（229 年），孙权称帝，拜陆逊为上大将军、右都护，所谓“上大将军”表明这一官衔是在大将军之上，也就是东吴将领中的最高军职，无以复加。当年孙权迁都回到建业，让太子孙登和诸皇子及尚书九官留守武昌，并从西陵调来陆逊，任命他做荆州牧，管辖境内八郡（蕲春、江夏、南郡、宜都、长沙、桂阳、零陵、武陵），还兼管扬州的豫章、鄱阳、庐陵三郡，这些地方几乎占据了吴国疆域的一半。

不仅如此，孙权还赋予陆逊教育皇子和宗室公子的权力。例如皇子孙虑在武昌府邸堂前修建了小巧玲珑的“斗鸭栏”，陆逊见了就严厉地批评他说：“君侯应该勤读经典来使自己的学问有所长进，修这玩意儿能干什么呢！”孙虑就马上命令手下人拆掉了它。射声校尉孙松是孙权最亲近的宗室公子，训练部下时队伍不整齐，陆逊就将他属下负责军务的官员施以髡刑，即剪断其发髻以示惩处。

吴赤乌七年（244 年），孙权又任命陆逊为“丞相”，但并未调他到京城建业任职，仍然让他留在武昌做荆州牧，这个“丞相”并没有实权，而是一种荣誉性的头衔，至此陆逊可谓是位极人臣了。但是物极必反，第二年，陆逊就迅速失去了恩宠，而且突然去世，其死亡原因扑朔迷离，让人难以理解。

史书记载，孙权晚年昏聩，其子鲁王孙霸企图争夺皇位的继承权，与他的党羽暗地毁谮太子孙和，使他在孙权面前失宠，嗣位摇摇欲坠。太子太傅吾粲上表请求让鲁王孙霸出镇夏口，将其亲信调离京师，又将宫内暗斗的消息数次写信告知陆逊。陆逊深为孙和担忧，与在建业的亲属纷纷上疏，请求孙权慎重考虑，保全太子。他的奏表说：“太子正统，宜有盘石之固，鲁王藩臣，当使宠秩有差，彼此得所，上下获安。谨叩头流血以闻。”

陆逊上奏了三四次，还要求到京城当面向孙权陈述，以匡正得失。孙权很生气，认为他不应该干涉立嗣的事情，就下命令禁止他回来。鲁王孙霸得知后认为陆逊是自己夺嫡的障碍，就和党羽杨竺对他进行诬告，居然罗列了二十条罪状。孙权看了信以为真，勃然大怒，就把和太子关系亲密的陆逊外甥顾谭、顾承、姚信流放到远方，将写信给陆逊泄露宫廷斗争情况的吾粲下狱处死，还接二连三地派宫内宦官到武昌去质问和谴责陆逊。《三国志》写道：“（孙）权累遣中使责让（陆）逊，逊愤恚致卒，时年六十三。”这是说他由于气愤和委屈发病死亡，这令人感到疑惑。

首先，按照朝廷的惯例，臣下接到君主的问责就会立即上书谢罪，那么孙权为什么不肯放过陆逊这位头号功臣，还要没完没了地谴责他？而且责问的诏书也不是通过正常的驿站传达，而是专门派遣内廷宦官送诏，给人感觉好像是在执行秘密使命。

其次，陆逊久经沙场，又在官场历练数十年，什么艰难险阻没遇见过？他又是大智大慧、心胸开阔之人，怎么会被孙权的谴责气死呢？俗话说“宰相肚里能撑船”，难道陆逊这点儿度量都没有吗？连皇帝的几次批评都接受不了，以致愤懑而亡呢？这里边是否另有隐情？

中国古代的历史著作，有时为了掩盖朝廷的秘密处决或逼迫犯人自尽的真相，会采用某些隐讳的语言来表述。例如汉朝贵戚及官员被秘密处决或以不明原因猝死，世人和史官可能会以“雾露”来喻指。《后汉书》说东汉执政的几位太后及其亲属往往不得善终：“身犯务（雾）露于云台之上，家婴缧绁于圄犴之下。”马谡违抗军令，战败丢失街亭，《三国志》写诸葛亮“还于汉中，戮谡以谢众”，是按照军法将他处死来向全军将士谢罪，但又说马谡是“下狱物故”，实际是诸葛亮予以照顾，让他在狱中自裁，以免遭受当众斩首的耻辱。其中所写的“物故”，也是一种没有标明死亡具体情况的委婉说法。

汉魏史书记载贵戚大臣夭亡的另一种“春秋笔法”是“忧死”，按字面来理解，是指当事人遇到重大变故后忧愁惊惧，导致发病而终。例如汉武帝时齐王“忧死”，其实是受到案件牵连而害怕自尽。“王年少，惧大罪为吏所执诛，乃饮药自杀。”《后汉书》记载，灵帝病逝后何进执政，逮捕骠骑将军董重，董太后“忧怖，疾病暴崩”。但《续汉书》则揭露她是被何太后与何进逼迫自杀的，所谓“疾病暴崩”不过是史官的曲笔掩饰而已。另一个鲜明的例证就是荀彧的死亡，曹操想要晋爵魏公、加九锡，荀彧坚决反对，引起曹操的忌恨。《后汉纪》载，建安十七年（212年）冬，曹操南征孙权，荀彧赴前线劳军，“次寿春，彧以忧死”。而《后汉书》说荀彧患病留在寿春，曹操派人送来食盒，荀彧“发视，乃空器也，于是饮药而卒”。说明他是得到曹操暗示后被迫自杀的。史书称这种暗杀方式为“隐诛”，就是隐秘地处死，对外则宣布是因其他原因去世，与执政者没有直接关联。

那么，陆逊的“愤恚致卒”是否也是一种“隐诛”呢？从三国所继承的汉朝制度来看是很有可能的。由于各种原因，当时的统治集团往往不愿对某些具有特殊身份的贵族、高官、名士处以公开的审判与处决，以免受到社会舆论的批评。君主对他们的“赐死”通常也采取隐晦的方式来表达，称为“谴死”，即颁下诏书，谴责臣子犯下的错误或罪行，让其阅读后主动自裁。这样的处治在表面上显示出皇帝宅心仁厚，并没有想要杀臣子，而是臣子自己决定以死谢罪。

西汉贾谊有言，汉朝皇帝平时礼敬丞相和公卿大臣，若这些人犯下罪过，皇帝也不派人逮捕下狱，只是颁下诏书进行谴责质问。但是一旦下诏谴问，臣下若是犯有轻罪，就要换上丧服叩头请罪，表示自己死罪在身；中罪和大罪者都是马上自尽。如成帝时，黄河决堤泛滥，“御史大夫尹忠对方略疏阔，上切责之，忠自杀”。明帝时楚王刘英谋反，太尉虞延没有及时告发，“及英事发觉，诏书切让，延遂自杀”。

下诏谴责的诡异之处在于，有时朝廷只是在诏书中给予“严谴”或“重责”，并没有列出死罪或是直接暗示其自尽，受谴者要根据诏书责备的内容去揣测上意，自己领悟是否需要自杀谢罪。若是官员受到谴责应该去死却没有自尽，朝廷通常会再次下诏痛加斥责，直到他被迫自尽为止。《后汉书》记载，建武十五年（39年），大司徒韩歆得罪光武帝刘秀被免职回乡，但是皇帝仍然很不满意，“复遣使宣诏责之”，韩歆父子只好自杀谢罪。受到诏书谴责应该自尽而执意不肯，以致被朝廷反复催促者，以御史大夫张汤为最，竟有八次之多。张汤觉得那些都是莫须有的罪名，因而拒绝承认，始终不服。于是汉武帝专门派了酷吏赵禹去斥责他不知分寸，无视诏令，张汤只得被迫自杀。

孙权谴责陆逊的诏书，史书没有具体记载是什么内容，但估计杨竺诬告的罪名很重，属于大逆不道的性质，以致引起皇帝震怒。从屡次派遣中使责问的情况来看，孙权对陆逊的谢罪和解释肯定是不满意的，反复的谴责当中暗含着让他自我了断的用心。这对陆逊来说就是重大打击，他当然知道汉朝官场的惯例，大臣遇到重谴需要自杀谢罪，但他自认为无罪而不想自尽，孙权又频频下诏谴责追问而不肯放过他，那么最终就只有死路一条了。《三国志》记载陆逊“愤恚致卒”，应该是一种隐讳的写法，其实就是被孙权逼死的。

陆逊死后，孙权连他的儿子陆抗也不放过。陆抗送父亲灵柩返乡安葬后到建业谢恩，孙权又用杨竺诬告陆逊的二十条罪状来责问他，并且禁止陆抗接待宾客。这次还是由宦官充当使者前来谴责，陆抗应对时从容镇定，并未求助旁人，每件事情都回答得有理有据，孙权得知后态度才有所缓和。

数年后，孙权明白了真相，将鲁王孙霸赐死，并杀掉杨竺，他流着泪对陆抗说：“我以前听信了谗言，对待你父亲不合乎道义，这件事对不起你。当初责问你父亲的那些诏书，你回去把它们找出来全部烧掉，不要让别人见到那上面的内容。”可以想见，孙权对陆逊的谴责非常严厉，而且是无理的，所以他不愿意再让旁人知道。

陆逊一代英杰，最后落得如此下场，着实令人扼腕叹息。荀彧的情况则与陆逊不同，他当时声望很高，又没有犯下什么过失，曹操抓不到任何把柄，无法进行责难，所以采取了另一种方式暗示他自尽，这都是君王巩固自身统治的手段。

袁绍真就比不上曹操吗?

曹操统一北方、成就霸业的最大敌手就是袁绍，从某种意义上说，这两大政治集团交战的结果决定了三国历史发展的走向。袁、曹二人有个共同的特点——性情多疑。既然如此，为什么他们之间的斗争以曹操的胜利宣告结束呢?

曹操有两个显著的优点，起到了极为关键的作用。首先是“明”，即明智、英明，这是一位称职的君主和统帅必备的重要品质。统治者需要有明辨是非的见识，能够在错综复杂的局面下做出正确的决策，并且有能力将其落实。东汉三国时期，人们普遍认为“明”不仅是各级统治者理应具备的政治素养，而且是一种美德，“明”因此成为吏民下属对朝廷和州郡官员的尊称。例如称君主为“明君”，称公卿为“明公”，称将帅为“明将军”，称州牧、刺史为“明使君”，称太守、县令为“明府”，都体现了当时人们对“明”的尊崇与赞美。尤其是在天下大乱的社会形势下，臣民们更是期盼遇到此类君主前来救世，如诸葛亮《隆中对》所言：“智能之士思得明君。”曹操能够消灭群雄，奠基魏国，也是因为在这方面的素质出众，陈寿评论他：“终能总御皇机，克成洪业者，惟其明略最优也。”

袁绍则欠缺明智的认知，甚至可以说在大事的决策上相当昏庸，屡屡做出错误的处置。清朝学者毛宗岗说袁绍和曹操两人同样多疑，谋士提的建议他俩都会反复琢磨，不肯轻易信从。但是，“曹操疑所疑，亦能信所信”，应该怀疑的他会怀疑，应当相信的也会相信，最终做出合理的抉择。袁绍则是“疑所不当疑，又信所不当信”，不该怀疑的他要怀疑，不该相信的他偏要相信，所以导致惨痛的失败。官渡之战就是一个绝佳的例证。

在双方的这场决战中，袁绍凭借优势兵力接连发动进攻，激烈的战斗持续数月。曹操的局面岌岌可危，将士们连日交锋消耗巨大，兵员死伤惨重，得不到足够补充，给养也将要断绝。周围的郡县民众承受不起沉重的负担，纷纷叛变投敌。后方和前线军中的文武官员也预感将要失败，许多人与袁绍私通书信，准备叛逃。曹操当时犯了疑惑，考虑是否退兵返回许都，最后听从了荀彧和贾诩的劝告，决定继续坚守，等待时机扭转形势。正当曹操苦撑危局时，救星许攸突然降临，告知曹操袁军万余车粮饷屯聚在乌巢，其主将淳于琼骄纵轻敌，管束不严，致使守军纪律松懈、散漫怠惰。曹操可以出动精锐偷越战线，采取突袭的战术来打垮他，烧毁乌巢的屯粮。曹操听闻大喜，但是官渡前线敌强我弱，形势非常被动，曹操拿不出多少兵马，又要轻装潜入敌人的后方，若被提前发现，乌巢守军有了戒备，一时难以攻克，就会陷入袁绍的重兵包围，致使全军覆没。实行许攸的偷袭计划风险太高，曹操因此心生疑虑，难以决断，所以召集了手下谋士和将领开会商议。绝大部分与会者都觉得过于危险、很难成功，就连曹操的“智囊”郭嘉都没有同意这项方案，只有荀攸、贾诩赞同。

尽管没有获得大多数臣僚的拥护，曹操权衡利弊后还是果断做出决定，采用许攸袭击乌巢的计策。它虽然风险很大，但可以利用敌军防守的疏漏，仍有成功的可能。更重要的是受形势逼迫，曹操不能放掉手中这唯一的机会。这是孤注一掷的赌博，但却是正确的选择，使他最终摆脱困境、转败为胜。荀彧称赞曹操“聪明”，就是说他能够在纷乱的局面下做出准确无误的战略决策，及时抓住稍纵即逝的机遇，因而在智谋方面远胜对手。

袁绍则恰恰相反，他在官渡之战中以强凌弱，处处占据上风，其部下也提出过许多很好的建议，但是他在踌躇顾虑后往往不予采纳。例如乌巢之战前，曹操曾派遣徐晃、史涣偷袭后方，烧掉韩猛押运的粮草。随后淳于琼护送给养来到前线，沮授对袁绍说："咱们已经吃过一次大亏了，应该再派将军蒋奇率领一支队伍，驻守在乌巢外围，阻断敌人可能前来劫粮的道路。"如果袁绍听从了这个主张，曹操的夜袭恐怕不会成功，因为他只带了五千兵马，而蒋奇和淳于琼的部队合计约有两万人，又提前有所部署。可是袁绍思虑后认为没有必要，便予以拒绝。

许攸也向袁绍建议说："曹操兵少又集中在前线抵御我军，后方许都的守备必定会空虚薄弱。若能分出一支部队轻装急进，在夜晚行军隐蔽偷袭，则可以拿下许都，断绝曹操的后援而战胜他。即使未能攻占许都，曹操得知后也会放弃阵地赶回去救援，从而疲于奔命，必定能够打败他。"袁绍听了以后，觉得曹操现在快要兵尽粮绝，支撑不了多久，就固执地回答说："我就是要通过围攻来战胜他。"袁绍此举惹得许攸心生怨恨，彼时许攸又遇到家属在后方犯法被捕入狱这一境况，所以一怒之下投奔了曹操，并呈献了袭击乌巢的制胜之计。

就是到了最后关头，袁绍仍有取胜的机会。当乌巢被袭的消息传到袁军大营，袁绍急忙召集谋士和诸将商讨对策。张郃说："曹操率领的是精兵，必定会打败淳于琼。粮草若是丢失，则将军的大事也就完了，应当赶快出动重兵去援救。"谋士郭图反对说："张郃的计策说得不对，不如去攻打曹操的大营，他势必要返回去援救，这样即使不去救乌巢，那里也会解围。”张郃反驳说：“曹操的大营非常牢固，进攻肯定打不下来，如果淳于琼被擒，粮草丧失，我们都要成为俘虏了。”如果按照张郃的主张作战，那么曹操的处境会非常艰难，他的少数兵马寡不敌众，恐怕有覆灭的危险。但袁绍再三考虑，还是听取了郭图的建议，命令张郃、高览率领主力去官渡攻打曹军营垒，另派一支轻骑去乌巢救援。他自信地对长子袁谭说：“就算曹操打败淳于琼，烧毁了我的粮草，我只要拔了他的大营，他也就无家可归了。”

张郃的预料确实不错，袁绍派往乌巢的轻骑兵力不足，以致被曹操轻易打败，囤积的粮草全部遭到焚毁。张郃、高览率领重兵攻击官渡的曹军营垒，果然遇到坚固的防守，不能攻克。乌巢被破的消息传来，袁绍的军心动摇。郭图因为自己的计策失败而感到惭愧，又害怕袁绍追究他的责任，就想嫁祸于张郃。他对袁绍造谣说张郃对战败很高兴，又出言不逊，引起袁绍对张郃的怀疑。张郃得知后非常气愤，就和高览烧掉攻垒的楼橹，向曹军投降。袁绍的大军听说粮草被烧，名将张郃、高览又领兵降曹，纷纷丧失斗志，全线溃败。袁绍见局面控制不住，就和袁谭狼狈逃走，曹操最终获得了这场关键战役的胜利。

除了明智，曹操还有一个明显的优点，就是处事迅速果断。而袁绍截然相反，郭嘉说他“性迟而多疑”，遇事反应迟钝而疑虑太重，这方面在官渡之战中也有充分的表现。建安五年（200年）正月，袁、曹双方都做好了开战的准备，袁绍“简精卒十万，骑万匹”；曹操则领兵进驻官渡，准备迎击敌人的进攻。这时，刘备已经在徐州起兵反曹，拥兵数万，并且打败了曹操派来镇压的刘岱、王忠，又遣使者赴河北联络袁绍，请他尽快发兵相助。曹操不愿处在两面受敌的不利局面之下，于是当机立断，决定亲自东征刘备。部下诸将质疑道：“和您争夺天下的是袁绍，现在袁绍即将南来，您却带领主力去东征刘备，要是袁绍乘虚袭击后方，那可怎么办？”曹操回答说：“刘备是人中的豪杰，现在不除掉他，必为后患。袁绍虽有大志，但是遇事决策迟缓，必定不会动兵。”郭嘉也极力赞同，说：“袁绍优柔寡断，出兵一定很慢。刘备新起，众心尚未归附，马上去攻击必定会打败他。这是存亡之机，不可以失掉。”于是曹军主力立即东征徐州，迅速打败了刘备，然后及时返回官渡备战。

曹操出征徐州时，谋士田丰劝说袁绍赶快发兵南下，乘虚攻击曹操的后方。可是袁绍推辞说自己的小儿子病重，没有心思打仗，拒绝了这个建议。田丰气得举起手杖击打地面，感叹道：“遇到难得的机会，却以婴儿患病的缘故失去了，真是可惜啊！”据王夫之分析，袁绍实际上采取的是坐山观虎斗的策略，不出兵支援刘备，企图等到双方两败俱伤时再来收拾残局。不料袁绍的私心被曹操看透了，于是他采取了各个击破的对策，“急攻先主而缓应绍”，抢先击败刘备，化解了腹背受敌的危机，而袁绍也因此失去了出兵取胜的最佳机会。

曹操还有其他长处，例如具备英勇无畏、视死如归的胆魄，敢于亲自率领五千孤军深入敌后，去攻打袁军万余人驻守的乌巢。另外，曹操知人善任，从谏如流，使部下文武官员能够各司职守，充分发挥自己的才干。这些都是袁绍无法比拟的，所以乌巢战斗之前，尽管曹操面临困境，形势极为不利，贾诩却预测他将会击败强大的对手，说“公明胜（袁）绍，勇胜绍，用人胜绍，决机胜绍”。有这四项优势而半年未能取胜的原因，是还没有遇到合适的战机，一旦机遇来临，果断实施决策，胜负便可以须臾而定。

后来事态的发展正如贾诩所料，可见他对两军统帅优劣短长与战局演变有清晰准确的判断，称得上有远见卓识了。

都是跳槽，为什么刘备与吕布的口碑天差地别？

三国历史上的吕布就武勇来说，应该是首屈一指的。史书上说他“便弓马，膂力过人，号为飞将”，并拥有百步穿杨的神技，著名的“辕门射戟”也是真实故事。“虎牢关三英战吕布”，虽然是小说的虚构情节，但是他与黑山军张燕作战时，骑着号为“赤兔”的良马，跃上城垒，飞跨堑壕，和部下健将成廉、魏越等数十骑冲突敌阵，一日出入三四回，都能斩获对方将领的首级而归。吕布接连战斗十多天，大破张燕军队，从而闻名天下。《曹瞒传》记载当时人们称赞他的谚语为：“人中有吕布，马中有赤兔。”

不过吕布的名声非常恶劣，《三国演义》中张飞骂吕布为“三姓家奴”，是说他生父姓吕，后来又认了丁原和董卓两个义父，因此称吕布为“三姓”。丁原、董卓都遭到吕布的背叛，被他杀掉。后来李傕、郭汜攻陷长安，吕布率领余部投奔袁术，

“（袁）术恶其反覆，拒而不受”。可见这时他已经是臭名昭著了。吕布又先后投靠袁绍和刘备，也是和主人反目成仇。陈登对曹操说：“（吕）布勇而无计，轻于去就，宜早图之。”就是讲他虽然作战勇猛，但是缺乏智谋，与别人协作不能持久，会轻易地离开并投靠他人，因而不可信任，应当尽早除掉他。曹操听后表示赞同，也称吕布“狼子野心，诚难久养”。

直到吕布被杀身亡，后世的学者们仍没有放过他，继续进行口诛笔伐，认为吕布最卑劣的品行就是“反复无常”。像陈寿在《三国志》评价他：“轻狡反覆，唯利是视。自古及今，未有若此不夷灭也。”王夫之的指责更为严厉，说吕布的罪恶不是别的，就是反复无常、没有恒心，做人要是反复无常就算是坏到底了。所以君子对这样的人，疏远他而唯恐不远，与他断绝交往而唯恐不早。若是能够除掉他，就不要考虑他可以带来的小惠、小勇、小信、小忠，必须杀掉他。王夫之还告诫读者绝对不要和这种人交往：“与反复无常的小人相处，有家而家毁，有身而身危，乃至父子、兄弟、夫妻都不能相保。”

近年以来，有人为吕布辩护，并举例说刘备先后投靠公孙瓒和曹操、袁绍，后又被刘璋礼请入川，却夺了他的基业，也是反复无常，却没有人批评他。汉末三国时期，各种势力的不断分合本来是当时政治发展的常态，在这种形势之下，吕布的

“轻狡反覆”也就毫不令人奇怪了，因此陈寿对他的批评有失公允。还有人说刘备被称作“枭雄”，而枭（猫头鹰）是恶鸟。吕布的部下曾对他说：“（刘）备数反覆难养，宜早图之。”也是讲刘备变化无常，难于驯养，如果不早点儿除掉他，将会遭到反噬。他们说的似乎也有些道理，但值得注意的是，这两位豪杰虽然都不能与人持久合作，经常背离故主而去，可是吕布的口碑越来越差，最终被俘送命，也是因为曹操经刘备提醒而想起他的恶名，不愿重蹈丁原与董卓的覆辙。而刘备的名气却越来越大，甚至誉满天下。诸葛亮初见时称赞他：“将军既帝室之胄，信义著于四海。”可见刘备的声望未因屡次出走受到负面影响，这究竟是什么缘故呢？大致说来，主要有以下两个原因。

首先，吕布、刘备和故主的关系大不相同。表面上看二人都是投靠在某位势力强盛的军阀帐下，充当领兵作战的部属，但实际上有明显的区别。吕布与丁原、董卓之间是上下级的隶属关系。在东汉时期，官吏的选拔主要有上级的“察举”和“征辟”两种途径，前者是向朝廷保举推荐做官，后者是上级自己直接提拔任命。担任官职者必须对举用的上级感恩报答，彼此结成了牢固的人身依附关系，紧密如同君臣父子。主官受人诬告，下级要代为申诉辩理；上司死亡，故吏为其服丧立祠；举主犯罪迁徙，门生甚至要侍奉相随。清朝学者赵翼在《廿二史札记》中说，当时“郡吏之于太守，本有君臣名分，为掾吏者，往往周旋于死生患难之间”。因此背弃故主是极不道德的行为，为舆论所不齿。

另外，汉末三国臣下投靠君主、建立从属关系时，往往要举行一种“委质”的仪式，又称“委质策名”，该仪式起源于西周，即初次拜君称臣时，将自己的名字写在简册上，然后和“质”（死的禽兽）一起奉上，表示至死不叛。像《三国志》记载东吴张纮“孙策创业，遂委质焉。表为正议校尉”；蜀汉“先主南定诸郡，（黄）忠遂委质，随从入蜀”。《晋书》叙述曹爽要辟用羊祜为属吏，王沈劝羊祜应允下来，他拒绝道：“委质事人，复何容易！”这种仪式，要求臣下对君主尽忠尽节，至死不叛。如韩嵩对刘表所讲：“君臣名定，以死守之；今策名委质，唯将军所命，虽赴汤蹈火，死无辞也。”所以吕布背叛丁原、董卓，违反了社会主流的忠君理念，就被看作是背信弃义、大逆不道。

刘备与公孙瓒、曹操及袁绍的关系却不一样，刘备虽然投靠他们，并听从其调遣安排，相互之间却属于盟友，并非前述的上下级隶属关系。像公孙瓒早年“深与先主相友。瓒年长，先主以兄事之”。刘备失败后带关羽、张飞投奔公孙瓒，领兵抵御袁绍，他的部队是友军、客军的性质。这和曹操的情况相同，他起兵反对董卓，先是依附张邈，获得兵员、粮饷补充，后因意见不合转投袁绍，也得到资助，让他驻守东郡。他们彼此也是主客关系，合则留，不合则去，没有道德观念的约束。需要强调的是，这和东汉朝廷与臣僚之间的松散关系类似，对于郡县长官的弃职，朝廷不加干涉，听其去留自便，如同《三国演义》里关云长的“挂印封金”，可参看赵翼《廿二史札记》的“（东汉）擅去官者无禁”条目。刘备兵败投靠曹操，与他同朝为臣，没有那种隶属关系，他又接受了汉献帝的讨贼密诏，所以离开曹操并起兵与之对抗谈不上背叛。袁绍官职是大将军，刘备为左将军，秩位亦在伯仲之间，刘备虽然接受袁绍的指挥，但他与袁绍也只是相互合作的“主客”关系，离开袁绍并没有亏欠愧疚，因此当时亦无人为此事批评刘备。

其次，吕布、刘备对待故主的态度也有明显的区别。吕布属于“害主求荣”，杀死了丁原和董卓，而且是使用阴谋诡诈的暗害。在历史上，董卓对吕布“甚受信之，誓为父子”，尽管董卓是世人皆曰可诛的国贼，刺死他是顺应民心的正义之举，但人们还是对吕布弑杀故主兼义父的行为感到齿冷，因而普遍予以抨击。吕布不仅残忍无情，而且如陈寿所言是轻佻狡诈。他在兖州被曹操打败，走投无路到徐州恳求刘备收容，其态度非常殷勤，让妻子亲自出来接待，“请（刘）备于帐中坐妇床上，令妇向拜，酌酒饮食，名备为弟”。吕布称兄道弟说了不少好话，却因为表现过度而引起刘备的反感。“（刘）备见（吕）布语言无常，外然之而内不说（悦）。”吕布表面上非常恭敬，实际则早有谋害刘备、夺取徐州的想法。后来袁术前来进攻，刘备向吕布求救，部下对吕布说：“将军常欲杀（刘）备，今可假手于（袁）术。”这也暴露了吕布暗藏祸心的企图。吕布乘刘备领兵外出抵御袁术，偷袭下邳占据徐州，充分表现了他的阴险狡诈、恩将仇报，所以遭到了舆论的鄙视，背负起卑劣恶名。

刘备的情况则完全不同，他离开公孙瓒和袁绍后并没有反戈与其交战，脱离曹操和他对抗则是奉诏讨贼，合乎道义。唯一略受诟病的是入川后与刘璋反目，夺取了益州。以致在他占领成都之后，广汉人士李邈敢于在酒会上当众批评他，说：“刘璋认为将军是宗室，有肺腑之亲，请你入蜀讨伐贼寇张鲁，可是你寸功未立，张鲁没有打却把刘璋消灭了。我认为将军夺取益州是非常不对的。”刘备反问他：“你既然知道不对，为什么不帮助刘璋抵抗呢？”李邈回答：“并非不敢，而是力量不足。”司法官员要求将李邈处死，诸葛亮出来讲情，刘备也自知理亏，所以没有处分李邈。

根据《九州春秋》的记载，刘备当初在考虑是否入川夺取益州时经历了艰难的思想斗争，曾认为那样做会“失信义于天下”，因此犹豫不决。庞统劝他说，现在有机会取益州而将军不取，最后益州也会被别人夺走。事成之后给予刘璋厚待，哪里是辜负信义呢？刘备这才决定接受刘璋的邀请，领兵入蜀。后来他占领成都，允许刘璋保留家里的财物，搬到荆州的公安去住，并继续佩戴振威将军的印绶，让其长子刘循留在益州，担任蜀汉的奉车中郎将，这对刘璋来说也算是比较优厚的待遇了。

王夫之在《读通鉴论》里说，刘焉虽然是朝廷任命的益州牧，但当时汉朝处于危亡之中，天下风波四起，百姓身处水深火热之中，刘焉却对此不闻不问（没有参加讨伐董卓的诸侯联盟）。他和继承人刘璋割据一方，却没有能力保境安民，蜀地与其让曹操夺走，还不如由刘备占据。虽然不能保证刘备始终做汉室的忠诚辅佐之臣，但是他还能够诚恳殷切地致力于平定乱世，比起刘焉和刘璋要好得多。这也是许多人的共识，因此刘备从刘璋手里夺取益州，并没有受到广泛的指责。

曹父死，天塌了，陶谦冤？

三国历史上有一桩疑案，就是曹操之父曹嵩遭到劫杀的事件。当年曹操率众参加讨伐董卓的义军，曹嵩害怕被朝廷缉拿报复，就携带眷属和家财躲到琅邪避难。数年之后曹操当上了兖州牧，手下兵强马壮，成为一方诸侯，曹嵩便前去投靠。

《三国演义》说徐州长官陶谦是个“温厚纯笃”的仁人君子，有心结交曹操，于是在曹嵩路过时设宴款待，并派遣部将张闿领兵护送，不料张闿等人见财起意，在途中杀死曹嵩全家，抢走财物逃奔淮南，因而引起曹操兴兵报复——攻打徐州。罗贯中的小说叙事并非虚构，有《吴书》相关记载为佐证。但是《三国志》和《后汉书》中的《应劭传》《曹腾传》都说是陶谦派遣部下在半路杀害了曹嵩一家。事实究竟是怎么回事呢？

首先，真实的陶谦并非忠厚温顺之人。他从小就是个行为放荡的顽劣少年，不爱读书，十四岁时还带着一帮孩子玩骑竹马打仗的游戏。待人接物也缺乏礼数，没什么教养，成年当官后曾经两次侮辱上级、出言不逊，险些遭受牢狱之灾。但是陶谦能够带兵作战，在汉末乱世屡立功绩，因而步步高升，直至徐州刺史。他自己不学无术，对读书人也态度蛮横且含有敌意，在任时与当地士大夫阶层关系紧张。名士赵昱、张昭不愿出仕，陶谦就把他们拘捕起来。后来他又怀疑流寓徐州的外地士人都是间谍，不问青红皂白下令把他们全部逮捕。此外，陶谦还欺软怕硬、见利忘义。在董卓生前，他畏惧其强暴而不敢参加关东诸侯的联盟；董卓死后，他看到凉州军事集团势力衰落，先是立马站出来发起对李傕、郭汜的讨伐，可一受到封官晋爵的引诱，他又马上改变态度，向逆贼控制的朝廷输送贡赋来献媚邀宠，并接受了回报的安东将军和徐州牧官职。

其次，从陶谦当时的政治立场来看，他不会派兵护送曹嵩一家安全过境。关东军阀兼并混战期间，袁绍起初和曹操是盟友，配合起来打击袁术与公孙瓒。袁术觉得自己实力不济，于是拉拢陶谦一起进攻袁绍。陶谦应约出兵，进驻发干（今山东省莘县），结果被袁绍和曹操联手击败。此后陶谦和曹操接连发生小规模的冲突，《后汉书·应劭传》说：“陶谦素怨（曹）嵩子操数击之。”曹嵩遇害于初平四年（193 年）秋，值得注意的是当年春季，袁术联合黑山军和匈奴余部进攻兖州，被曹操击败。

袁术撤退到陈留郡的封丘（今河南省封丘县），又被曹操打垮；袁术再退，曹操仍然领兵跟随，“追到太寿，决渠水灌城。走宁陵，又追之，走九江”，最终把袁术远远赶回了淮南。陶谦乘曹操后方空虚，居然联合境内的反叛势力袭掠兖州。当年夏季，“下邳阙宣聚众数千人，自称天子。徐州牧陶谦与共举兵，取泰山华、费，略任城”。在出兵与曹操公开对抗的形势下，双方已然是互为仇敌，陶谦怎么还会在入侵抄掠之后，突发善心派遣张闿护送曹嵩过境呢？这种做法和态度岂不是自相矛盾吗？所以《吴书》的有关记载难以使人相信，恐怕不实。

陶谦是吴地丹阳郡人，《吴书》的作者韦曜是三国时吴人，书中内容有回护、美化本土人士的倾向。例如陶谦在徐州的政绩不佳，《吴书》却在他死后的悼词中大加赞美，说他死后徐州士民无不悲恸万分，“曾不旬日，五郡溃崩，哀我人斯，将谁仰凭？”因此这部书有可能把杀害曹嵩的罪行完全转移到张闿身上，存在为陶谦洗刷污名的嫌疑。

再次，陶谦对此事的善后处理很有问题。王夫之在《读通鉴论》中指出，如果曹嵩一家是被张闿图谋财产杀害的，陶谦完全可以向曹操谢罪，说明自己并不知情，然后逮捕凶手送给曹操，任其千刀万剐，这样曹操就没有借口来攻打徐州了。但是陶谦没有那样做，他对曹嵩遇害一事无动于衷，就像看到猎人射杀了麋鹿，他过去分食鹿肉，却不问这肉是从哪里来的。所以王夫之认为陶谦对这场灾难负有不可推卸的责任，甚至是他一手造成的。他是张闿行凶背后的指使者，事后参与了分赃。

陈寿和范晔撰写《三国志》和《后汉书》时，应当读过韦曜的《吴书》，却没有采用有关说法，两位史官都认定曹嵩是陶谦所杀，这属于中国古代史学传统的春秋笔法。历史上曾有过“闹朝扑犬”的故事。春秋时晋国执政大臣赵盾为人刚直不阿，受到国君晋灵公和奸臣屠岸贾的嫉恨，他们策划在赵盾上朝时施放恶犬谋害他，但恶犬被侍卫提弥明打死。晋灵公见状又派士兵出来攻击，赵盾逃走后躲进山里，他的族人赵穿发动政变杀死晋灵公，迎接赵盾回朝执政。太史董狐记载此事为“赵盾弑其君”，并在朝廷上公示，赵盾辩解说自己并不知情。董狐责问他：“你身为执政大臣，逃亡没有越出国境，回来主政又不讨伐杀害国君的贼人，不是你在背后指使的又是谁呢？”赵盾听了以后，再说不出什么话来为自己辩护。

陶谦的情况与上述事件类似，我们再来仔细分析当时的情况。曹嵩是东汉大宦官曹腾的养子，家产非常丰厚，他曾经给汉灵帝和“十常侍”行贿铜钱一亿，当上了太尉，位列三公。曹嵩退职返乡和避难琅邪的时候，财物依然充裕得惊人，他最后去投靠曹操，随行的辎重竟然装载了百余辆车。张闿杀害曹嵩全家是在徐州北部的“华、费之间”，即今天山东省费县境内，事后他和属下携带大量财物穿越州境，辎重车队行驶缓慢，长途跋涉逾千里才逃到淮南。沿途经过徐州的许多城市与关卡，张闿居然没受到陶谦的阻截或追捕，由此可见双方是有默契的。

陶谦理应分到了赃物，又不愿背负罪名，因此放张闿顺利过境，然后对外把责任都推到他的身上，自称并不知情。但是其中底细瞒不住《三国志》和《后汉书》的作者，更别想欺骗心计过人的曹操了。

关羽宝刀的真实形态

“武圣”关羽使用的兵器，一直以来为大家所熟知的就是那把著名的青龙偃月刀。在小说《三国演义》里，这把刀重八十二斤，又名“冷艳锯”，需要双手握持，属于骑乘使用的长柄劈砍类兵器。

但这并不是真实的情况，历史记载关羽在马上使用的应是长矛之类的突刺类兵器。《三国志》写白马之战：“（关）羽望见（颜）良麾盖，策马刺良于万众之中，斩其首还。”可见他先是用矛（或戟）将颜良刺落马下，然后下马用随身携带的短刀砍掉他的头颅。

可能有人会问，为什么断定关羽是用刀斩首，而不是用剑呢？这是因为东汉三国将士们佩带的短柄武器普遍是刀，剑已经不再流行了。

根据现存文献和考古资料，从春秋战国到西汉前期，军队大量装备的短柄兵器是剑，并和盾牌配合使用，《史记》记述的鸿门宴就是有力的例证。范增唆使项庄在席前拔剑起舞，意图伺机刺杀刘邦。项伯随即舞剑相伴，“常以身翼蔽沛公（刘邦），（项）庄不得击”。张良见形势危急，赶忙到营外找樊哙来保驾，“（樊）哙即带剑拥盾入军门”，并撞倒了阻拦的卫士。他冲进大帐后，项羽受惊按剑起身问是什么人。后来刘邦借口上厕所逃出项羽军营，“脱身独骑，与樊哙、夏侯婴、靳强、纪信等四人持剑盾步走”。最后范增得知刘邦逃走后非常恼火，气得把张良送过来的一双玉斗扔在地上，“拔剑撞而破之”。

从这段故事可以看出，项羽、范增和楚汉双方的将领都随身佩剑，可见它是当时流行的标准武器。但是自西汉中叶以来，人们在实战中发现剑作为劈砍兵器有明显的缺点。首先，剑是两边开刃，而劈砍时只能使用其中的一侧，另一侧的剑刃不仅无用，还会使制造工艺更为复杂；其次，两边开刃的剑身比较薄，劈砍时容易折断，而单面开刃的刀有厚实的刀背，从力学角度来说具备更高的强度。由于刀比剑更坚实，而且制造成本更低，于是在战场上逐渐取代长剑，成为军队普遍装备的短兵器。

《三国志》也记载了一个类似鸿门宴的事件，此事发生在东吴名将吕蒙家里的酒会上。客人凌统与甘宁有杀父之仇，想在宴会上报复。“酒酣，（凌）统乃以刀舞”，要趁机接近甘宁并刺杀他。甘宁却早有防备，起身说：“宁能双戟舞！”于是在席前刀、戟对抗，急坏了主人吕蒙，他连忙拿起武器，隔在二人中间，“因操刀持盾，以身分之”，才化解这场危机。这也让我们看到，当时将士随身的短兵刃从剑转变为刀的情况。

《三国演义》写赤壁之战前夕，孙权为了表示抵抗曹操的决心，曾拔剑斩落面前桌案一角。实际上《江表传》记述：“（孙）权拔刀斫前奏案曰：‘诸将吏敢复有言当迎（曹）操者，与此案同！’”可见他佩带的是刀，而非宝剑。后来蜀国大臣费祎出使东吴，深受孙权赏识，临别时，“权乃以手中常所执宝刀赠之”。《世说新语》里也有曹操假扮侍卫“捉刀”而立，接见匈奴使者的故事。

关羽携带佩刀的记载，见于《三国志》。建安二十年（215年），孙权率兵与刘备争夺长沙、零陵、桂阳三郡，鲁肃所部在益阳与关羽相拒，为了尽量维持孙、刘两家的同盟关系，鲁肃邀请关羽在前线谈判，要求与会的将领只能携带“单刀”。“（鲁）肃邀（关）羽相见，各驻兵马百步上，但诸将军单刀俱会。”鲁肃在讲述归还荆州的道理时，因受关羽部下的反驳而恼羞成怒，厉声呵斥，言辞和脸色都非常激动。关羽见状“操刀起”，即手握刀柄起身，对那位部下说：“这是国家大事，你懂得什么？”然后使了个眼色让他离开，算是给了鲁肃面子。

所谓“单刀会”，是因为当时武人往往随身携带两把战刀，一长一短。据学术界研究，汉朝及三国战刀有长短之分。短刀通常为40—50厘米，合汉尺二尺，即《东观汉记》中汉安帝赏赐邓遵的“尺八佩刀”，它宜于随身携带，可以用袍服隐蔽起来。例如汉末伍孚企图暗杀董卓，“著小铠于朝服，里挟佩刀，见卓，欲伺便刺杀之”。中等长度的刀为70—80厘米，合汉尺三尺多，也是单手握持，或配合盾牌使用。如东吴的精锐部队有“丹杨锐卒刀盾五千，号曰‘青巾兵’，前后屡陷坚阵”。东关之役，吴国勇将丁奉、留赞等率领步兵突击，“解置铠甲，不持矛戟。但兜鍪刀盾，倮（裸）身缘遏”，乘敌不备大破魏兵。三国也有长刀，如典韦“好持大双戟与长刀等”。出土文物显示，东汉的长刀可达128厘米，合汉尺五尺半，虽然仍是短柄，但须双手握持，如同抗战时中国军队的“大刀片”，以及日本的武士刀。但是，汉朝及三国还没有出现像青龙偃月刀那样的长柄大刀。

汉朝及三国的战刀经常长短搭配使用，如皇甫谧在《列女传》中载酒泉烈女庞娥亲，其父被豪强李寿所杀，娥亲为了报仇，“阴市名刀，挟长持短，昼夜哀酸，志在杀寿”。《献帝起居注》载，李傕见汉献帝时，“带三刀，手复与鞭合持一刃”。另外在出土墓葬中，短刀与长刀经常同时出现。

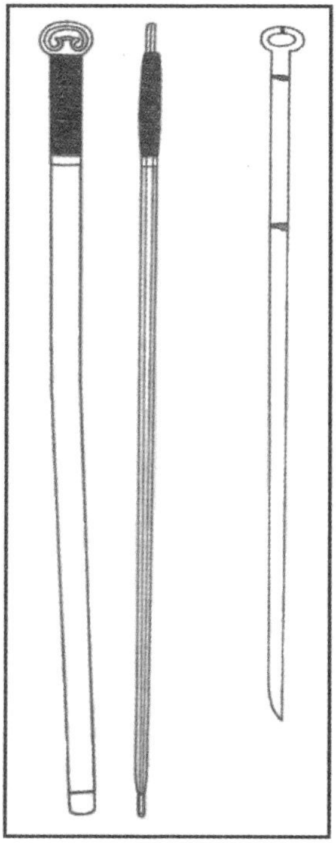

东汉环首长刀

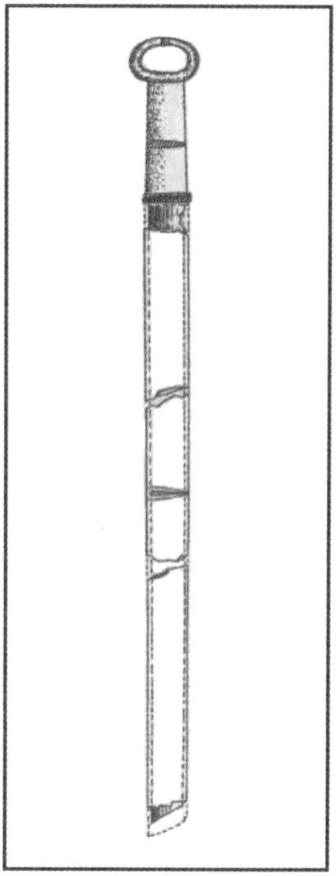

三国环首战刀

东汉持刀盾骑士画像石

说回“单刀会”，鲁肃为了表示和平谈判，不动干戈，所以要求参加者“单刀俱会”。是让大家都不带矛、戟之类的长兵器，也不带大刀、长刀，只是随身携带一把防身的短刀。

值得关注的是，南朝陶弘景曾编著过一部《古今刀剑录》，《四库全书总目提要》说此书是“真伪参半”。这本书中记载了一些蜀汉君臣制造刀剑的逸闻。首先是刘备铸造宝剑的情况：“蜀主刘备以章武元年岁次辛丑，采金牛山铁铸八剑，各长三尺六寸。一备自服，一与太子禅，一与梁王理，一与鲁王永，一与诸葛亮，一与关羽，一与张飞，一与赵云。”蜀章武元年（221年），刘备称帝建国，他制造的这批宝剑属于特殊纪念品，并非实战兵器，因此只有八把，分别给自己、儿子，以及早年跟随他的重要功臣。当时关羽已死，那把剑应是留给了他的遗属。

《古今刀剑录》的可贵之处，是记载了关羽的宝刀及其下落。书中说：“关羽为先主所重，不惜身命，自采（武）都山铁为二刀，铭曰‘万人’。及羽败，羽惜刀，投之水中。”《梁书》记述武都为“山出铜铁”。“自采”并非关羽自己去开矿，应是他派遣下人前往，这和出土的吴王剑、越王剑铭文有“自作自用……”的情况类似。铭文“万人”则为吉语，就是希望能用此刀上阵杀敌无数。他对这两把刀非常钟爱，随身携带，视如珍宝。后来吕蒙偷袭荆州，关羽败走麦城，最后与赵累、关平等十余人逃到临沮，被吴将潘璋部下马忠领兵截住，最后被逼到河边无法脱身。关羽见自己陷入绝境，不愿宝刀被敌人缴获，因而在临终前将其抛入水中，符合他宁死不屈的性格。

这册书的下文云："张飞初拜新亭侯，自命匠炼赤朱山铁为一刀，铭曰'新亭侯，蜀大将也'。后被范强杀。强将此刀入于吴。"张飞在刘备伐吴前夕遭到部下范强、张达杀害，范强、张达二人"持其首，顺流而奔孙权"。那把宝刀也被带到吴国，成了敌人的战利品。书中还提到，"黄忠，汉先主定南郡，得一刀，赤如血。于汉中击夏侯军，一日之中，手刃百数"。关于黄忠杀敌的人数，这里说得相当夸张，有可能是阵斩夏侯渊那天，黄忠和部下官兵杀死曹军的总数。

《古今刀剑录》最后说到诸葛亮："诸葛亮定黔中，从青石祠过，遂抽刀刺山，投刀不拔而去。行人莫测。"黔中大致相当于今天的贵州省中部地区，汉朝属于牂牁郡，刘备去世前后，当地发生叛乱。青石祠在四川省成都市附近的德阳市。蜀建兴三年（225 年）三月，丞相诸葛亮领兵南征，平定永昌、益州（此处为郡名）、牂牁、越巂四郡，收降了蛮夷首领孟获。当年十二月，诸葛亮在获胜返回成都的途中，路过德阳市的青石祠，他突然拔刀刺入山石之中，意在效仿李广射箭"中石没镞"的故事。

司马懿说诸葛亮"好兵"，即热衷军事。但是在南征云贵之前，诸葛亮始终在治理后方，保障刘备前线的供给，以便“足食足兵”，没有获得过独立指挥作战的机会。这次征服南中四郡，对诸葛亮来说虽然只是牛刀小试，但他还是按捺不住激动的心情，做出了上述旁人难以理解的举动。

张飞究竟是黑脸蛮汉还是文武双全？

《三国演义》中的张飞是深受广大民众喜爱的英雄，他勇猛豪爽，所向无前，又粗中有细，能用计谋生擒刘岱、严颜，击败张郃，堪称大将之才。有些著作说，张飞不仅是闻名天下的武将，而且很有文化素养，擅长书法、绘画，言之凿凿，并有作品流传后世：

一、《刀铭》。见于南朝陶弘景《古今刀剑录》，其文曰："张飞初拜新亭侯，自命匠炼赤朱山铁为一刀，铭曰'新亭侯，蜀大将也'。后被范强杀。强将此刀入于吴。"

二、《张飞立马铭》，又名《八濛山纪功铭》《流江县题名》，或《汉将军张飞宕渠碑》。相传是在建安二十年（215 年）末，张飞大破张郃后，乘着酒兴用长矛在宕渠八濛山岩壁上凿成的。这篇铭文影响很大，被明清许多书画文献金石文编所著录。但原迹已不存，据说是摩崖石壁碎裂所致，只有留下来的一些拓片，后世碑帖多据此临摹和篆刻，目前以保留在陕西岐山县博物馆、重庆云阳张飞庙、四川阆中玉台山和锦屏山以及广西桂林独秀峰的碑铭最为著名，虽然都是隶书阴刻，但字数和笔迹并不一致，四块碑铭中少者为 17 字：“汉将张飞大破贼将张郃于宕渠立马勒石。”多的有 22 字：“汉将军飞率精卒万人大破贼首张郃于八濛立马勒铭。”文字颇有出入，莫衷一是。

三、《刁斗铭》。“刁斗”是古代军中用来烧饭打更的铜器，这篇铭文的内容亡佚不存。明朝杨慎所著《丹铅总录》记载：“涪陵有张飞《刁斗铭》，其文字甚工，（张）飞所书也。”并抄录宋朝张士环诗：“天下英雄只豫州，阿瞒不共戴天仇。山河割据三分国，宇宙威名丈八矛。江上祠堂严剑佩，人间刁斗见银钩。空余诸葛秦州表，左袒何人复为刘。”赞美张飞字迹如铁画银钩，雄健有力。

四、《张桓侯与张辽书》。明朝曹学佺在《蜀中广记》中引《碑目》云：“阆中有《张桓侯与张辽书》，石刻汉文八分书。”也是篆刻在摩崖石壁上，字体为“八分书”，即带有明显波磔痕迹的隶书。看题目是张飞写给曹操大将张辽的信笺，亦不见文字内容存世。

五、《真多山题名》。明朝杨慎《蜀中艺文志》记载，张飞曾游历四川新都县真多山，写下“王方平采药此山，童子歌

《玉炉三涧雪》，信宿乃行”。内容言简意赅，情景交融。

六、张飞善画美人。明朝卓尔昌所著《画髓玄诠》说张飞“喜画美人，善草书”。清朝《历代画征录》也说“张飞，涿州人，善画美人”。这事听起来有些怪诞，人们印象中的张飞是豹头环眼、黑面虬髯的赳赳武夫，居然能坐下来描画美女，似乎不可思议，好像金庸小说里弄针绣花的东方不败。

对张飞能文善画的说法，不少人信以为真，其中包括一些名士。如明朝学者谢肇淛在著作《文海披沙》里有一篇《武人能诗》，就列举了项羽、樊哙、马援、张飞、苻坚、高敖曹、曹景宗等例证，说张飞《刁斗铭》文法、书法俱佳，这些人虽然是“武夫健卒”，但都能诗能文，是因为有佛家所说之“夙根”，即所谓“慧根”的缘故。清朝学者纪晓岚也写诗曰：“慷慨横戈百战余，桓侯笔札定然疏。那知拓本摩崖字，车骑将军手自书。”也认为《立马铭》是张飞亲笔书写。吴镇更是把张飞和三国两位书法名家钟繇、皇象相提并论，作诗道：“关侯讽《左氏》，车骑更工书。文武趣虽别，古人尝有余。横矛思腕力，繇象恐难如。”

那么，张飞真的是文武双全，既能上马舞动长矛、杀敌无数，又在书法、绘画上很有造诣吗？这是非常可疑的，因为上面那些记载很不可靠。先说《古今刀剑录》中的《刀铭》，作者并没有说明这段铭文是谁撰写的，而且张飞封新亭侯是在建安十四年（209年），其时刘备尚未入蜀称帝，怎么能说是“初拜新亭侯”所作，又自命“蜀大将”呢？另外，刘备是宗室后裔，以兴复汉室为己任，称帝后国号为“汉”，并非称“蜀”。卢弼《三国志集解》据此质疑道：“按益德铸刀为铭，当自署汉将，必不曰蜀将，濛山勒石自书汉将可证。”这些都表明《刀铭》存在许多问题，不能拿来作为张飞擅长书法的证据。

《张飞立马铭》这篇作品的源流不明，从魏晋到宋元的书籍里都没有提到过。自明朝中叶开始，有关《张飞立马铭》的著录相继涌现，最具代表性的是杨慎的《全蜀艺文志》，但是此书并未说明资料的来源。这篇铭文的字数在各种典籍里区别很大，竟有13字、14字、17字、22字与23字五种；内容也有明显的不同，如“汉将张飞”或作“汉将军飞”，“精卒”或作“精兵”“精骑”，“八濛”或作“八蒙”“宕渠”，“勒石”或作“勒铭”。短短二十来字的铭文，居然出现这么大的差异，说明它很可能不是张飞撰写的，各家著录皆为道听途说，所以出现了许多分歧。另外，业内人士从书法的角度来判断，也普遍认为现存几种碑铭的字体不属于汉朝隶书的风格，应是后人伪造的。

至于《刁斗铭》，杨慎所著《丹铅总录》的记载明显是抄录南宋王象之的《舆地纪胜》，后者提到北宋徽宗大观年间涪州乐温县张飞庙前出土过三枚古印与佩钩，“又耕者得刁斗于祠之北”，随后引用张士环的诗句，并没提到刁斗上有张飞书写的铭文。但是千余年后到了杨慎的笔下，突然冒出来“其文字甚工，（张）飞所书也”。其来路不明，怀疑是杨慎杜撰。

《张桓侯与张辽书》只有题目，看不到实物与文字内容，而且从当时的历史情景来看，关羽曾经和张辽共事过，而且交情很深，但没有看到张飞和张辽有过什么来往。后来张辽一直在东线扬州的合肥等地驻守，长期与孙权对峙交战，并未到西方与蜀汉用兵。照这样来看，张飞和张辽并无私交，于公务来说又没有必须通信联络的理由，而且私人信件的内容为什么要刻在石崖上公布于众、大加张扬呢？汉魏以来从未有过这种风气，所以它也应属于伪造。

《真多山题名》文中的王方平是传说中东汉末年得道的仙人，姓王名远字方平，为东海郡（今山东省郯城县）人士，其是否到过四川并不清楚。他听到童子歌唱的《玉炉三涧雪》是宋元时期流行的词牌名称，如同《西江月》《菩萨蛮》等。这个词牌名称始创于金朝的全真教始祖王重阳，汉末的王远怎么会听到九百年后的词曲，岂非咄咄怪事？

关于张飞能画而且善画美人之事，明朝以前的各种画论著作都没有提起过。卓尔昌的《画髓玄诠》，有人指出是根据元朝的《图绘宝鉴》一书加以改编重修，另辑入一些民间传说而写成的。书里的讹误和篡改之处很多，并非严谨的学术著作。张飞善画美人等事，很可能是书商为了销售营利而制造的噱头。

总的来说，有关张飞擅长书法、绘画的记载，基本上都出自明朝后期，此前的文献典籍中从没有见到过。中国古代有许多伪书，有些书全部内容都是伪作，有些书是部分内容属于伪造。梁启超在其著作《中国历史研究法》里提出了辨别伪书的十二项方法，其中第一项就是："其书前代从未著录或绝无人征引而忽然出现者，什有九皆伪。"以上张飞能书善画的记载就属于此类，它们并没有任何可信度，应该都是后人伪造的。

那么真实的张飞是否如《三国演义》所描写的那样，是个性情暴躁的粗鲁之人？抑或具备较高的文化素养呢？明显是前者更接近历史。张飞的秉性非常急躁，对下属也是肆意虐待。《三国志》说他"暴而无恩，以短取败"，因为这个缺点送了性命，有文化修养的人通常不会那样。刘备就经常警告他说："你对部下的诛杀刑罚已经很过分了，还每天鞭打士卒，又留他们在身边，这是取祸之道。"但张飞置若罔闻，不加悔改，最终被范强、张达等暗杀。

刘备打下益州门户汉中之后，应当留下一位重要的将领来镇守此地，大家议论都觉得会是张飞，张飞自己也是这样认为，没想到刘备任命魏延为镇远将军、领汉中太守，全军上下都很吃惊。从后面的事态发展来看，刘备的决定很有远见。虽然魏延的脾气也不好，但是“善养士卒，勇猛过人”，这方面比张飞强得多，所以镇守汉中多年安然无事。若让张飞守边境重镇，一旦与部下矛盾激化，出现动乱，汉中就有可能会被敌国乘机占领。刘备可能是考虑到这个问题，所以让张飞去驻防位于二线的阆中，即使出了变故，造成的恶劣影响也不大。

陈寿说：“（关）羽善待卒伍而骄于士大夫，（张）飞爱敬君子而不恤小人。”可见张飞对品学兼优的文人非常尊重，并且愿意和他们交往，但是结交的方式有时比较粗鲁。例如刘巴是荆楚名士，张飞想结识他，就跑到刘巴家里住了一夜。没想到刘巴认为张飞不请自来很是无礼，始终不搭理他，连一句话也没有和他讲，把张飞气得够呛。诸葛亮因此对刘巴说：“张飞确实是个‘武人’，但他敬仰足下，主公（刘备）现在刚开始招聚文臣武将，想要成就大业，您虽然天性清高亮洁，也应该稍微降低一些格调啊！”哪知刘巴当即反驳说：“大丈夫处在世上，应当结交天下英雄，怎么能和一个‘兵子（对军人的蔑称）’一起交谈呢？”要注意的是，诸葛亮说张飞是“武人”，只不过稍微客气一些，当时士人对行伍出身的军官普遍是蔑视的，认为这些人没有什么文化和智慧，其身份要低自己一等。例如蒯越对刘表说："苏代、具羽皆武人，不足虑。"就是说这两个人都是当兵的大老粗，用不着顾虑他们。关羽也看不起黄忠，曾说："大丈夫终不与老兵同列！"这件事传到东吴，张昭听了也说刘巴心胸狭窄，这样对待张飞太过分了。孙权却不以为然，说如果刘巴随着世俗沉浮，为了逢迎刘备而结交了不该来往的人，怎么能称得起是高士呢？从上述谈话可以看出来，张飞的文化素养不高，他可能意识到自己的缺陷，所以有意去结交文人名士，但是士大夫阶层仍然看不起他，认为这个当兵的家伙并非同类，甚至没有和自己来往的资格。

张飞既然是个粗鲁的武夫，那为什么许多人非要把他塑造成文武双全的儒将形象呢？这与宋元以来流行的意识形态与民间崇拜的影响具有密切关系。宋朝儒家人士提倡理学，号召重振纲常名教，激励忠孝节义，蜀汉集团中被称为"三英"的诸葛亮、关羽、张飞因而大受表彰推崇。另一方面，北宋以来官方旗帜鲜明地推行"重文轻武"的国策，科举考试成了国家选拔人才的主要渠道，从而导致崇学尚文的社会风气。受时代潮流的影响，民间崇拜的人物就不能仅仅是骁勇神武的武将了，最好是兼备文化素养的儒将。在这样的社会环境里，人们开始对崇拜的偶像张飞进行改造，增添其书画才艺和儒雅气质，使他变为文武双全的完人。

从时间和地域性的特点来看，张飞的儒雅化出现在明朝，尤以四川为甚。他的二哥关羽在北宋被朝廷封谥为“义勇武安王”，明朝将其神位晋升为“协天护国忠义帝”“神威远震天尊关圣帝君”，成了与孔子并立的“武圣”。关羽从来没有到过四川，反而是“三弟”张飞在巴西有过保境安民的事迹，因此张飞在四川地区受到崇敬，人们到处修庙祭祀，张飞成了地方的保护神，百姓们向他求雨、求财、求子祈福。清朝四川学政张光祖说张飞威望极高，这一情况的产生由来已久。“蜀人至今爱之如父母，敬之如天，尊之如地，岁时之祀，久而益虔。”当地人士自然希望他们崇拜的英雄在形象上更加完美，于是纷纷伪造出张飞修文善书的种种事迹，所以前文所述的《张飞立马铭》《刁斗铭》《张桓侯与张辽书》《真多山题名》都是出现于明朝四川文士的著作当中。

唐朝史学家刘知几曾说，各地编写的方志书籍“矜其乡贤，美其邦族”，赞誉当地名人往往言过其实。不仅四川有美化张飞的普遍现象，他的故乡涿州也是如此，如编造故事说张飞自幼性情倔强，脾气暴躁，家中长辈专门请了位文武全才的老师，二人很是投缘，老师传授学问和武艺的同时，为了改变其刚暴的性情，就让他练习书画，专画美人，因此张飞才艺大有长进，获得乡人称赞。甚至还说如今涿州鼓楼墙上的《女娲补天图》

与桓侯故里房树村万佛阁的壁画都是张飞亲手描绘的。种种无稽之谈，令人哂笑而已。

传世拓片《张飞立马铭》

孙权昏聩的晚年，是一个时代的落幕

孙权是东吴的开国英主，其十九岁继承父兄之业，统治江东五十二年，在位时间在三国历史上历时最久。但他任期前后的表现判若两人。

孙权早年意气风发，开疆拓土，占据了江南半壁河山，连对手曹操都称赞“生子当如孙仲谋”。可是孙权在称帝之后志得意满，限江自保，生活上骄奢纵欲，对百姓赋役苛重。清朝学者何焯说他“自称尊号，无一可观”，从当上皇帝起就再没有办过漂亮事儿。陈寿在《三国志》中评论孙权生性猜忌多疑，又杀戮果断，这种情况到孙权晚年更加严重，以致他听信奸佞谗言，残害忠良贤能，致使亲生儿子被废被杀，后代衰颓败落，最终导致国家灭亡。那么，他在政治生涯后期做了哪些荒诞昏聩的事情呢？

魏黄初二年（221 年），孙权移居武昌，吴黄龙元年（229

年），孙权称帝后迁都建业。他在武昌期间经常大宴群臣，酗酒作乐，喝醉了就命令侍从往臣子们身上洒水，此举招致张昭的严厉批评，张昭把他的行为比作商纣王糟丘酒池的长夜之饮。孙权为了自己尽兴，往往派遣能说会道的人给大家敬酒，逼着大臣们多饮。有一次在宴会的末尾，他亲自站起来依次斟酒，强迫大家喝。名士虞翻对他这种行为非常不满，便假装喝醉了伏在地上，拒绝接受劝酒，等孙权离开就坐了起来。孙权发现他装醉后勃然大怒，拔出剑来过去就要杀了虞翻。大臣刘基抱住孙权请求饶恕，孙权竟然说："昔日曹操斩了孔融，我今天杀掉虞翻又算得了什么？"经过众臣苦苦相劝，孙权才最终没有杀虞翻，但后来他又找了个罪名，把虞翻流放到交州去了。

孙权还迷信巫术占卜，手下的著名术士有吴范、赵达两人，孙权每次出兵征伐都要请他们进行预测。赵达死后，孙权听说他有术数方面的书籍，向其亲属索求没有得到，就把他的女儿逮捕审讯，甚至发掘了赵达的棺材，仍然没有发现任何踪迹。此后，孙权下令在国内各地招募人才，有能推举和吴范、赵达一样通晓术数的人，封为千户侯，但一无所获。魏正始四年（243 年）九月，曹魏司马懿领兵南征，企图摧毁吴国在皖城（今安徽省潜山县）的军事基地。孙权本来要诸葛恪在当地坚守，另外发兵支援。但是宫廷术士瞭望云气以为不利，于是孙权让诸葛恪不要迎战，从江北撤退到江南。结果司马懿的军队还在二百多里以外，诸葛恪就在皖城焚烧积聚的大量粮草，弃城而逃，使敌军不战而胜。孙权晚年听说民间有位“神人”王表非常灵验，于是把他请到建业供养起来。等到孙权病重时，将领官吏纷纷前去请王表祈祷，他却害怕获罪而逃走了。东晋史学家孙盛因此批评孙权是“求福妖邪，将亡之兆”。

孙权的另一次荒唐行为与重大挫折就是北通辽东的失利。汉末董卓之乱爆发后，军阀公孙度乘机占据了辽东地区，传位沿至其孙公孙渊。公孙氏在名义上一直臣服于曹魏，接受其辽东太守等官爵封号。孙权称帝后随即派人赴辽东向公孙渊通报，并企图拉拢他来牵制曹魏。吴嘉禾元年（232 年）十月，公孙渊派遣使臣前来，承认孙权的皇帝尊号，自称藩臣，并贡献貂马。孙权非常高兴，在次年（233 年）下诏表彰公孙渊，封他为燕王，督幽、青二州，还派遣了规模庞大的使团乘船赴辽东，对公孙渊进行正式的册封。这支使团以太常张弥、执金吾许晏、将军贺达为首，他们率领士兵万人并携带藩王仪仗与大量金银珍宝前往辽东。

这件事在吴国朝堂引起轩然大波，几乎全部臣僚都对此表示反对，众人皆认为公孙渊不可信任，而主上给予的赏赐太过优厚，派遣数百名吏兵护送过去就足够了。可是孙权为了满足虚荣心，固执己见。老臣张昭的进谏未被采用，气得他称病不去上朝。孙权恨他不给自己面子，居然派人用土堵住了张昭家的大门。过了不久传来消息，公孙渊果然杀了吴国使者张弥、许晏，把他们的首级送往洛阳，向曹魏邀功，还吞没了孙权送来的金银财宝及上万名士兵。这一事件使吴国不仅承受了沉重的人力、物资和财富损失，还在外交上蒙受了极大的羞辱。孙权暴跳如雷，准备亲自领兵跨海征伐辽东，好不容易才被大臣们劝阻下来。

孙权自迁都武昌至其晚年，先后制造过几桩大案，对吴国政治造成的负面影响越来越重，以致难以收拾。首先是暨艳、张温案。吴黄武三年（224年），经大臣张温引荐，孙权委任以“清议”闻名的暨艳为选部尚书，主管官吏的选拔任免。汉末以来的“清议”也叫“清谈”，主要是品评褒贬当世的人物与政事。暨艳看到宿卫侍从的郎官公署腐败混乱，多数官员并不称职，他想通过评判加以辨别，把贤能和愚笨的人分开，于是就对五官中郎将和左、右中郎将三个官署进行了考核评选。结果绝大多数官员都被贬职，许多人的官位降了几个等级，能够保留原职的不到十分之一。

那些贪婪卑劣之人被贬到军队里充当小吏，心中怨愤不平，这些人多是出身将门的特权子弟，降职后纷纷向朝廷诬告暨艳与同僚徐彪，说他们全凭私情办事，“爱憎不由公理”。孙权不愿得罪他们背后的官僚势力，竟然不问是非，下令逮捕暨艳、徐彪，逼迫二人自杀谢罪。孙权原来就厌恶张温对朝政说三道四，这次借机指责他勾结暨艳等人党同伐异，命令将张温及两兄弟免职，贬斥回原籍充当贱民，“以给厮吏”。张温三个出嫁给士族的妹妹也因此被休，官府责令其改嫁，他的二妹因此自杀身亡。

张温素有声望，这桩案件处治不公，引起朝野震动，连远在蜀汉的诸葛亮听了都非常吃惊，说张温“清浊太明，善恶太分”。吴国许多官员看不下去，将军骆统上书为张温辩解，但没有被孙权接受。

其次是吕壹案。为了加强对臣下的监督和控制，孙权建立了“校事”部门（类似于后世的“东厂”等政治特务机构）。校事官吏直接受命于皇帝，监视从朝廷到郡县各级官僚、将领的言行举止，进行调查举报，并对“妄议”“诽谤”者予以立案审查、严厉惩处。校事吕壹利用孙权的宠信，吹毛求疵，陷害无辜，广泛地检举、诬告将相大臣，制造了多起冤狱。

据《三国志》记载，满朝文武除了侍中是仪，都被吕壹举报过，个别人甚至被告发过三四次。在孙权的怂恿下，就连丞相顾雍都成为被打击的对象，弄得群臣提心吊胆，寝食不安。太子孙登对此心急如焚，曾数次进谏，都遭到拒绝，因为孙权就是想通过这种手段来巩固他的专制统治。最后终于激起众怒，朝臣们纷纷上书揭发吕壹的罪恶，还推举李衡为代表，觐见孙权。李衡口述其劣迹，滔滔不绝地讲了几千言，孙权听了面有愧色，无言以对。太常潘濬每次见到孙权都要痛述吕壹的奸险，激动地痛哭流涕，还准备在朝会上亲手杀掉吕壹，甘愿为此抵命。吕壹听说后吓得不敢出席。

孙权担心群臣激愤会危及他统治的稳定，不得已在吴赤乌元年（238 年）逮捕吕壹，将他处死，并下罪己诏承认自己用人不当，由此可见当时的问题有多么严重。尽管孙权向臣下道了歉，但因此造成的君臣隔阂已经很难消除，而且孙权的自责并不真诚，他仍然保留了校事制度，继续对臣下进行监视。直到孙权死后，幼主孙亮继位，辅政的诸葛恪才将该制度废除。

最后是对孙吴政治与国势伤害最深的“两宫构争”案，即“南宫”太子孙和与“鲁宫”鲁王孙霸争夺嫡位的案件。孙权共有七个儿子。长子孙登为太子，在吴赤乌四年（241 年）病故，年仅三十三岁；次子孙虑先已过世。孙权此时年逾六十，按次序立三子孙和为太子，他聪敏好学，礼贤下士，因而名声很好，但是其母王夫人与孙权长女全公主（名为孙鲁班，嫁给全琮）不睦。全公主屡次在孙权面前说王夫人的坏话，称王夫人听说皇帝病重后面露喜色。孙权听了大怒，不问青红皂白就贬斥王夫人，使她忧惧而死。

孙和因此逐渐失宠，其弟鲁王孙霸企图乘机夺嫡，让他的党羽和全公主屡进谗言诋毁孙和，并盛赞孙霸文武双全，应该立为嗣君。孙权受到这些人的蛊惑，给予孙霸的优宠待遇和太子一样，造成了二宫并立、嫡庶相争的局面，朝廷的公卿百官与地方州牧、郡太守由此形成了阵线分明的两个集团，“中外官僚将军大臣，举国中分”。

孙权的态度摇摆不定。他先是偏向鲁王孙霸，将支持太子孙和的大臣纷纷流放诛杀，又频繁派遣宦官到武昌去谴责丞相陆逊，逼得他忧愤而死。数年后，孙权宠妃潘夫人生了少子孙亮，他很是喜爱，又察觉到孙霸的夺嫡阴谋，便决定在吴赤乌十三年（250 年）废长立幼，罢黜太子孙和，将其迁徙到外地；又赐死孙霸，诛灭了他的党羽，清除了幼子继位的障碍。然后立潘氏为皇后，孙亮为太子。

俗语说：“人之将死，其言也善。”孙权在临终前有所感悟，觉得对不起废太子孙和，想要把他召回来重新立为嗣君。但是他病重不起，身边有潘皇后、全公主及其党羽孙峻、孙弘极力反对，孙权也无可奈何，只得改封孙和为南阳王，让他迁居长沙。一年后孙和亦被执政的孙峻逼迫自杀。

这场宫廷斗争前后持续五年，吴国的许多忠臣良将受到牵连，他们或被杀或流放，尤其是社稷重臣陆逊之死，使吴国元气大伤，统治基础被动摇。曹魏将领王基评论道：“今陆逊等已死，而（孙）权年老，内无贤嗣，中无谋主。”认为今后对魏国不会构成威胁。孙权死后，幼主孙亮即位，宫廷政变接连发生，执掌朝政的权臣诸葛恪、孙綝先后被杀，少帝孙亮也遭到废黜，直到暴君孙皓上台方才停息。吴国局势持续动荡，逐渐走向衰败灭亡，而这又是从“两宫构争”一路发展而来的。晚年的孙权已经变成无道的昏君，所以何焯说他“老悖混惑，吴亡不待（孙）皓而决”。这个观点可谓一针见血。

全文完

全文完

三国解密

作者 _ 宋杰

编辑 _ 张睿汐　装帧设计 _ 文薇　主管 _ 王光裕
技术编辑 _ 顾逸飞　责任印制 _ 刘淼　出品人 _ 王誉

营销团队 _ 黄鹂 王立　物料设计 _ 文薇

鸣谢

贺彦军

图书在版编目（CIP）数据
三国解密 / 宋杰著. -- 天津 : 天津古籍出版社，2025.8. -- ISBN 978-7-5528-1610-5
Ⅰ. K236.09
中国国家版本馆CIP数据核字第2025CK4033号

地图审图号：GS（2025）3136号

三国解密
SANGUO JIEMI

宋杰 著

出　　版　天津古籍出版社
出 版 人　任　洁
地　　址　天津市和平区西康路35号康岳大厦
邮政编码　300051
邮购电话　(022)23517902

责任编辑　杨　颖
责任校对　张雪莹
装帧设计　文　薇

印　　刷　河北鹏润印刷有限公司
经　　销　果麦文化传媒股份有限公司
开　　本　880mm×1230mm　1/32
印　　张　7.25
字　　数　120千字
版次印次　2025年8月第1版　2025年8月第1次印刷
定　　价　58.00元